市場行銷學

主　編　王朝一、于代松
副主編　王文君、張利、胡丁、任皓、祖彥賓

崧燁文化

前 言

全書共分為 13 個章節

由基本理論、行銷戰略和行銷策略構成。考慮到市場行銷的現實意義,本書在創新行銷、消費者行為分析、行銷預算和網絡行銷這幾個章節中做了一定的創新,並且引入了大量的案例對各章節涉及的理論進行描述,有助於讀者對理論知識的理解。

行銷雖然是實戰性經驗的總結,但也是經濟學、管理學、心理學、行為學等學科基礎支撐形成的自成一體的科學體系,行銷學也像諸多科學一樣有一些學科前提性假設。由於行銷的對象就是各種潛在的購買產品（服務）的人,所以行銷的假設主要關注人購買、消費方面的心理、行為設定。這些假設主要有:

1. 人是感性的

大多數情況下,人並不能客觀、理性地判斷自己需要什麼,需要多少,何時需要。而是根據自己感覺性的認同、喜好、偏愛而選擇消費品,購買相關產品,接受服務。如果人是完全理性的,也就不可能通過行銷達到促進銷售的目的,一切的行銷都將沒有任何價值。人們越是群集,越是易相互影響、「感染」、跟從,也就越容易感性地進行從眾性消費。

西蒙把它描述為「有達到理性的意識,但又是有限的」。人們在消費活動中總是力爭做到保持理性,但由於環境因素和自身能力的制約,他們不可能知道關於未來活動的全部備選方案,不可能將所有的價值考慮到統一的、單一的綜合性效用函數中,也無力計算出所有備選方案的實施後果。

2. 人是經濟人

經濟學、管理學中所論述的關於人性的假設,強調人在購買、消費過程中出於自己最大利益的考量,追求自身利益最大化,利用盡可能少的花費購買盡可能多的消費品,最大限度地滿足自己的需要,達到消費的均衡。

3. 人的需求各異

由於地理、人口、心理和行為的差異,人們的偏好是多樣的,消費能力也是參差不齊。儘管經濟學家對人的偏好能否得到顯示以及如何顯示存在爭議,但對偏好和能

力的多樣性是基本肯定的。不同層次、不同性別、不同領域、不同文化、不同年齡、不同收入水準的人的價值評判、消費觀念、購買選擇也就不同。同樣一個人，隨著其經濟地位、社會階層、群體歸屬、人生階段的變化，其消費也會發生明顯變化。

4. 人接收的信息不完整

每個人因其所處的環境受約束，所具備的條件、所擁有的知識、能力有限，其所能獲取、利用以做消費參考、判斷、決策的信息也是有限的、不完整的。大多數人都是在其所依賴的環境、有限的信息的約束下做出自己的消費判斷、選擇，行銷工作也自然是影響、推動消費者在有限信息獲取下盡可能強化有利於行銷者的信息。

5. 人的機會主義

人的機會主義是指人們借助不正當手段謀取自我利益的行為傾向，如對未來消費的低估和衝動購買等。大多數情況下，多數人都本能地傾向於獲取有利於自己的、「占便宜」的價值利益。所以行銷中的眾多促銷活動、優惠活動由於迎合了人們心中的機會主義需求而往往能取得不錯的效果。

當然，對於行銷的假設，不同書籍的著力點不同而指向不同，比如出於心理學、行為學、品牌學、傳播學等考量，就有更加豐富的假設論說。

本次出版由王朝一、於代松主編,王文君、張利、胡丁、任浩、祖彥賓任副主編。 參加本書編寫及修訂的人員有王朝一、於代松、王文君、張利、胡丁、任浩、駐馬店職業技術學院祖彥賓。具體編寫分工為：王朝一撰寫第一章、第三章、第四章、第五章、第八章、第九章、第十一章、第十二章;於代松撰寫第二章；王文君撰寫第十章；張利撰寫第七章；胡丁撰寫第十三章；祖彥賓撰寫第六章。尚玉曉、呂燁明、史慧敏等人參與全書審稿、校對工作。全書由張薇薇老師負責統稿，樓影、胡弱音、劉日陽、熊學鵬、艾蓉負責審稿。

在本書的編寫和修訂過程中，我們參考了同行的許多研究成果，在此深表謝意！書中的錯誤或遺漏之處，敬請廣大讀者批評指正。

目 錄

第一章 導論 ……………………………………………………………（1）
 第一節 市場行銷的概念 ………………………………………………（1）
 第二節 市場行銷學的產生與發展 ……………………………………（5）
 第三節 市場行銷學的研究對象、研究意義與研究方法 ……………（6）

第二章 行銷創新 ………………………………………………………（10）
 第一節 理解行銷創新 …………………………………………………（11）
 第二節 行銷創新的四大支點 …………………………………………（14）
 第三節 行銷創新的方式 ………………………………………………（16）
 第四節 行銷創新應注意的問題 ………………………………………（19）

第三章 市場行銷組合 …………………………………………………（21）
 第一節 市場行銷組合的基本信息 ……………………………………（22）
 第二節 4P、4C、4V、4R 行銷組合 …………………………………（25）

第四章 市場環境分析 …………………………………………………（36）
 第一節 行銷環境概述 …………………………………………………（37）
 第二節 微觀市場行銷環境 ……………………………………………（39）
 第三節 宏觀市場行銷環境 ……………………………………………（42）
 第四節 市場行銷環境分析與對策 ……………………………………（48）

第五章 消費者行為分析 ………………………………………………（53）
 第一節 消費者購買行為 ………………………………………………（54）
 第二節 影響因素分析 …………………………………………………（61）
 第三節 消費者心理 ……………………………………………………（62）

第六章 市場行銷調研與預測 (66)
　　第一節 市場行銷調研概述 (67)
　　第二節 市場行銷調研的內容、方法、過程、原則 (72)
　　第三節 市場預測 (83)
　　第四節 市場行銷調研和市場預測的關係 (91)

第七章 市場行銷計劃、組織、執行與控制 (95)
　　第一節 市場行銷計劃 (96)
　　第二節 市場行銷組織 (101)
　　第三節 市場行銷執行 (108)
　　第四節 市場行銷控制 (110)

第八章 競爭者戰略 (117)
　　第一節 競爭者分析 (118)
　　第二節 競爭者戰略 (121)
　　第三節 競爭戰略的選擇 (125)

第九章 目標市場行銷戰略 (133)
　　第一節 市場細分 (134)
　　第二節 目標市場策略 (145)
　　第三節 市場定位戰略 (150)

第十章 行銷預算 (156)
　　第一節 行銷預算管理的內涵 (156)
　　第二節 行銷預算的過程及方法 (162)
　　第三節 編製銷售收入、成本費用預算 (165)
　　第四節 編製行銷費用預算 (171)
　　第五節 行銷預算執行、控制、考核 (176)

第十一章　產品、定價、分銷策略 ……………………………………（178）
第一節　產品整體概念 ………………………………………………（179）
第二節　產品策略 ……………………………………………………（183）
第三節　定價策略 ……………………………………………………（198）
第三節　渠道策略 ……………………………………………………（210）

第十二章　促銷策略 ………………………………………………………（217）
第一節　促銷和促銷組合 ……………………………………………（218）
第二節　人員推銷 ……………………………………………………（224）
第三節　廣告策略 ……………………………………………………（230）

第十三章　網絡行銷 ………………………………………………………（239）
第一節　網絡行銷的定義與範疇 ……………………………………（240）
第二節　網絡行銷的幾個誤區 ………………………………………（242）
第三節　新媒體 ………………………………………………………（243）
第四節　網絡行銷經理的關鍵成功因素 ……………………………（246）

第一章　導論

學習目的

本章內容貫穿全書各章，對學習市場行銷學具有入門引導作用。因此在學習本章時，應弄清行銷和市場行銷的概念，瞭解市場行銷學的產生與發展歷程，掌握市場行銷學的研究對象和方法。

本章重點與難點

本章重點：行銷和市場行銷的概念；市場行銷學的產生與發展的五個階段。

本章難點：市場行銷學的研究對象；市場行銷學的五種研究方法。

第一節　市場行銷的概念

一、什麼是行銷

在現代化的快節奏生活中，我們每天都會接觸各種各樣的信息。例如：吃完早飯準備去上班，在電梯裡播放著家裝廣告；乘坐地鐵，發現地鐵的滾動廣告屏在播放著城市的旅遊景區；到了辦公室，打開電腦後，看到 360 自動推送的新聞；到了中午吃飯時間，同事拿著周邊美食廣告過來問中午準備吃什麼；下午茶時間，點開手機發現幾條保險廣告以及美容院的促銷活動信息；下班後，出了公司的大門，發現門前廣場中一個簡易小攤位周圍站著幾個西裝革履的人，手裡拿著貸款或是汽車的宣傳海報。這些信息圍繞著我們的生活，也不禁讓我們在沉思什麼是行銷？

小故事 1：彩電

客戶直接問價，怎麼辦？

客戶：「這個 34 吋的數位彩色電視多少錢呀？」

銷售人員：「這是最新款式的，13,480 元。」

客戶：「太貴了！能不能便宜一點？」

銷售人員：「這個最新款的，不僅有最新的顯示技術，還有靜電保護技術，自動消除殘影技術，而且，現在是長假，已經是最優惠的價格了，不能再便宜了。」

客戶：「那我還是再看看吧。」

小故事2：兩家小店

有兩家賣粥的小店，它們每天的顧客數量相差不多，都是門庭若市、人進人出的。然而在晚上結算的時候，左邊的粥店總是比右邊的粥店多出了幾百元來，天天如此。

於是，我走進了右邊那個粥店。服務小姐微笑著把我迎進去，給我盛好一碗粥。問我：「加不加雞蛋？」我說：「加。」於是她給我加了一個雞蛋。每進來一個顧客，服務員都要問一句「加不加雞蛋」。有說加的，也有說不加的，大約各佔一半。

我又走進左邊那個小店。服務小姐同樣微笑著把我迎進去，給我盛好一碗粥。問我：「加一個雞蛋，還是加兩個雞蛋？」我笑了，說：「加一個。」再進來一個顧客，服務員又問一句：「加一個雞蛋還是加兩個雞蛋？」愛吃雞蛋的就要求加兩個，不愛吃的就要求加一個。也有要求不加的，但是很少。一天下來，左邊這個小店就要比右邊那個多賣出很多個雞蛋。

小故事3：兩個推銷員

兩家鞋業製造公司分別派出一個業務員去開拓市場，一個叫杰克遜，一個叫板井。在同一天，他們兩個人來到了太平洋的一個島國，到達當日，他們就發現當地人全都赤足，不穿鞋！從國王到貧民，從僧侶到貴婦，竟然無人穿鞋子，當晚，杰克遜向國內總部的老闆發了電報：「上帝啊，這裡的人從不穿鞋子，有誰還會買鞋子呢？我明天就回去。」板井也向國內公司的總部發了電報：「太好了，這裡的人都不穿鞋子。我決定把家搬來，在此長期駐扎下去！」兩年後，這裡的人都穿上了鞋子。

思考題：

1. 三個小故事分別代表了什麼呢？
2. 三個小故事分別衍生出了什麼含義？

狹義的市場是由消費者和生產者所構成的，生產者將其生產的產品或服務投放到市場，在特定的時間和地點，產品或服務被消費者選擇，最終形成交易。但是生產者生產的產品和服務並不能滿足所有的消費者，也無法讓所有的消費者都瞭解到產品。因此，生產者通過行銷的方式來擴大其產品或服務的影響力，也就逐漸形成了行銷。所謂行銷，就是甲為乙創造對方想要的價值，建立與維持關係，以獲得回報的思維過程。

隨著市場的發展，企業越來越多，競爭越來越大。企業意識到不能等著客戶上門，客戶需要企業自己創造，客戶的創造也逐漸形成了一定方法：發現市場需求；找到企業可以滿足盈利的需要；設計產品以將潛在購買者轉化為客戶。在企業創造客戶的過程中，行銷專家應該負責大多數活動，這些活動包括：

(1) 明確客戶需求；
(2) 設計能滿足這些需求的產品和服務；
(3) 與潛在購買者溝通有關這些產品和服務的信息；
(4) 在客戶希望的時間和地點提供產品和服務；
(5) 為產品和服務定價，定價應該反應成本、競爭和客戶的購買力；
(6) 提供必要的服務和售後服務，保證客戶在購買後感到滿意。

二、市場行銷的定義

市場行銷是一門理論與實際息息相關的學科，根據市場情況的變化市場行銷的定義也在發生著變化。American Marketing Association（簡稱「AMA」）在 1960 年對市場行銷的定義：市場行銷是引導貨物和勞務從生產者向消費者或用戶所進行的一切商務活動。而到了 1985 年，AMA 對市場行銷的概念又重新定義為市場行銷是對思想、貨物和服務進行構思、定價、促銷和分銷的計劃和實施的過程，從而產生能滿足個人和組織目標的交換。從 AMA 的定義中可以瞭解到，經過 25 年的發展，市場行銷已經從單純的貨物轉移活動轉變成為集分析、策略、計劃等活動來滿足個人或組織的要求。

所以眾多市場行銷學學者對市場行銷也提出了不同的定義，具體如下：

第一，科特勒定義。菲利普·科特勒下的定義強調了行銷的價值導向。市場行銷是個人和集體通過創造產品和價值，並同別人自由交換產品和價值，來獲得其所需之物的一種社會和管理過程。

第二，格隆羅斯定義。格隆羅斯的定義強調了行銷的目的。所謂市場行銷，就是在變化的市場環境中，旨在滿足消費需要、實現企業目標的商務活動過程，包括市場調研、選擇目標市場、產品開發、產品促銷等一系列與市場有關的企業業務經營活動。

第三，凱洛斯定義。美國學者基恩·凱洛斯將各種市場行銷定義分為以下三類：

（1）將市場行銷看作一種為消費者服務的理論。

（2）強調市場行銷是對社會現象的一種認識。

（3）認為市場行銷是通過銷售渠道把生產企業同市場聯繫起來的過程。這從一個側面反應了市場行銷的複雜性。

企業在市場經濟體制完善中不斷發展，企業的市場行銷工作也在不斷完善，為國民經濟的發展和整體經濟實力的提高做出了很大的貢獻。企業的市場行銷工作可以通過公式表達為：STP+4P+CRM。

1. STP 理論

企業通過市場調查瞭解消費者及市場可以分為哪些類型（S 市場細分），根據自身情況及優勢選定消費者（T 確定目標市場），針對潛在客戶的需求，確定產品在目標客戶心目中的位置（P 市場定位）。

2. 4P 理論

企業完成 STP 之後，便可以為消費者製造產品和服務（產品 Product），提供產品價值與塑造品牌價值（價格 Price），建立傳遞產品和服網絡（渠道 Place），傳播產品價值與品牌價值（促銷 Promotion）。

3. CRM 客戶關係管理

企業可以通過與客戶建立良好的合作關係來獲得長期回報，因此很多企業通過客戶關係管理（CRM）與內外部消費者建立並維持關係。CRM 指通過計算機自動化分析銷售、市場行銷、客戶服務以及應用等流程的軟件系統。

三、市場行銷的相關概念

1. 需要、需求和慾望

需要指人們某種不足或短缺的感覺。需要是產生購買行為的原始動機，是人類與生俱來的本能。人類需要是豐富而複雜的，主要包括生存需要、社會需要、個人需要、自我實現需求等。

需求是以購買能力為基礎的慾望。當人的需求通過市場的途徑解決時，這個需求被稱為市場需求，市場的出現滿足了大部分人將需要轉化為需求的基本條件，但是，並非所有的需要都可以轉化為需求，在自己能力範圍內的需要才可以轉化為需求。這裡說的能力可以體現為消費者可以支付的金錢、智力、體力等方面。也並非所有的需求都需要通過市場來轉化。例如親情、友情、愛情之間的需求轉化不需要通過市場，或者說不需要通過市場中的交易行為。

慾望指通過自身能力很難或無法完成的需要。慾望對消費者而言，屬於消費者深層次的需要，每個消費者的慾望都具有其獨特的個性，這是由於每個消費者的生活背景、家庭、職業等多個因素造成的。

2. 產品和服務

產品（Product）：市場中的產品指通過生產向市場提供，可以滿足消費者需求的物品。

服務（Service）：市場中的服務指個人或組織利用自身能力可以幫助他人，並從中可以獲得一定利益上補償的活動。

3. 滿意度和質量

滿意是一種心理狀態，是客戶的需求被滿足後的愉悅感，是客戶對產品或服務的事前期望與實際使用產品或服務後所得到實際感受的相對關係。如果用數字來衡量這種心理狀態，這個數字就叫做滿意度了，客戶滿意是客戶忠誠的基本條件。

質量（Mass）從顧客的角度出發，提出了產品質量就是產品的適用性。即產品在使用時能成功地滿足用戶需要的程度。用戶對產品的基本要求就是適用，適用性恰如其分地表達了質量的內涵。

4. 價值和價格

價值是凝結在商品屬性中的效用、效益或效應關係。任何商品的價值對任何消費者而言都存在一定的差別，同時，商品的價值會受到諸多因素的影響而產生變化，並且會隨著時間而發生變化。

價格是商品價值的外在表現形式，它可以通過貨幣、勞動等方式體現。商品的價格受價值規律支配和其他因素影響，同一件商品在不同的地區、與不同的人進行交易，其價格均不相同，這是由於每個人對於該商品價值的認定差異不同。單從本質上看，交易的雙方都認可交易的結果，這是由於交易的完成是建立在雙方滿意的前提下進行的。

5. 交換和交易

交換是指利用自己所具備並可以滿足他人慾望的條件（物品或服務）與可以滿足

自己條件（物品或服務）的人進行交換。根據交換的意義可以瞭解到在原始社會，人們想要獲得自己不能生產的產品或服務時，人們可以通過最原始的經濟活動「交換」來進行等價的以物換物。在現代社會，生產力逐漸增加，並且社會分工越來越細化，導致物品的直接交換逐漸演化為物品與貨幣的交換，物品和貨幣交換也被稱為間接交換。

交易一般是以財產或者服務為對象，由商人和商人，或者是由商人和顧客之間形成的買賣行為。交易是在多種條件下完成的，這些條件被稱為交易條件，在交易條件中，包括被交易商品的種類、品質、數量、價格、引渡場所、時期和貨款支付方法等。這些條件是通過書面（交易合同）或者口頭的形式由交易負責人之間協商決定。一般交易對象被稱為客戶，和這個客戶的關係被稱為客戶關係。

6. 市場

市場（Market）是由那些具有特定的需要或慾望，而且願意並能夠通過交換來滿足這種需要或慾望的全部顧客所構成。市場為交易中的產、供、銷各方提供交換場所、交換時間和其他交換條件，以此實現商品生產者、經營者和消費者各自的經濟利益。

第二節　市場行銷學的產生與發展

市場行銷學（Marketing）大約出現於 20 世紀初期。隨著工業革命及資本主義像壟斷資本主義的過渡，社會經濟及市場經濟也產生了巨大的變化。從傳統市場行銷學演變為現代市場行銷學，其應用從贏利組織擴展到非贏利組織，從國內擴展到國際。市場行銷學自 20 世紀初誕生以來，其發展經歷了萌芽階段、發展階段、形成階段、應用階段、創新階段五個階段。

1. 萌芽階段（20 世紀 20 年代）

20 世紀 20 年代，受工業革命影響，企業的生產力迅速提高，產品的產出逐漸有超過需求的趨勢，部分企業經營者也逐漸關注這一問題，開始尋求經營上的創新。1902 年，美國密執安大學、加州大學和伊利諾大學的經濟系開設了市場學課程。1912 年，美國哈佛大學赫杰特齊（J. E. Hagerty）教授撰寫了第一本《市場行銷學》教科書。但受到時代特性的影響，這一時期企業經營者及學者關注的更多的還是企業的生產效率問題。

2. 發展階段（20 世紀 30 年代）

20 世紀 30 年代時，企業的生產能力以及可以充分滿足消費者的需求，受到供求差異影響逐漸縮小，並逐漸轉變為供大於求的影響，企業之間開始產生了競爭。這一階段，企業經營者已經有了行銷的概念，企業逐漸關注行銷。1932 年，克拉克和韋爾達出版了《美國農產品行銷》，1942 年，克拉克出版的《市場行銷學原理》，逐漸形成了市場行銷的雛形。

3. 形成階段（20 世紀 40 年代）

20 世紀 40 年代的市場格局徹底發生變化，供給市場越來越繁榮，消費者已經不會

為購買商品而發愁，買賣關係逐漸演變為以消費者為主。反觀企業經營者，由於商品供給量越來越大，企業間的競爭也隨之越來越激烈，企業經營者面對著如何戰勝競爭者和如何獲得消費者的雙重壓力。1952年，範利、格雷斯和考克斯合作出版了《美國經濟中的市場行銷》，同年，梅納德和貝克曼在出版《市場行銷學原理》。這一時期，已形成市場行銷的原理及研究方法，傳統市場行銷學已形成。

4. 應用階段（20世紀70年代）

20世紀70年代是市場行銷觀念轉折的時代。之前的市場行銷以生產、產品、銷售觀念為主進行研究，這一時期，從生產者角度的行銷逐漸轉為從消費者角度的市場行銷。企業在這個階段逐漸認識到消費者的重要性，開始注意消費者的細分，環境對企業和消費者的影響，對所生產的產品制定產品價格、渠道、促銷策略，形成了完善的市場行銷體系，並將之應用到企業實際經營中。1957年，奧爾德遜出版了《市場行銷活動和經濟行動》；1960年，麥卡錫出版了《基礎市場行銷學》；1967年，菲利普·科特勒出版了《市場管理：分析、計劃與控制》。這預示著市場行銷理論會隨著實踐而不斷發展。

5. 創新階段（20世紀90年代）

20世紀90年代後的市場行銷學已經不局限於市場行銷本身，這一時期，市場行銷學的理論更加成熟，不僅結合了管理學、行為學、心理學等學科，還將其理論擴散到網絡行銷、大市場行銷、全球行銷、綠色行銷等領域。1971年，喬治·道寧（George S. Downing）出版了《基礎市場行銷：系統研究法》。1984年，菲力浦·科特勒提出了大市場行銷理論。1985年，巴巴拉·本德·杰克遜提出了「關係行銷」「協商推銷」等新觀點。1990年以後，網絡行銷、政治市場行銷、綠色行銷、市場行銷決策支持系統等新的理論與實踐問題開始引起學術界和企業界的關注，並得到迅猛發展。

第三節　市場行銷學的研究對象、研究意義與研究方法

一、市場行銷學的研究對象

市場行銷學的研究對象隨著社會發展和經濟變化而逐漸發生改變。生產者觀念下的市場行銷學研究主要是圍繞著如何增加生產量、提升生產效率及改善銷售環境。一是由於並未形成完整的市場行銷理念，二是因為企業沒有必要考慮消費者的需求和感受。在現實背景下，企業生產的所有產品都會被市場接收，消費者只能作為產品的接收者，並不具備選擇空間。當轉變為消費者觀念下的市場時，研究對象逐漸變得越來越豐富，產品、價格和競爭者首先進入市場行銷學專家的行銷視野，隨後，渠道、促銷、市場細分、目標市場、市場定位、市場調研、行銷策劃、行銷環境等成為市場行銷學專家關注的內容。當這些內容組合後，並集行銷學、經濟學、行為學、心理學之長，形成了現代市場行銷學體系，並逐漸演化為一門學科。

現代市場行銷學的研究內容主要包括行銷環境、消費者行為、市場調研、行銷計

劃及管理、競爭者、行銷戰略、目標市場、4P策略等內容。

分析行銷環境主要從宏觀和微觀兩個層面入手，宏觀層面的分析包括人口、經濟、政治、技術、文化、自然6個方面。微觀層面的分析包括企業內部環境、供應商、仲介機構、顧客、競爭者及社會公眾6個方面。分析行銷環境主要是瞭解企業如何面對宏觀環境的不可控因素影響，及如何通過企業本身的優勢影響微觀環境因素。

消費者行為反應了消費者在購買活動中的行為活動及心理活動。所謂知己知彼，方能百戰不殆。企業經營者需要瞭解消費者產生購買行為的原因、購買行為中的含義、購買行為時的心理變化及消費者心理特點。分析消費者行為及消費者心理可以為企業在行銷計劃及行銷策略的制訂上提供幫助，使企業制訂的行銷計劃和策略能夠最大限度地幫助企業獲得利潤。

市場調研主要是通過分析市場的情況來預測市場的需求、增長變化、市場容量等內容。不同類型的市場需要使用不同的調研方法，調研過程中也具有一定的技巧和需要注意的事項。合理使用調研方法既可以節省時間，又可以降低成本，並且實現企業利潤最大化。

行銷計劃及管理從企業內部分析了其具備的條件，體現了企業經營者和管理者的能力。這一能力包括經營者是否具備發現商機的眼光，是否能在問題出現之前及時地預見問題，在逆境時是否有能力解決問題，在順境時是否不會被利益沖昏頭腦，面對競爭者時是否可以制訂周密的計劃，是否能提出企業長期、短期的發展戰略，並使其相得益彰、互不衝突等。

競爭者和目標市場分析了企業外部面對的問題。針對不同的競爭者和消費者是企業應當如何應對，如何分析是這部分內容關注的重點。

行銷戰略和4P策略主要從方法上闡述了企業的行銷活動該如何進行。戰略從總體情況出發，詳細描述了企業可以使用的戰略，及戰略可以為企業帶來的價值。而策略則從具體的實施手段出發，從產品策略、價格策略、渠道策略和促銷策略4個方面詳細地分析了這些策略可以起到的作用。

二、研究市場行銷學的意義

(一) 市場行銷學促進商品交換

當生產效率提高以後，產品的供給量超過需求量時，市場主體也隨之發生變化。在這種情況下，企業最關心的是如何滿足消費者、如何更好地為消費者提供商品。在這種情況下，市場行銷學制訂了一系列促進商品流通的方案。這些方案從企業本身出發，保證商品在企業經營者和消費者之間順利流動，很大程度上促進了商品的流通。

(二) 市場行銷學促進企業發展

企業的發展受到諸多因素的影響，而市場行銷學從現實角度出發，針對經營過程中管理的問題，計劃的制訂及實施提出了詳細的方案，使企業在經營過程中可以借鑑現代經營理念、先進經營和方法，提高企業行銷素質，增強企業活力和競爭力，在國內外激烈的市場競爭中取勝，加快中國社會主義經濟建設的步伐，具有重要的現實意

義。企業的生產經營活動不能離開市場，研究企業市場行銷策略及行銷活動的規律性，是社會主義市場經濟發展的需要。

(三) 市場行銷學促進經濟增長

經濟的增長受到很多因素的影響，特別是在國際化程度高的今天，企業的經營已經不局限於某個地區、某類消費者，在這種情況，企業的行銷活動尤為重要，企業需要合理借助有利條件發展自己，也需要及時應對出現的問題。對於不可控因素的影響，需要企業經營者合理地制訂行銷計劃，對於可控因素，企業需要妥善實施行銷策略。從能滿足人民需求入手，提高產品價值、企業價值。以產品研發為基礎促進科技發展，提高產品品質，為開拓更大的市場空間、進軍國際市場中發揮重要作用。為第三產業的發展開闢道路，直接或間接地創造了巨大的經濟價值和社會價值。從而對社會的可持續發展起到重要的作用。

三、市場行銷的研究方法

市場行銷學本身雖然不複雜，但是，若要將其靈活運用需要一定的方法。市場行銷理論圍繞實際行銷活動建立，其目標是為了使企業順利經營，為社會發展提供動力。雖然研究的角度在歷史中不斷發生變化，但是其指導企業有效展開行銷活動的核心未成發生轉變。目前的研究方法主要有以下幾種：

(一) 傳統研究法

傳統研究法通過產品研究法、機構研究法和職能研究法對市場行銷學進行研究。

1. 產品研究法

產品研究法是最早提出的研究方法之一。這是由於企業經營者在經營過程中發現，產品的差異會導致消費者做出不同的購買決策。發現這一問題後，市場行銷學者們開始針對這一現象提出了自己的觀點。1916年，韋爾德在《農產品市場行銷》一書中提出了產品分類理論。1927年，勞德斯根據產品的使用特性和生產特性總結了產品分類的思想。通過這些學者的研究，奠定了產品研究法的基礎，進而在當今社會被總結為產品策略，並得到廣泛應用。

2. 機構研究法

在市場行銷活動中會涉及很多機構，這些機構在行銷活動中具備不同的作用，通過研究這些機構各自的作用、執行的效率、相互之間的關係，使市場行銷決策可以在這些機構中被有效地執行。該方法側重分析研究流通過程的這些環節或者是層次市場行銷學問題，考慮到了對生產銷售過程中獨立的行銷機構的總體控制與協調，最後形成了機構研究法的理論。

3. 職能研究法

行銷活動中的組織機構、戰略策略會涉及多種職能，這些職能決定了行銷活動中各部門的作用及行銷策略的運用。以行銷職能為中心，解決了行銷活動中遇到的問題。其主要目的是通過職能的運用將各部門及行銷策略的效用最大化。因此，職能研究法主要是從實際運用的角度研究市場行銷學，這一方法為市場行銷學管理學派奠定了基礎。

(二) 歷史研究法

任何事物的演變過程均具有價值。在這一背景下，通過分析市場行銷活動的發展過程、出現的問題、在發展過程中各類問題出現變化的原因和規律、出現的原因，以及導致的結果，從而達到預防和避免的作用。

(三) 管理研究法

管理研究法也稱決策研究法，這一研究方法從管理的研究角度入手，重點關注企業經營過程中的管理方法和管理者的決策行為。管理方法可以分為企業管理者可控制部分、不可控部分及可影響部分。可控部分指公司管理、生產決策、定價渠道、促銷手段等方面。不可控部分指宏觀環境，包括人口、經濟、政治法律等。而可影響因素指企業的微觀環境，包括供應商、消費者、競爭者等。管理者的決策行為包括企業對目標市場的選擇、市場細分的方式、行銷策略的制定等方面。

管理研究法主要是利用企業對可控因素的掌控、對可影響因素的利用、對不可控因素中對企業有利因素的迎合、不可控因素的迴避，協調並配合這些因素，從而推動市場行銷理論和實踐的共同發展。

(四) 社會研究法

社會研究法主要是企業通過市場行銷活動對社會發展的貢獻程度和經濟發展的貢獻程度來衡量市場行銷活動的價值。在這種研究方法下，更多是注重企業在社會中的地位，以及企業對社會的影響。因此衡量這一方法效果的指標主要包括企業效率、企業為社會創造的技術價值、勞動價值和經濟價值等。

(五) 系統研究法

系統研究法是將市場行銷本身看作一個完整的系統。在這種方法下，與市場行銷相關聯的所有方面都將被納入系統中。主要包括生產者、經營者、供應商、中間商、社會公眾等因素。系統將對這些影響因素進行整合，綜合性地分析市場行銷在系統中的作用，分析後，還需要對系統內出現的問題進一步調整，以期發揮各環節的最大效用，從而提高經濟效益。

課後練習題

1. 什麼是市場和市場行銷？
2. 簡述市場行銷學的形成和發展過程。
3. 試述企業市場行銷觀念經歷了哪些發展階段。
4. 簡述市場行銷學的主要研究方法。

第二章　行銷創新

學習目的

　　行銷大師德魯克說過，企業管理的根本任務有兩個：創新、行銷。本章將把創新引入行銷中，通過本章的學習，理解什麼是行銷創新，掌握創新行銷的四大支點和方式，瞭解在行銷創新應注意的問題。

本章重點與難點

　　本章重點：正確認識行銷創新；行銷創新應注意的問題。
　　本章難點：行銷創新的四大支點；行銷創新的方式。

引導案例

　　　　　「踩著」「小茗同學」上市，半年銷量10億，為何「茶π」那麼牛！
　　正當「小茗同學」如日中天，一家獨大的時候，2016年，「茶π」作為農夫山泉的重磅產品進駐市場，半年時間裡銷售額達到10億元，是2016年絕對的茶類超級大爆款，也打破了「小茗同學」在市場中的霸主地位。
　　「茶π」VS「小茗同學」，「摘桃」市場
　　毫無疑問，「茶π」出場的時間把握極其準確。「小茗同學」熱場一年，市場對茶飲料已經改觀，消費者對價位已經接受，產品熱度也已經上升。
　　這個時候「茶π」進場了，價位與「小茗同學」相差無幾，定位人群相同，渠道相似，主要為校園渠道。相似的定位、渠道等為「茶π」省去了大量的前期認知普及與消費教育，快速進入市場的爆發期，由此，市場從一家獨大過渡到兩強相爭。
　　相對於統一集團產品系列眾多，對產品的關注度遠沒有農夫山泉集中。作為農夫山泉2016年的主打新品，「茶π」備受關注，活動不斷。2016年5月，更換BIGBANG「茶π」新裝，並與京東攜手，BIGBANG「茶π」在京東首發，同時開啓「瓶蓋行銷」，購買農夫山泉「茶π」促銷裝產品，中獎率100%，其中包括BIGBANG演唱會門票500張。以明星效應突出產品，吸引消費群體，使得產品火爆整個夏天。
　　這也是「茶π」與「小茗同學」的不同之處，一個通過「潮萌」互動吸引消費者，消費群體主要為「95後」。而另外一個則通過明星IP引流消費群體，群體相對更廣泛。而且「茶π」的文藝範更能獲得現在白領人群對檔次、品質的認可。
　　「茶π」的火爆是毋庸置疑的，2016年三季度銷量10億。2017年，「茶π」新推出一款全新口味的飲品，即玫瑰荔枝味紅茶，在終端受到熱捧。「茶π」在「小茗同

學」賴以生存的校園等渠道占據大半市場，今年的銷量更是超越去年。

新茶飲時代，創新依舊是主題

「茶π」和「小茗同學」兩者在茶飲料市場都是成功的，開啓了茶飲料的新時代。在茶飲料市場開始沒落的時候，出現這兩款產品是整個品類的幸事。

在「茶π」與「小茗同學」之後，茶飲料市場也迎來了變革。紅茶、綠茶的包裝開始發生變化，改變了幾年，十幾年不變的包裝；市場上出現新的茶飲料品牌、產品，為市場帶來了生機。

從兩種產品的出現到發展，其實很容易發現：現在市場上火爆的新品，「小茗同學」「茶π」「江小白」、科迪「網紅奶」等一系列的大單品都是以創新取勝。

「茶π」與「小茗同學」的競爭，無論對市場還是消費者都是一件幸事。只有競爭才有發展，只有發展才能生存。而創新則是發展與生存之間的必然。

第一節　理解行銷創新

行銷創新是企業與國際競爭環境接軌的必然結果，亦是企業在競爭中生存與發展的必要手段。國內市場與國際市場的對接，直接導致中國企業競爭環境的改變和競爭對手的增強。而面對這一切，中國企業表現出諸多的劣勢，尤其是行銷觀念落後這一致命弱點，使企業面對強大的競爭對手和高超的行銷手段不知所措。還有一些企業體制有問題，表現為企業競爭力弱。而要解決這些問題，則必須從行銷管理方面入手進行變革和創新。因為行銷創新是提高企業市場競爭力最根本、最有效的途徑。另外，通過行銷創新，企業能科學、合理地整合各種資源，並能提高產品的市場佔有率。

彼得·德魯克早在30多年前就已經說得很清楚：「一家企業只有兩個基本職能，即創新和行銷。」對於企業經營來講，這兩者的重要性是不言而喻的，創新和行銷作為企業生存、發展的核心戰略，是企業必須學習和研究的重要課題，如何理解、開展、落實創新和行銷，成為買方市場時代行銷界人士共同關注的焦點話題，本章主要討論中小企業的行銷創新。

一、認識創新

在眾多的關於創新的定義中，筆者最為認可的是德魯克先生所說的，即創新是一種使人力資源、物質資源擁有新的、更大的創造財富能力的工作。根據這一定義，「創新」首先是一種工作，工作的對象是企業的人力資源和物質資源，工作的目的是使工作對象能更好地「創造財富」。企業中，每個員工都有責任，有義務促使企業的人力資源、物質資源發揮更大的創造財富的能力。因此，創新涉及的是企業的全體員工，它涵蓋了企業的研發、生產、銷售、市場、服務、人事、財務等各個部門及其成員。創新不僅僅是高層管理者的事，也不僅僅是某個特殊部門的事，而是企業全部員工的事！

二、行銷創新的緣起：問題意識

創新從本源而言，起源於問題意識，也就是發現問題和提出問題的意思。創新最重要的前提就是，你能不能對現狀、事件、某個理論，提出自己的看法。有疑惑，就說明這件事情還是可以進一步發展的，還可以完善。如果一點問題都沒有，還怎麼完善呢？所以，問題意識是創新的一個基本前提。

準確地提出問題、界定問題、分析問題，乃至解決問題也可理解為行銷創新的過程，消費者的問題就是痛點，行銷不僅僅是在賣產品，而是在幫助消費者解決問題。目標顧客的痛苦就是行銷人員的機會，工作就是揭示痛苦的根源，幫助消費者認識怎樣用產品或服務解決問題。消費者信任產品或服務，是因為他們把企業看成是能夠減輕甚至消除其痛苦的專家，這些痛苦是消費者通向美好生活的絆腳石。為了證明企業提供的產品或服務能夠踢開這樣的絆腳石，企業必須要準確地瞭解擋在消費者面前的絆腳石到底是什麼。

當企業傾聽目標消費者的意見時，實際上是在傾聽他們的痛苦，一旦瞭解這種痛苦的性質和程度，企業就能找到治療的良藥——用企業的產品或服務。即使是表面上對自身健康狀態滿意的消費者也會有痛苦之處，企業必須通過提問，幫他們找到自身的隱患所在，如果確實能發現隱患，將促使消費者購買企業的產品。行銷人員是消費者痛苦的測定儀和治療儀，企業應該認真傾聽目標顧客「受痛時的哎呦聲」，聽得越真切，就越容易找到需要創新的地方。企業認為主要的創新之處有以下幾點：

（1）消除現有的痛苦。這是需要識別的最重要的痛苦，也是最先需要識別的問題。

（2）避免將來出現問題。擔心即將到來的痛苦也是消費者購買產品的動機之一，但其痛苦的程度不及現在的痛苦。

（3）期望現在身體健康，生活快樂。這個特定的問題排在第三位，這是目標消費者此時此刻的身體期望。

（4）期望將來快樂。期望將來快樂和現在快樂對於消費者來講是同樣的重要。

（5）避免以前的痛苦重新發生，目標消費者總是希望避免重複以前的痛苦。

瞭解了這些，企業就找到了有關「需要創新什麼」的正確答案。圍繞目標顧客的「問題和希望」進行創新，這就是行銷人員的重要工作。消費者購買的基本原動力結尾逃避痛苦與追求快樂，企業行銷人員應當竭盡全力地向顧客表明顧客購買了企業的產品將會遠離痛苦，享受快樂。這裡，企業可以把行銷創新歸結於一句話、一個中心（市場價值）、兩個基本點（揭示痛苦，給出希望）。

三、創新的起點：行銷智慧

創新需要打破舊有思維、經驗、偏見的束縛，將「死知識」轉化為「活智慧」，發揮想像力，將行銷策劃工作推向新的高度。行銷策劃本身就是一種創新行為的思維活動，其最終目的就是讓人們對產品或服務產生充分的信任和信心，從而激勵他們去購買，最終為企業帶來利潤，任何創新都必須達到吸引和留住消費者的目的。

行銷創新的實質就是企業智慧與用戶心智之間的較量，這種較量是長期存在的。

在信息爆炸的移動聯網時代，這場較量必然要升級，企業如何在合適的時機找到合適的用戶，用合適的溝通語言和場景快速占領用戶心智，原有的經驗模式顯然不夠用，創新行銷就成了一個必然。

行銷的本質就是占領心智，這意味著創新必然成為提升行銷效率的重要工具。

智慧是行銷成功的出發點，它與其他方面智慧的區別在於它帶來了獨到的洞見，幫助企業理解消費者，找到吸引消費者注意力和讓他們惠顧的方法。行銷創新的基礎是行銷智慧，越具有智慧，創新力越強，靈感越多，越容易實現行銷創新的真正目的。行銷智慧來自哪裡？用戶、大數據、場景，通過對大數據的整合應用，通過新科技對用戶數據進行即時動態分析，掌握用戶心理變遷，進行精確的行銷溝通，讓行銷更具針對性，更加人性化。

四、行銷創新的重點：創造市場價值

當然，行銷的創新不僅僅是技術上的，更重要的是「市場價值」的創造，這種市場價值，乃是經過市場而來的，真正的考驗在於滿足消費者的能力，以及消費者是否會用實際的購買行動展現其支持的決心。也就是說，必須清楚瞭解，創新的重點在於創造消費者價值，並非只是尋求新的發明或突破，而市場價值的創造不能只把自己關在實驗室閉門造車就會產生的，唯有通過市場考驗，受到消費者支持的創新，才能創造出真正的消費者價值，這種以消費者需求為基礎、以市場為理念的創新，應當是企業奉行的基本理念。

眾所周知，消費者需求是市場競爭的焦點，是行銷創新的中心任務之一，中國著名行銷專家沈菏生先生認為，行銷不僅僅是為了滿足消費者外在的需求，而且在於發掘、激發、創造，並滿足消費者細分化了的、潛在的、尚未滿足的需求，將需求與企業所能提供的產品或服務進行對接，對接成功，就意味著創新獲得成功，意味著創新得到了市場的認可。

五、行銷創新的保障：積極的態度

態度決定一切，創新的關鍵在於克服經驗主義、改變觀念、更新思維，對待任何事物要有「沒有不可能，只是暫時沒有找到方法而已」的態度。古人認為水不可能倒流，那是因為他們沒有發明抽水機，現在的人認為「太陽不可能從西邊出來」，未來的人可能說，那是因為他們還沒有找到讓人類能居住在另一個「太陽正好從西邊出來」的星球上的方法而已。不是不可能，只是暫時沒有找到方法，讓企業打破各種條條框框，突破自我，積極開發思維，迎來嶄新的明天。

對待行銷工作也是一樣，如果遇到任何工作總是先想到困難，想到不可能，那麼根本不會取得成功，企業只有抱著積極、樂觀的態度，不斷地去想、去做，才會走向成功。只有積極的想法才會激發出創造力，而消極的想法只會成為你的障礙。

有一個小故事，是說有兩個銷售員去南太平洋的一個島國銷售皮鞋。一個銷售員看到島上的人都不穿皮鞋，很是失望，很快就回去了。另一個銷售員看到島上的人都沒有穿皮鞋心裡非常高興。心裡想：如果能讓這裡的人都穿上皮鞋，那市場該有多大

呀。於是這個銷售員就留了下來，很快就打開了這個新市場。

行銷人員不要抱怨市場難做，只有懷著敢於創新的勇氣、積極的心態，帶著熱情和信心去做，就一定能提升行銷績效。

在新的市場形勢下，企業應該改變思維模式，正確地理解和對待當前的政策條件，積極創新，迎接挑戰，戴著枷鎖起舞，進行戰略性突破，做強做大，持續發展。

創新、行銷、創造都是中小企業裡的熱詞，很多企業將創新作為自己公司的理念和口號，大家都很重視創新，但是如何創新，如何進行行銷創新，以更好地滿足顧客需求呢？

第二節　行銷創新的四大支點

美國管理大師熊彼德曾提出企業創新的 5 個有形要素，而行銷創新屬於無形要素範疇。事實上，無論有形要素，還是無形要素的創新都需要一種思想或力量上的支撐。從中國目前的行銷實踐來看，雖然受國際大環境的影響，尤其是國際知名大企業行銷創新的威脅，卻仍然使用著傳統的行銷手段艱難地掙扎。他們也試圖突破傳統的行銷手段，卻不知從何入手，很明顯是缺少思想或是力量上的支撐。從中國的行銷現狀出發，筆者認為，企業為行銷提供 4 種保證方可築起行銷創新的大廈。

一、樹立正確的創新觀念

觀念作為人們對客觀事物的看法，它雖無形、看不見，卻直接影響著人們的行為。所謂創新觀念，就是企業在不斷變化的行銷環境中，為了適應新的環境而形成的一種創新意識。

它是行銷創新的靈魂，指揮並支配著創新形成的全過程，沒有創新觀念的指導，行銷創新就會被忽視，仍然一味追求著傳統的、已不適應新環境的模式。企業只有把創新這一指導思想提上日程，才能使企業在變化中成長，在競爭中生存。行銷創新亦能更充分地發揮作用。海爾的斜坡理論是眾所周知的，其推力 OEC 管理，拉力就是創新，由此可見海爾已經樹立起了創新觀念，不斷地在指引著海爾各方面的創新工作。管理上「以市場鏈為紐帶的業務流程再造」的創新成果已經獲得了全國第七屆企業管理現代化成果第一名。行銷方面的創新也是接連不斷，「親情行銷」這一新思路的執行，不僅提升了品牌形象，而且增強了品牌親和力。試想，沒有創新意識的企業，又何以談行銷創新呢？由此可見，樹立行銷創新觀念是行銷創新的首要條件。

那麼，如何樹立起正確的行銷創新觀念呢？首先要有明確的市場意識（或稱市場行銷觀念）。

離開行銷觀念的指導，任何的創新活動都將失去它存在的意義。目前，中國許多企業還沒有樹立起清晰、明確的行銷觀念，尤其是中小企業。而在目前這種世界各大品牌紛紛進入中國市場的競爭現狀下，企業須以創新求生存，以正確的行銷觀念為指導

其次，要有競爭意識。這是行銷創新的內在推動。在全球一體化的環境下，中國企業所面對的是與國際成熟大企業的競爭，所以必須要有危機感和使命感。

二、培養行銷思維

思維是認識活動的高級階段，是對事物一般屬性和內在聯繫間接、概括的反應。牛頓是從蘋果落地開始研究萬有引力的，而蘋果落地這一普通的自然現象在我們生活中是常見的，還常常被人們感慨人生的對象，為什麼有這樣兩種截然不同的結果呢？其實這根源就是思維。牛頓所有的是科學的思維，而那些感慨人生的人有的卻是文學思維。正是這種科學思維使他發現了萬有引力，且不斷地發現科學領域的諸多奧秘。那麼，企業要做好行銷活動就必須具備行銷思維。事實上，行銷創新的切入點就在生活中，或者說就在消費者身邊，正是行銷者所關注的對象。如果缺乏行銷思維，就無法把握住這些切入點，行銷創新也就成了無本之源。筆者在做一項房地產項目行銷策劃時，在其項目推廣造勢階段，將項目的地理位置與國家乒乓球訓練基地要擴建的本無關聯的兩件事聯繫起來，使本無地理優勢的項目，一時間變成了搶手貨。而且，巧妙地避開了宣傳迷信的嫌疑（此房產項目的地理位置與「隆興寺」在同一軸線上）。正是這種行銷思維，使策劃者將兩件不相關的事物聯繫在一起，創造行銷佳績。

行銷思維的培養要在行銷人員的頭腦中建立起一種行銷意識，即工作狀態。首先，要精通理論知識，運用這些知識去觀察生活中的諸多事物，培養起在生活中運用行銷的能力，自然能培養出行銷意識；另外，做生活中的細心人，注意觀察周圍事物的「消費者」行為，深度挖掘行銷創新切入點。

三、要有堅韌不拔的精神

面對複雜多變的行銷環境，尤其是中國這種廣博、精深的文化環境。行銷創新的風險無時不在。要檢驗，可能會付出很大經濟代價，因此，創新極容易受挫，或是被束之高閣，或是不敢執行。這樣就打擊了行銷創新的積極性和開拓精神。所以，必須要有堅韌不拔的精神做支撐，確保創新的大廈不倒。關注體育的人都知道乒壇常青樹瓦爾德內爾，他每次出現都變換新的打法，面孔雖是老的，但是打法卻永遠在創新，當然這種創新不一定成功，但是這種精神卻是可貴的，也是行銷創新所必要的精神。筆者在為企業當培訓師時就要求行銷人員有一種勇於創新、敢於開拓的堅韌不拔的精神；並創造條件加以訓練。而事實上，這種堅韌不拔的精神也源自自身的性格和生活的磨煉，作為行銷人應該具備這種意志。

四、要有嚴格的制度保障

規章制度是使企業的各部門人員有章可循，形成一個組織嚴密的團隊。如果沒有制度保障，那麼企業就完全喪失了凝聚力，也不可能形成良好的企業文化。要一種思想或文化在企業員工的思想中滲透，運用規章制度貫徹是非常必要的。那麼要想將行銷創新思想變為企業行銷人員或其他員工的行動準則或深層次的文化核心，就必須有嚴格的制度來規範、保證其運行。將行銷的觀念、精神和思維轉化成員工進行行銷活

動的理念和方法。制度的保障作用是非常必要的。

當行銷創新制度化後，使創新觀念、思維和精神有了根本保障，從而充分地調動了行銷人員創新的積極性和主動性，促使企業在複雜多變的環境中有的放矢地進行行銷活動，適應其變化。其實，這正如管理學中的 X 理論、Y 理論、Z 理論所講的那樣，對人這個複雜的有機體必須採取嚴格的制度管理，其效果也是不容置疑的。但是，要將一種思想制度化，甚至將這種思想搬到企業文化的平臺上，就很困難了。所以，使行銷創新制度化，還要使用企業文化的魅力，才能使效果更好。

在行銷創新的制度保障中，激勵制度最有效的。只有制定適當的激勵制度，行銷人員的積極性和主動性才能夠被調動起來。而企業制定的激勵制度，須將行銷創新成果與薪酬制度和晉升制度相聯繫，效果會更佳。

第三節　行銷創新的方式

一、行銷創新的重點

提起創新，一個普遍的誤區是，認為主要指的是技術創新。和企業老板談起創新，他們總會說，「正在開發新技術」。但是創新絕不僅僅意味著技術上的改進和進步。

業績良好的企業都是既開發新的行銷模式又改進技術的企業。美國的一位創新專家認為：我們將創新看作我們通過開發行銷模式和技術來創造新價值的能力。成功的創新是將技術創新和行銷創新相結合，技術創新通常能夠引起行銷模式的創新，而行銷模式創新也需要技術創新支持配合。因此，中小企業一定要平衡好技術創新和行銷創新這兩方面的工作。

對於中小企業來講，技術創新的直接成功就是產品，包括對現有產品的更新以及推出全新產品。比如手機和汽車產品的不斷更新換代，醫藥保健品推出新的品種、服務企業推出新的服務項目等，更新的產品和全新的產品能夠有效地滿足消費者日益發展的需求以及細分需求，為企業創造新價值。因此，行銷創新要圍繞著以下 6 個方面進行：

產品創新。利用新技術、新資源、新理念、新組合等生產、提供新、異、奇的消費產品或服務。比如蘋果公司定期升級技術、系統、服務而推出的 IPHONE1-8、鮮花餐廳推出的主題「吃花」餐飲產品、專門為老人提供的傳記撰寫服務、人參與麵條組合的人參長壽面、工業化的方便川菜等。

渠道創新。突破慣性的產品銷售場所、空間、方式的新的銷售渠道設計。比如利用婚紗影樓銷售時尚服裝鞋帽，在南方茶館裡銷售家用生活用品，在美容門店裡銷售護膚美容產品及服裝，在養老院裡銷售兒童玩具禮品，在醫院附近銷售高端農產品等。

服務創新。在原有產品、渠道、客服的基礎上增加、提升服務來達到拓展行銷的目的。比如餐廳提供重點客戶關鍵信息收錄展示服務、培訓機構為客戶提供聯誼和人脈拓展服務、養老機構安排老人志願者對接服務、酒類產品提供窖藏增值服務等。

促銷創新。在常見的促銷方式、手段、內容上拓展全新促銷方法。比如：在廣告中呈現重點客戶信息，邀請標志性客戶協助舉辦活動，宣傳與客戶漫長的合作關係，做慈善以提升客戶聲譽等。

工具創新。關乎各種傳播工具如何組合、如何利用網絡新媒體、是否開發社交媒體等。比如組建社會義工組織輔助銷售，利用社區宣傳媒體進入社區活動，為附近的共享單車提供服務並獲取宣傳地位，先期介入研發創業項目以獲取優先陪伴權等。

模式創新。打破將傳統的生產產品賣給客戶的思路，換一種方式讓客戶不知不覺地主動爭取產品。比如寵物樂園安排主題競技活動以拉動關聯用品銷售，打造歸隱文化休閒園競爭揀選客戶入園，舉辦青少年主題研學活動以帶動養老產品銷售，組織志願者活動，促進農產品銷售等。

對於中小企業進行創新來講，所應該做的基本工作就是決定採取何種創新方式、如何組合、先後順序是什麼？你的新產品是利用現有的行銷為顧客創造價值，還是學習小米模式，利用電商銷售手機，或者是為新產品打造嶄新的行銷模式，這都能決定企業未來的成敗。

二、行銷創新的目的

行銷的目的就是要有效地滿足消費者的需求，行銷不僅僅是為了滿足消費者表面的需求，而且在於發掘、激發、創造並滿足消費者細分化的、潛在的、尚未滿足的需求，將需求與我們所能提供的產品或服務進行對接。

消費者的有些需求是有意識的、迫切需要滿足的，企業就要以產品創新為主，以行銷創新為輔，以滿足消費者。

消費者的有些需求雖然是有意識的，但並不強烈，這時企業就需要加大行銷創新的力度，強化顧客需求，提高顧客滿足需求的急迫性，使其產生強烈的購買慾望和衝動，輔以產品創新，進行滿足。

還有一些需求，顧客本身存在，但根本就沒有意識到。福特說過：「如果你問你的顧客需要什麼，他們會說需要一輛更快的馬車。」喬布斯也認為：「消費者並不知道自己需要什麼，直到我們拿出自己的產品，他們就發現，這是我要的東西。」

需要中小企業以技術結合行銷創新去引導並激發消費者需求，創造價值，在這一點上，蘋果公司做出了極好的榜樣。技術創新層面，蘋果公司不斷地推出新的產品和服務，如 ipod、iMac、iphone、iPad，更為了不起的是，蘋果均能將其成功地推向市場，蘋果行銷創新的作用同樣是一流水準的，蘋果沒有像其他產品一樣打廣告，而是抓住了行銷的精髓，即新聞行銷、事件行銷、口碑行銷、文化行銷、品牌行銷等，善於造勢、善於借勢、善於攻心、善於伐謀，「不戰而屈人之兵，善之善也」。蘋果發布任何一款新產品，都能使全球的蘋果「粉絲」為其產品而瘋狂，媒體更是爭先恐後地廣泛報導，使手機行業得到了革命性發展。

三、行銷創新的方法

面對高度成熟的市場，單純的天馬行空式的行銷創新已經舉步維艱，創新必須符合企業實際，要在現有行銷的基礎上展開，創新主要有四個基本方法，分別是組合、改良、新用途、拿來主義。

1. 組合

經濟學家熊彼特將創新定義為「企業家對生產要素的重新組合」。中秘傳媒認為行銷創新的首要方法就是「行銷要素的重新組合」。

在廣告界有句至理名言，即創意是舊元素的新組合。傳單宣傳是一種最為常見的DM宣傳方式，已經司空見慣了，但如果在宣傳單上印上二維碼，消費者掃描二維碼就可以關注品牌公眾號、手機網站，瞭解更詳細的品牌信息，還可以直接進行支付購買。

2. 改良

通過對行銷中某個環節做改良提升，可以有效地提升行銷的質量，改良創新的前提是對目標消費者進行細緻入微的分析研究，發掘並滿足消費者尚未滿足的潛在需求或細分後的需求，比較經典的案例包括強生公司向成人市場延伸、萬寶路香菸的「變性手術」。

3. 新用途

開發現有行銷要素的新用途，是進行行銷創新的重要手段，近年來，國內醫藥行業引入了一種新型的藥品推廣方式DTP，直接服務於患者，為藥房增加了一種新的銷售方式。

4. 拿來主義

借鑑同類產品已運用成熟的行銷策略，進行拷貝、複製、為己所用，是企業行銷創新的有效手段。麥肯錫觀點認為，我們不要重新發明輪子，我們目前遇到的問題和困難，在其他企業那裡早已解決了，我們只需要把它搬過來。拿來主義的實質是一種學習，企業的學習能力是創新的基礎能力，拿來不要僅著眼於同行業，還應當將眼界放寬，打破市場邊界，學習其他行業的優秀經驗。不應總是盯著邊界內的市場，而是應該採用系統的方法，超越這些界限去開創新的模式。應把眼光放在更多的行業、更多的戰略業務、更多的購買群體上，提供互補性產品和服務，超越行業現有的功能性或情感傾向，甚至應該超越時間。只有這樣，我們才能獲得重建市場空間、開創藍海的新視角。

中小企業進行創新行銷應當本著務實的原則。行銷創新不分好與不好，只分可行與不可行，關鍵是看能否與企業現有的資源進行有效的結合，與企業所處的市場環境能否對接，能否在競爭中制勝，行銷創新不是為了娛樂大眾，而是為有效地執行，能否為企業創造效益才是檢驗行銷創新的唯一標準，有效才是硬道理。

第四節　行銷創新應注意的問題

一、行銷創新要創造價值

這是行銷創新是否有價值的最重要的評估標準，當然，這裡的價值不僅包括經濟價值，還包括顧客價值。不創造經濟價值對企業沒有任何意義，而不創造顧客價值的行銷創新，就無法獲得經濟價值。因此創造顧客價值是行銷創新的關鍵。顧客價值不僅表現在產品功能上，還表現在顧客為購買而付的精力、體力、時間及貨幣都屬於顧客價值範疇，甚至包括情感。所以在行銷創新中，必須創造顧客價值，否則，難以提高企業的核心競爭力。

二、行銷創新要切實可行

創新要在分析宏觀、微觀環境的基礎上創造出來的，而非憑主觀想像而創造出來的，要切實可行、易操作，尤其是要注意文化的影響。行銷創新是就某時某地情況而進行的行銷要素的排列的最佳組合，要注意文化的可控制性和不可控制性，還可能存在著入鄉隨俗和入鄉不隨俗的問題。最後，還要注意行銷創新活動對社會的影響是否有負面作用。

三、行銷創新要組合使用

企業行銷創新往往是一個行銷環節的成功，這是令人欣慰的，但要注意行銷組合。一方面或一個環節的創新要有其他行銷組合要素的配合，否則這種行銷成功就要大打折扣。2000 年農夫山泉行銷創新的案例就是缺少行銷組合的最佳案例。那時，農夫山泉從 4 月的「小小科學家活動」到宣布純淨水無益身體健康，再到 8 月「農夫山泉，中國奧運代表專用水」的訴求呼應「純淨水是否有益人身健康」的話題暗示的行銷創新企劃，可謂是「天衣無縫」，但卻因為渠道的問題沒有配合好整個策劃的執行，既損壞了品牌形象，又損失利潤。由此可見，行銷創新的實質是創新的組合，企業的創新工作應與行銷組合相互配合。

四、行銷創新要運用合理

在行銷創新時要求運用團隊的力量。日本企業就特別強調團隊精神，因為團隊的合力總要大於個體的力量。在行銷創新方面，團隊的力量就顯得更為重要了，因為，團隊的創新較個人創新多些完整性和可行性，而且在執行過程中，對於整體的溝通與理解要強於個體，效果也自然出人意料。

案例分析

案例一：金威向旅遊要效益

深圳金威啤酒釀造有限公司是一家具有世界一流啤酒工業生產線的現代化啤酒生產企業，也是國內最早開展工業旅遊的釀酒企業之一。早在1998年2月，它就與蓮花山公、關山月藝術館、光明農場等被深圳市旅遊局列為旅遊重點。走入深圳金威啤酒釀造有限公司廠區，這裡綠草如茵，處處麥香，仿佛步入一座大花園。色彩鮮明的歐式樓宇與一座矗立的發酵罐相映成趣，而現代化的罐裝生產線更令人目不暇接。在麥香四溢的糖化車間，參觀的遊客為一座座巨型容器而驚嘆；在發酵車間，又為潔淨的生產環境所折服；在包裝車間，他們的心又隨著機器的轟鳴和酒瓶的碰撞聲而跳躍。當參觀的遊客從生產線出來，再倒上一杯生產線上剛取下的最新鮮的啤酒，那真是一份最美的享受。這些令人頓生神奇之感的大工業壯觀景象，使許多慕名前往的遊客都感到不虛此行。至今，深圳金威啤酒釀造有限公司已接待國內外遊客和參觀者數萬人次。

案例二：洋河舉行「酒文化二日遊」

在2001年「五一」黃金周來臨之前，江蘇洋河集團就成立了自己的旅行社，並推出「酒文化二日遊」新項目，這是目前國內唯一的酒文化之旅。酒都洋河地處江蘇省泗陽縣，毗鄰洪澤湖，酒文化源遠流長。洋河企業所在的洋河鎮在隋唐時即以酒業興旺名聞遐邇，明清時最為隆盛，曾有9省72家大客商雲集於此。《紅樓夢》作者曹雪芹路過洋河停船3天，留下「清風明月酒一船」的詩句。洋河集團旅行社推出的「酒文化二日遊」，除參觀洋河「百年地下酒窖」「唐酒坊」「酒道館」「美人泉」「夕釣臺」，品嘗洋河酒以外，還可參觀周邊市縣著名景點周恩來紀念館、明祖陵、楚霸王項羽故里等。

思考討論題：

案例一和案例二採用了什麼樣的行銷方式？還可以有什麼樣的創新行銷方式？

課後練習題

1. 如何正確理解行銷創新？
2. 簡述行銷創新的四大支點。
3. 行銷人員應該如何培養行銷思維？
4. 簡述行銷創新的方式有哪些。
5. 行銷創新應注意的問題是什麼？

第三章　市場行銷組合

學習目的

通過本章的學習，掌握市場行銷組合的內涵和特點，瞭解市場行銷組合的作用，重點掌握 4P、4V、4C、4R 這 4 種常用的行銷策略組合，認識到這四種行銷策略組合的優缺點和差異。

本章要點與難點

本章重點：市場行銷組合的內涵、4P 行銷策略組合、4V 行銷策略組合、4C 行銷策略組合、4R 行銷策略組合。

本章難點：

4P、4V、4C、4R 四種行銷策略組合優缺點和理論分析。

引導案例

小米的行銷之道！

北京小米科技有限責任公司，於 2010 年 4 月成立，並入駐銀谷大廈，是一家專注於開發智能硬件的科技公司。2011 年 8 月 16 日，舉行小米手機發布會，作為小米公司研發的第一款高性能智能手機——小米手機 1 正式發布，2012 年 12 月 24 日的聖誕節專場，5 萬臺小米手機 2 開始放購，讓世界刮目相看。2013 年 9 月 5 日，小米科技在國家會議中心舉行發布會，發布了迄今為止世界頂級四核手機——小米手機 3，2014 年 7 月，小米手機開始進軍印度市場。2014 年，小米公司共銷售了 6,112 萬臺手機，增長 227%；含稅收入 743 億元，增長 135%。2016 年 3 月，小米宣布成立「MIJIA 米家」生態鏈品牌。2017 年，小米進軍新零售模式，小米出貨量達 920 萬臺，同比增長 290%，趕上三星出貨量，小米和三星約占市場份額的 50%。小米僅成立 8 年就能占據如此高的市場份額，其市場行銷具有哪些特點呢？

一、培養忠實粉絲

從小米論壇就可以看出來，他們利用論壇的互動來帶動忠實粉絲幫助口碑宣傳，雖然目前我們不知道小米的忠實用戶有多少，但我們可以肯定的一點是小米的忠實粉絲數量龐大，這就是雷軍利用用戶引來客戶的口碑宣傳。與此類似的很多，我們可能對某一個領域非常陌生，但在另一個領域有非常多的粉絲，我們可以利用另一個領域的忠實粉絲來帶動這個陌生領域的口碑宣傳。我們站長經常參加一些站長活動，投資方自然也是希望回去以後能夠為此寫一點感悟，為他們宣傳。

二、發布會

發布會都是土豪做的事情，但一般來講，有能力做這樣的產品，自然有能力來開發布會，找媒體登記信息等。其目的在外人看起來是做廣告用的，但實際是把新聞發布會在線下進行推廣，與此同時，在線上讓忠實粉絲推廣口碑。外加雷軍本來就有不少的粉絲，小米的微博陣地有兩個，一個是雷軍本人的，利用自己在 IT 產業的影響力不斷發聲，目前已有粉絲 500 多萬，也就是雷軍每一次發聲有 200 多萬的人在收聽！另一個是小米手機的官方微博，目前有粉絲 100 多萬人，同樣是一個龐大的數字。

三、饑餓行銷

在外人看來，饑餓行銷還真做不出來，我們經常可以看到有淘寶小店鋪在做饑餓行銷，但饑餓後還是無法行銷，小米手機首批發貨時間為 10 月 15 日，數量為 10 萬臺，每次都是限量銷售，每次都是銷售一空，累計銷售逾 180 萬部！饑餓行銷的意義在於，首先造成一種物以稀為貴的假象；其次是批量銷售有利於廠家控制產品的質量，即使出了問題也可以將風險控制在一定範圍之內，後一批產品在銷售前可杜絕同類問題的發生；最後，人為地造成供不應求的熱銷假象。

四、產品體驗

用戶想要一個什麼樣的手機？高配置、低價格、美外觀，這是我總結的幾點。在大家眼裡，這幾點小米手機都能做到，無論是價格、性能，還是外觀，可以說是在業界沒有漏洞可以鑽了。其次是為了讓小米用戶擁有更好的體驗，小米官方一直在開發新的產品，如小米手環、APP 應用等。雖然在手機上做不到用戶體驗的極致，但小米手機能夠在附加產品上做到極致，並且手機不亞於其他手機，這就是最好的用戶體驗創新，比如：手環在其他品牌出售價格為 700~1,000 元，但小米手環推出的價格為 79 元，這就是一個非常大的改善，配合饑餓行銷的模式，小米完全顛覆了手機行業。

總結：小米在行銷上的反應還是特別靈敏的，這就是互聯網公司的特性，也可以用雷軍的七字決來總結：專注、極致、口碑、快。在發現問題時，迅速調整，並果斷跟進，從口碑行銷，到粉絲行銷，再到大眾泛娛化行銷，這是一家成立 8 年的互聯網公司的行銷發展歷程。總體上來說，小米是互聯網行銷最成功的實操案例品牌，為很多公司提供了借鑑。

第一節　市場行銷組合的基本信息

一、市場行銷組合的內涵

企業的經營環境隨著社會的發展不斷發生變化，因此企業需要根據環境變化，不斷調整自身的經營模式，從而衍生出行銷策略。所以行銷組合的內涵是指企業需要從環境因素和企業自身能力兩個大方向來調整自己可控制的各種行銷因素，並將之靈活運用。行銷環境可以分為宏觀環境（人口、經濟、自然、科技、法律以及社會文化

和微觀環境（供應商、行銷中間商、顧客、競爭者以及社會公眾）兩個方面。行銷環境並非一成不變的，它會隨著社會發展不斷產生變化。如科技、法律及社會文化均是在其形成後，並對市場產生影響時才被納入影響因素中的。企業能力主要體現在企業資源能力、生產能力、行銷能力、科研與開發能力、組織能力、企業文化等方面。

主流的行銷策略主要分為產品（Product）、價格（Price）、渠道（Place）和推廣（Promotion）四個方面，也就是常說的4P組合。4P組合策略是1960年由麥肯錫提出，使企業在經營活動中可以更好地協調配合，揚長避短，發展優勢，使企業更好地獲得經濟效益和社會效益。20世紀80年代中期，菲利普‧科特勒在4P組合的基礎上增加了公共關係（Public relationship）、政治權力（Political Power），使之變為6P，從側面反應出行銷的發展已經逐漸向國際化全球化邁進。隨後，在1986年6月，菲利普‧科特勒又提出11P行銷理念。其中，「戰術4P」由產品（Product）、渠道（Place）、促銷（Promotion）、定價（Price）組成，「戰略4P」由調研（Probing）、細分（Partitioning）、優先（Priorition）、定位（Position）組成，在「戰術4P」和「戰略4P」的支撐下，運用「權力（Power）」和「公共關係（Public Relation）」這2P和人（People）組成11P行銷理念。

二、市場行銷組合的特點

市場行銷組合是市場行銷中的核心部分，綜合闡釋了市場行銷的具體操作方法，具有這4個特點：可控性、動態性、複合性和整體性。

（一）市場行銷組合的可控性

影響市場行銷的因素有很多，其中既包含了諸多可控制因素，又包含了很多不可控因素。可控因素主要來自企業本身，企業可以自行調節，主要包括企業經營的產品結構、制定產品的價格、選擇分銷的渠道和促銷方式等。這些因素也稱為自變量。不可控因素主要來自企業外部的影響，指企業無法決定或改變的因素，主要包括政治因素、法律因素、經濟因素和自然因素等。企業在面對不可控因素時，需要根據可控因素實施行銷策略，例如從生產經營的產品、制定產品價格、選擇分校渠道和促銷方式等方面迎合不可控因素帶來的影響。也就是說，企業在制定行銷組合時，必須以深入、細緻的市場調研為基礎，充分掌握市場環境變化態勢及目標市場的需求特點，只有根據市場環境變化和目標市場的需要制定行銷組合。實施行銷組織策略後所產生的結果是這些變量的函數，即因變量。而行銷組合策略的實施會直接影響最終結果，企業經營者要善於利用各種可控因素，靈活地適應外部環境的變化。這樣，才能在市場上爭得主動。

（二）市場行銷組合的動態性

市場行銷組合策略並沒有固定的模式，企業的經營者在不斷變化的市場中應當靈活地運用行銷組合。4P、4C、4V、4R這些行銷組合中所涉及的行銷策略也是可以採用或拆分的，可通過整合的形式靈活使用。在動態的行銷組合策略下，小的策略與小的策略之間也存在替代或互補的關係，因此，企業在環境千變萬化、需求瞬息萬變的市

場上，為適應市場環境和消費需求的變化，企業必須及時調整行銷組合的結構和策略，使行銷組合與市場環境保持一種動態的適應關係。

(三) 市場行銷組合的複合性

兩個以上的行銷策略組合在一起就可以形成行銷組合。企業在制定行銷組合時並不一定要使用所有的行銷策略，應該注意行銷組合策略最佳搭配，使制定的行銷組合策略之間形成互補。例如大的因素，如產品策略、價格策略、渠道策略和促銷策略之間需要合理搭配，小的因素，如產品策略中涉及的產品的質量、包裝、種類、規格及品牌等也需要合理配置。還要對促銷組合的各個因素進行更深層次的組合，使企業各層次、各環節的行銷因素都協調配合，共同為實現企業行銷目標發揮作用。

(四) 市場行銷組合的整體性

行銷策略的制定是為了企業可以在市場競爭中獲得一定的優勢，這一優勢可以體現在產品、定價、渠道和促銷等多個方面。這些策略可以從各個方面提高企業的競爭力，並且會根據實際情況同時實施一項或多項行銷策略，企業在實施過程中應當注重行銷組合之間的配合，每個行銷策略的側重點各不相同，並且多個行銷策略組合後又可能會出現相互衝突或降低效果等問題。因此，行銷組合注重的不是單因素最優，而是整體的協調、組合間的配合及統一的目標。

三、市場行銷組合策略應用的約束條件

行銷組合策略在實施過程中會受到很多因素的影響而減弱或抵消行銷組合發揮的作用，主要體現在企業的行銷戰略、環境、市場特點及企業資源4個方面。

(一) 企業行銷戰略

各類型市場均具備不同的特點，因此企業的經營者往往無法全面地瞭解市場的特性，盲目地選定目標市場，並展開行銷活動。也就是說企業經營的行銷決策往往存在一些不足之處，如：第一，行銷戰略的制定受信息限制，存在盲區。第二，行銷戰略的實施受企業經營者的能力、意識等因素影響。企業在經營過程中應結合企業本身的特點分析市場整體情況，從中找出適合企業發展的市場作為目標市場，並根據目標市場的特性制定行銷戰略。

(二) 企業行銷環境

行銷環境是影響企業行銷活動的重要因素之一，行銷環境可以分為宏觀層面和微觀層面兩個部分。宏微觀環境對企業行銷活動的影響雖有不同，但卻無法實際地衡量出哪個層面的影響因素更重要。因此，企業經營者應當將其看作一個整體，針對不同的行銷環境、不同的市場、不同的目標群體制定符合實際情況的行銷策略並實施。

(三) 目標市場的特點

目標市場的特點可以理解為不同目標市場的消費者和競爭者的特點。消費者的特點主要體現在消費者的數量、經濟能力和消費傾向上；競爭者的特點主要體現在競爭

者的實力和數量上。針對消費者而言，企業應當充分瞭解消費者的需求，制訂有吸引力的行銷計劃，並挖掘消費者的市場潛力。對競爭者而言，應當先瞭解競爭對手，做到知己知彼，從而找出自己的優勢，擴大市場。

（四）企業資源情況

企業具備的資源決定了企業可以達到的最高程度，企業的資源雖然並非不可改變，但卻比較困難。比如企業的人才資源需要通過長時間的累積，企業的公眾形象也並非短時間可以樹立的，客戶的消費偏好需要長期培養，所以應當從實際情況出發，滿足客戶的需求。

四、市場行銷組合的作用

（1）企業目標。企業的行銷決策包括多個環節，通過行銷組合策略的實施可以為企業建立經營目標，確定行銷策略的實施步驟。

（2）協調紐帶。行銷策略一般是由相關分管部門實施，比如渠道策略由物流部主要負責，促銷策略由市場部主要負責。但是當企業實施行銷組合策略時，將會由多個部門之間相互配合來完成企業制定的目標，這時就需要多部門緊密合作，並有效地分工，完成行銷活動。

（3）競爭手段。企業在市場活動中必然會面臨競爭者的競爭，競爭者有可能是來自行業內，也有可能來自行業外。因此，企業在面對競爭者時需要根據競爭對手的特點，結合企業自身情況，揚長避短，發揮競爭優勢。

第二節　4P、4C、4V、4R 行銷組合

市場行銷組合指的是企業在選定的目標市場上，綜合考慮環境、能力、競爭狀況對企業自身可以控制的因素，加以最佳組合和運用，以完成企業的目的與任務。企業的行銷活動也並非一成不變的，會隨著市場的需求不斷改變行銷策略，改善行銷方案。

改變的原因一般受時間、企業自身因素、管理層的認識等因素的影響。在市場行銷體系形成初期，企業經營者為了更好地銷售產品往往會通過一定的行銷手段提高產品的銷售量，而行銷手段一般不具備體系化，且行銷方式相對單一。例如採用廣告促銷、價格促銷等方式。隨著行銷體系逐漸完善，很多企業經營者雖然具備一定的行銷意識，有些企業也會受企業規模限制而無法採用行銷組合達到預期效果。因此，行銷組合的運用受多方面因素影響，主要體現在環境、能力和競爭等方面。

隨著行銷體系的完善，行銷組合也隨之發生變化。從麥卡錫教授提出 4P 理論之後，又衍生出 6P、11P、4V、4C、4R 等行銷組合策略。行銷組合的運用需要根據目標市場的具體情況，採用適合的行銷策略，提高企業效益，戰勝競爭者。

一、4P、7P、11P 行銷策略組合

(一) 4P 行銷組合

4P 行銷理論（The Marketing Theory of 4P）於 1960 年由美國市場行銷專家麥卡錫（E. J. Macarthy）教授提出。4P 即產品（Product）、定價（Price）、地點（Place）、促銷（Promotion）。4P 行銷理論的誕生奠定了行銷組合的基礎，也奠定了行銷組合在市場行銷中的重要作用。

產品（Product），是指產品要具備一定特點，其功能、質量等方面異於同類產品，從而達到吸引客戶的目的。近些年，隨著產品策略的不斷完善，產品的屬性也增加至設計、種類、品牌、包裝、規格、服務、保證、退貨等方面。

價格（Price）是產品價值的貨幣表現形式，是購銷合同的必備條款之一。企業應根據目標市場的差異，制定不同的價格策略。近些年，隨著價格策略的不斷完善，價格的制定的考慮因素增加至折扣、轉讓、付款期限、信用條件等方面。

渠道（Place），是產品到消費者之間的環節。大部分企業無法直接面對客戶交易，因此凸顯了行銷渠道的重要性。因此行銷渠道主要包含了倉儲和運輸兩大環節。

促銷（Promotion），是通過傳遞產品信息達到擴大銷售的目的。Promotion 可以被片面地理解為促銷，但它應包含宣傳、公關促銷等多種行銷行為。

(二) 6P 行銷組合

6P 理論是菲利普·科特勒（Philip Kotler）教授於 20 世紀 80 年代在 4P 理論的基礎上提出的，也叫大市場行銷，在 4P 的基礎上增加了公共關係（Public relationship）和政治權力（Political Power）。

公共關係（Public relationship）是指企業通過對周邊生產經營環境進行溝通和協調，營造利於公司的生產經營活動環境的組織或個人的行為。保持公共形象的途徑包括公益活動、廣告、新聞等。

政治權力（Political Power）是指政治主體對一定政治客體的制約能力。政治權利可以存在於企業和政府之間，對行銷有著巨大的影響。通過與政府合作，在狹義視角下可以順利發展，擴大經營。例如酒行業中各地區都有地方保護政策，除了個別品牌外，很難看到酒飲品的跨地區經營。廣義視角下，可以通過政府實現跨國經營，甚至獲得國家層面的扶持。例如 2018 年，中美貿易戰中，中興通訊面臨美國政府的步步緊逼，最後由中國政府施以援手才得以解決。這些都說明政治權利對企業的經營有著巨大的影響。

從增加的內容上可以瞭解到，與 4P 相比，6P 更加注重外部環境帶來的變化，這兩個變化一個來自公眾，一個來自政府。一方面，闡釋了從 6P 的角度可以判斷出已經將外部影響因素變為可以調和性因素，可以通過企業運作來為企業創造利潤。另一方面，重新劃定了企業行銷的界線，企業為了獲得更大的市場，不僅需要滿足目標客戶的需要，還需要針對外部壓力制定相關政策。

(三) 11P 行銷組合

11P 行銷理念是菲利普·科特勒於 20 世紀 90 年代提出的。它分別是產品（Product）、價格（Price）、促銷（Promotion）、分銷（Place）、政府權力（Power）、公共關係（Public Relations）、調研（Probe）、細分（Partition）、優先（Priorition）、定位（Position）、人（People）。新增加了調研、區隔、優先、定位、員工。並定義大市場 6P（產品、定價、渠道、促銷、公共關係、政府權力）和戰略 4P（調研、細分、優先、定位）。

調研（Probe）是指市場調研。調研的目的是瞭解市場、產品和企業的信息，而這些信息可以影響企業的營收。

細分（Partition）是指市場細分。市場細分可以讓企業正確地選擇目標市場，企業可以根據消費者的年齡、性別、地域、收入等諸多因素對目標市場進行細分。

優先（Priorition）即掌握先機，選擇目標市場。任何類型的市場均存在上限，企業為了獲得利潤空間，設置進入壁壘，採用優先占據目標市場的方式有利於企業獲得更多的利潤。

定位（Position）包括企業對應市場的定位和產品對應消費的定位兩個方面。無論哪種定位皆是企業根據自身情況選擇適合自己的市場，有利於企業在目標市場中獲得更多利潤，使產品可以盡可能滿足更多的消費者，並應對競爭者的競爭。

人（People）這裡的人包含了員工和顧客兩個層面。員工是企業的核心價值之一，企業需要調動員工的積極性，充分發揮員工的作用。對於顧客，企業可以通過產品的性能、價格、服務、售後等多方面努力滿足顧客的要求，也應根據顧客的反饋及時調整產品、服務及行銷策略，進而完善企業本身。

二、4V 行銷策略組合

技術革新導致消費結構不斷變化，高科技和高新技術從各個方面改變著我們的日常生活。特別是近些年互聯網的高速發展進一步促進了消費習慣的變革，網上購物、移動支付和共享出行已經是日常生活中的新常態。消費者的消費觀念也隨著技術革新的浪潮不斷變化，已經不局限於以往的買賣關係。

隨著市場完善、技術更新迭代、消費觀念及消費意識的轉變，市場行銷理念、行銷形式及行銷模式也隨之發生變化。逐漸形成了 4V 行銷理論，所謂 4V 行銷理論是指差異化（Variation）、功能化（Versatility）、附加價值（Value）、共鳴（Vibration）的行銷組合理論。

(一) 差異化（Variation）

這裡的差異化是指企業的產品、服務或企業形象等與競爭對手存在一定的差異，從而獲得消費者的認可。企業通過產品、服務或企業形象有別於競爭對手，獲得客戶的本質是將現有市場進行細分。比如服裝款式的差異是由購買者的性別、年齡、價格、質量、穿衣風格及季節變化等方面決定的。

市場細分後可以帶來正負兩方面的影響。正向的影響主要體現在三個方面：第一，

體現在產品的增加可以滿足不同消費者的要求，並挖掘了市場潛力，甚至可以衍生出新的職業為其提供服務，擴大了企業及市場的邊界；第二，為企業樹立了品牌形象，提高了企業在同類產品企業中的競爭力；第三，在細分市場中形成一定的進入壁壘，限制了部分企業的進入，達到降低競爭的目的。負面影響主要體現在兩個方面：首先，在細分後限定了企業的發展格局，為了獲得細分市場消費者的認可不得不放棄部分市場，在某種程度上限制了企業的發展；其次，目標市場的減少直接導致生產數量的減少，從規模經濟的角度可以證明企業的生產成本、行銷成本及物流成本等相關費用增加，不具備經濟性。

(二) 功能化 (Versatility)

產品的功能主要是為消費者帶來價值，這一價值主要體現在產品的功用上。消費者在購買產品時主要是為了購買產品所具備的功能和性能。比如當使用洗衣機清洗衣物時，我們可以解放雙手，減少勞動時間，為生活提供便利；而購買如房產仲介或美容等其他服務類產品時，消費者考慮的也是通過其特有功能可以為其生活帶來便利或提升其自身形象。

產品在消費者眼中一般具備三種功能：一是核心功能，核心功能是產品存在的基本價值，可以直接解決消費者的基本需求。二是延伸功能，產品往往不僅具備一種功能，消費者在購買產品時往往會綜合考慮同類型產品性能，功能多而價格相對低廉的產品固然更受喜愛。三是附加功能，消費者購買產品後已經不局限於體驗產品的核心功能和延伸功能，在這兩項功能以外，如售後、體驗及品牌效應等附加功能越來越受到消費者的重視。基於上述產品功能的特點，可以瞭解到不同功能的產品可以決定產品的價格、層次及消費者的喜好程度。

(三) 附加價值 (Value)

附加價值是在產品原有價值基礎上由技術附加、行銷或服務附加和企業文化與品牌附加創造的價值，即附加在產品原有價值上的新價值，附加值的實現在於利用有效的行銷手段。

當代行銷活動中，企業以各種形式創造附加價值來吸引消費者，增加消費者的體驗。例如到星巴克喝咖啡的人，90%以上並非真的是去喝咖啡。選擇在星巴克喝咖啡的人更多是因為星巴克的附加價值：一是可以體驗星巴克的咖啡文化；二是可以體驗小資生活，看書、學習或者與朋友聊天，甚至一部分商業人士會選擇在星巴克洽談業務；三是因為喜歡星巴克的品牌及企業文化；四是因為服務選擇了星巴克。由此可見一個企業的產品固然重要，但其附加價值也同樣影響著消費者的選擇。

提升附加價值可以從以下三個方面入手：一是從技術入手。不斷開發高新技術提高產品價值，以技術創新代替價值創新。二是從服務入手。服務價值是產品價值的直接體現，直接作用於消費者本身，是產品與消費者之間的橋樑。三是從品牌入手。品牌價值很難直接體現價值，但卻是影響消費者購買行為的重要因素之一。消費者購買的是產品本身，但相較產品而言，往往更加信任品牌。

（四）共鳴（Vibration）

　　共鳴是企業秉承了交易中的共贏原則，僅其中一方獲得利益的交易是無法長久、持續的，因此行銷中的共鳴是指企業和消費者共同獲得利益最大化的一種體現。共鳴行銷強調的觀點是企業為消費者提供高品質和高附加價值的產品或服務，最大程度地滿足消費者的需求；而消費者通過使用企業所提供的產品或服務可以獲得一定價值，且對所購買的產品和服務感到物超所值。這裡的物超所值可以理解為效用價值高於所支付的費用，體現了消費者追求的期望價值和滿意程度。企業和消費者通過交易，滿足各自需求，可以實現效用價值最大化，通過長期穩定的交易，企業和消費之間可以逐漸形成共鳴。

　　現代市場競爭中，產品價值的構成主要包括產品的原始價值、使用價值、品牌價值、情感價值和理念價值。由此可知，隨著社會進步現代消費者對產品本身存在價值的敏感度在逐漸降低，反而對其附加價值越來越重視，因此企業為了與消費者產生共鳴，需要挖掘更深層次的價值創新。價值創新是將經營理念轉換為實際價值，原始價值和使用價值屬於基層價值，而創新價值主要是從品牌價值、情況價值和理念價值入手，尊重顧客並建立顧客導向，為目標市場上的消費提供高附加價值的產品和效用足額，以此實現顧客讓渡價值。顧客讓渡價值是顧客購買產品或服務的全部價值，包括產品價值、服務價值、人員價值和形象價值等多個方面。產品價值約等於固定價值，從其他產品上也可以獲得類似體驗，但服務價值、人員價值和形象價值卻千差萬別，很難統一標準，這也是可以產生和提升價值創新的部分。只有當你的產品比其他產品可以為顧客帶來更多的價值，即顧客價值最大化時，顧客才願意與企業完成交易，從而與顧客產生共鳴。

三、4C 行銷策略組合

　　4C 行銷策略是隨著電子商務的普及而出現的行銷模式，所以 4C 行銷策略更加注重與顧客的溝通和便利性。美國市場學家羅伯特・勞特伯恩教授於 1990 年提出了 4Cs 理論，即顧客（Customer）、成本（Cost）、便利（Convenience）和溝通（Communication）。4C 的基本原則是從客戶角度出發制訂企業的行銷活動和規劃，以產品為基礎滿足顧客的需求，以低廉的價格吸引顧客的購買慾望，以促銷為導向，向顧客傳遞信息，以高速、便捷的流動性為依託，增加顧客購買的便利性。4C 理論強化了以消費需求為中心的行銷組合。

（一）顧客（Consumer）

　　顧客原指企業的服務對象，但在 4C 理論中卻是指消費者的需要和慾望。顧客是企業獲得利潤的來源，產品的開發和生產皆是為了滿足顧客的需求和慾望，並非是賣企業想賣的產品，因此應當根據消費者的需求生產並銷售產品。

（二）成本（Cost）

　　成本原指企業提供某種產品或服務的所有費用，包括企業的生產成本、物流成本、

促銷成本等成本，主要是通過低價格獲得消費者的認可。但是這裡同時考慮了消費者為滿足自身需求願意支付的費用。根據消費者的支付意願考慮企業所提供產品的價格，是為了判斷成本上限，理論上可以根據這種定價方式為消費者提供更多服務。定價方法：消費者支持的價格-適當的利潤=成本。因此這種定價方式主要是針對有一定消費能力的消費者。

(三) 便利 (Convenience)

便利是指購買的方便性。傳統行銷渠道可以概括為企業—代理商—批發商—零售商—消費者。而互聯網的出現帶來了行銷渠道的新變革，企業可以直接面對消費者交易。因此，與傳統行銷渠道相比，新行銷渠道更重視服務環節，強調為顧客提供便利，使顧客在購買到商品的同時也購買到了便利。便利性可以分為購買便利性和渠道便利性兩個方面。購買便利性是指企業提供的產品方便消費者購買，消費者可以直接根據自身需求、偏好及購買方式選擇產品，並且可以及時、準確地獲取產品的性能、質量、價格、使用方法和效果等信息。渠道的便利性是指消費者獲取所購買產品的便利性，需要具有安全和快捷的特點。

(四) 溝通 (Communication)

溝通是指企業與用戶之間的信息傳遞。企業和客戶之間的溝通目的是為了更好地傳遞信息、維繫關係和促成交易。

傳遞信息是指通過行銷人員和廣告等宣傳手段將企業及其生產的產品等信息傳遞給消費者，同時獲取消費者對產品的反饋。

維繫關係是指通過信息的傳遞，與消費者之間形成密切關係，從而影響消費者在購買決定時產生的消費傾向。

促成交易是指綜合運用溝通的特性影響消費者的購買決定。

企業的溝通方式是通過語言、文字、圖片及動畫的形式將企業和產品的信息傳遞給消費者，逐漸獲取消費者的認可，形成情感互動，使企業和消費者形成統一的認識和目標，從而促使經營順利完成。

企業管理者往往非常重視與消費者之間的溝通，因為企業與消費者之間的溝通具有明顯的利益性，也就是說，企業和消費者溝通是為了創造經濟價值而產生的，所以，企業可以結合多種行銷組合模式建立與消費者之間的雙向溝通，培養忠誠客戶。

4C 行銷理論的發展為企業的行銷策略打開了一扇新的窗口，因此，通過 4C 理論也使得很多企業創造了行銷奇跡。但由於 4C 行銷理論過於注重消費者的感受，過於強調消費者的地位，也使 4C 行銷理論存在著一定的弊端。比如企業需要根據消費者的需求不斷調整企業結構、改善產品生產工藝、提高產品性能及完善服務體系等，企業在這種形勢下雖然可以滿足消費者的需求，卻很難形成規模經濟，企業的整體利潤空間也將大幅縮小。因此，企業應綜合考慮企業能力、市場情況及消費者需求等因素制訂行銷計劃，而非一味滿足消費者需求，而忽略其他重要因素。

四、4R 行銷策略組合

4R 行銷理論有別於傳統行銷組合，該理論是以行銷為核心，建立消費者忠誠度。主要從關聯（Relevance）、反應（Reaction）、關係（Relationship）、回報（Reward）四個方面實施行銷組合策略。主要是為了建立長期客戶、保證企業的長期利益，從而形成獨特的競爭優勢，延伸並昇華行銷的特性。

（一）關聯（Relevance）

企業與顧客建立關聯的媒介一般是通過業務滿足雙方的需求，逐漸形成互助、互求、互需的關係。企業為了避免顧客流失，提高忠誠度，贏得長期穩定的市場需要，在企業和顧客之間建立緊密的關聯，形成買賣同盟或聯盟關係。

（二）反應（Reaction）

企業的反應主要取決於獲取消費者的信息後，企業如何處理及應對速度。企業與消費者之間存在相互影響的關係，企業應當盡量根據消費者的意願，及時地調整產品及行銷策略並實施相關計劃，但是也不能盲目地實施，需要根據市場整體情況而定。

（三）關係（Relationship）

企業與消費者之間的關係應當包括建立、改善及維繫三個方面。關係的建立是基於買賣雙方的需求，應當遵循公平、平等和互惠互利的原則；而在企業經營過程中難免出現一些負面影響，因此，在這種情況下，企業應當積極地尋求改善方案，及時掃除負面因素，獲得顧客的理解或原諒；維繫長期、穩定的關係需要企業不斷地努力，因為顧客的要求並非一成不變，在維繫於顧客之間的關係時需要不斷地挖掘顧客的訴求，調整企業經營策略。

（四）回報（Reward）

回報是企業經營活動中獲得的經濟效益，企業通過與顧客交易獲得相應的利潤，為企業的發展提供動力，同時也是維持市場關係的必要條件。但是企業為了獲取回報，應當從滿足客戶需求、為客戶提供價值的角度出發，在企業獲取利潤的同時，需要考慮如何為顧客創造更大的價值。只有長期得到顧客的認可，使顧客對企業產生信賴感和依賴感，才能獲得更多回報。

4R 行銷理論從企業與顧客互惠互利的角度入手，總結並建立企業長期、穩定發展的行銷思路。通過關聯、關係、反應等形式建立企業與顧客之間獨特的關係，把企業與顧客聯繫在一起，相互促進，從而達到雙贏的目的，形成了獨特的競爭優勢。

五、市場行銷組合策略優缺點

行銷組合策略理論的出現完善了市場行銷體系，充分結合了市場的特性進行行銷策劃及實施，幫助企業完成既定目標。但是也正因為行銷組合策略具備的靈活性，也導致行銷組合策略存在一定的缺陷。前文提到的 4 種行銷組合策略均是在特定時期產生的，因此其側重點也不一樣，每個行銷組合策略均存在一定的優點和缺點。4P、4V、

4C、4R 的闡釋見表 3.1。

表 3.1　　　　　　　　　4P、4V、4C、4R 的闡釋

類別		4P		4V	
內容	產品 （Product）	產品的功能、質量、包裝、服務、品牌等	差異化 （Variation）	與競爭對手產品、服務或企業形象的差異
	價格 （Price）	基本價格、支付方式、折扣、付款等	功能化 （Versatility）	產品或服務為消費者提供功用和用途的價值
	渠道 （Place）	直接渠道和間接渠道，主要涉及了倉儲和運輸	附加價值 （Value）	技術附加、服務附加和企業文化與品牌等價值
	促銷 （Promotion）	宣傳、公關促銷等多種行銷行為	共鳴 （Vibration）	企業和消費者共同獲得利益最大化
類別		4C		4R	
內容	顧客 （Customer）	通過產品或服務滿足顧客的需求和慾望	關聯 （Relevance）	企業與顧客之間形成互動、互求、互需的關係
	成本 （Cost）	生產成本、物流成本、促銷成本等	反應 （Reaction）	企業對消費者問題的處理速度及反應速度
	便利 （Convenience）	購買便利性和渠道便利性	關係 （Relationship）	企業與消費者之間關係的建立、改善及維繫
	溝通 （Communication）	傳遞信息、維繫關係和促成交易	回報 （Reward）	通過行銷活動企業獲得的經濟效益

（一）4P 行銷組合策略的優缺點

　　4P 行銷組合策略出現於 20 世紀 60 年代，這一時期，生產率較低，市場貨物供不應求，該理論是從企業的角度出發提出的行銷策略。因此直觀性、可操作和易控制性是 4P 行銷理論最大的優點。但隨著生產能力的增強，越來越多的學者提出了以消費者為中心的行銷理論，也間接地暴露了 4P 行銷理論對消費者關注不足的缺點。

（二）4V 行銷組合策略的優缺點

　　4V 行銷理論出現於 20 世紀 80 年代，隨著高科技的興起，產品呈多元化發展趨勢，為了提升企業競爭力，行銷策略開始趨向於為消費者創造價值。因此，4V 行銷理論的優點是滿足顧客個性化需求、以顧客滿意度為目標、重視無形要素的價值。4V 行銷理論充分地考慮了消費者的需求，提高了消費者的體驗度，但在滿足不同消費者需求的同時也失去了一部分消費者，並且變相增加了企業的經營成本。因此，4V 行銷組合策略的缺點是消費者數量減少、經營成本增加。

（三）4C 行銷組合策略的優缺點

　　4C 行銷理論出現於 20 世紀 90 年代，隨著社會發展，企業之間的競爭越來越激烈，企業為了獲得消費者的認可，越來越重視消費者的需求和期望。在這種形勢下，企業

之間比的是誰的產品或服務價格更低、質量更優、服務更好，誰的產品就更具有競爭力。4V 行銷理論的優點是注重消費者的需求、降低支付成本、為消費者提供便利性及重視與消費者之間的溝通。4C 行銷理論的理念是成功的，但在實際行銷活動中仍舊存在一些不足之處，因此，4C 行銷組合策略的缺點是優質低價的產品或服務很難實現、企業間的過分競爭會影響企業盈利。

（四）4R 行銷組合策略的優缺點

4C 行銷理論出現於 2001 年，其理論核心更加注重關係的培養。企業與顧客之間的關係已經從以企業為主逐漸轉變到企業需要經營其與顧客之間的關係。從 4R 行銷理論可以瞭解到 4R 行銷策略的出發點是雙贏，企業和顧客之間共同獲得利潤才能讓彼此之間的關係更加穩固。因此，4R 行銷理論的優點是行銷體系實際有效、客戶長期穩定。4R 行銷理論使企業和客戶之間達成一種共識，但並不是任何企業都可以輕易做到的，行銷企業需要具備一定的實力或特殊條件才可以維繫這種關係。4P、4V、4C、4R 的優缺點如表 3.2 所示。

表 3.2　　　　　　　　　4P、4V、4C、4R 的優缺點

	4P	4V
優點	1. 直觀性 2. 可操作 3. 易控制性	1. 滿足顧客的個性化需求 2. 以顧客滿意度為目標 3. 重視無形要素的價值
缺點	對消費者關注不足	1. 消費者數量減少 2. 經營成本增加
	4C	4R
優點	1. 注重消費者的需求 2. 降低支付成本 3. 為消費者提供便利性 4. 重視與消費者之間的溝通	1. 行銷體系實際、有效 2. 客戶長期穩定
缺點	1. 優質低價的產品或服務很難實現 2. 企業間的過分競爭會影響企業盈利	1. 企業需要具備一定的實力或特殊條件

六、4P、4C、、4V、4R 理論比較分析

提出行銷理論是為了讓企業可以更好地發展，為社會創造更多的社會價值。因此所有行銷理論發展的基礎是為了實際應用。在特定的市場背景下推出的行銷組合理論是符合當時社會需求的，比如 4P 行銷組合理論的行銷理念闡述的是生產者導向，這是由於 20 世紀 60 年代企業生產的產品遠遠無法滿足市場需求，企業不需要考慮消費者的需求，企業生產什麼產品就銷售什麼產品，完全不必擔心出現積壓庫存的問題，因此這一時期的行銷組合理論是圍繞著生產者進行的。但是隨著科技進步、社會發展，消費者的選擇逐漸增加，企業間的競爭壓力增大，因此逐漸演變為以消費者為導向的行銷模式。行銷理念的轉變並不是說 4P 行銷理論已經不適用，需要被 4V、4C、4R 行銷

理論所替代，而是在特定市場背景下，企業應當通過改變得以更好地生存，獲得更多的利潤。4P、4C、4V、4R 理論比較分析如表 3.3 所示。

表 3.3　　　　　　　　　　4P、4C、4V、4R 理論比較分析

類別 項目	4P 行銷組合	4V 行銷組合	4C 行銷組合	4R 行銷組合
行銷理念	生產者導向	消費者導向	競爭者導向	消費者導向
行銷模式	推動型	拉動型	供應鏈	雙向型
滿足需求	相同或相近需求	個性化需求	感覺需求	價值需求
行銷方式	規模行銷	差異化行銷	整合行銷	「濕」行銷
行銷目標	滿足現實需求，具有相同或相近的顧客需求，並獲得目標利潤最大化	滿足現實和潛在的個性化需求，培養顧客的忠誠度	適應需求變化，並創造需求，追求各方互惠關係最大化	講究差異化和品牌價值
行銷工具	4P	4V	4C	4R
顧客溝通	「一對多」單向溝通	「一對一」雙向溝通	「一對一」雙向溝通或多向溝通	「一對一」雙向溝通

　　每個行銷組合都具備一定的特點，企業經營者應當根據各行銷組合的特性取長補短，靈活運用各行銷組合使之有效結合，最大程度地發揮其優勢，完善企業的經營，使企業可以長期、穩定的發展。

案例分析

Plam 的中國渠道

　　無人售貨機或自動售貨機是一種新型的零售方式，通常設置在人流量較大的地方。如果計劃在學校教學樓外設置自動售貨機，為同學們提供飲料、零食等日常生活用品。雖然學校人口密集，但校內的便利商店很多，自動售貨機的未來收益仍不確定。以小組為單位，通過調查研究，對這一計劃進行可行性分析。

　　2003 年 6 月 17 日，經過長時間的徘徊，全球最大的掌上電腦生產廠商 Plam（奔邁）與佳杰科技（中國）有限公司正式簽約。佳杰科技成為奔邁在中國的總代理商。此前，Plam 已經與神州數碼簽訂了類似的合作協議，今後的合作前景因此備受關注。儘管具有全球最大 PDA 供應實力，但對 Plam 而言，不管選擇誰，關鍵是必須盡快推進其在中國的本土化過程。

　　讓 Plam 遲遲不敢進入中國市場的一個重要原因是渠道。因為風險太大，所以 Plam 根本不會考慮採取自設行銷渠道。於是，能否找到合適的渠道商，就成為 Plam 進入中國市場的重中之重。而要找到符合 Plam 要求的分銷商，又不是一件容易的事情。Plam 計劃在中國採用多種不同的方式進行銷售，包括傳統的 IT 渠道、消費類渠道、增值代理商、方案銷售等。「選擇分銷商，首先，要雙方都能很好配合；其次，我們也能充分

利用它們現有的網絡平臺。分銷商最好是美式風格的，Plam 不必投入大量的精力在銷售實務上。在中國，這樣的 IT 渠道分銷商幾乎沒有。另外，美國式的消費習慣使得消費者會相對容易接受不同的購買方式，如郵購。而中國剛好相反，這樣的模式對於商家和消費者都有風險。」Plam 北亞副總裁陳浩昌說。

許多與 Plam 有過接觸的渠道商表示，Plam 的條件過於苛刻。Plam 要求國內渠道商每年的出貨量是每家 20 萬臺。這個硬指標曾讓許多分銷商望而卻步。2003 年 4 月，P 拉美終於選定了神州數碼，成為它在中國國內地的第一家渠道分銷商。幾周後，儘管有 SARS 的影響，神州數碼還是積極地推出了 TungstenT、M500 與 Zire 等幾款 Plam 產品。

兩個月後，Plam 再次把綉球拋給了佳杰科技，而且被許以中國大區銷售總代理商的身分，並負責該公司的掌上電腦 M500 和 TungstenT 等產品在大眾消費市場和行業市場的推廣。這就與神州數碼的角色發生了衝突。Plam 稱，與佳杰科技簽約，是要借重其渠道和經驗，使 PDA 今年在內地達到預期的 50% 的市場佔有率，3 年內成為中國 PDA 行業的領導者。

「這種一女多嫁的做法，也許會給長遠發展留下隱患。」一位就職於神州數碼的人士透露。「老二」領導「老大」，神州數碼多少會有些不服氣。註冊在廣州的分銷商佳杰科技，其業務重心已經北移，行銷中心遷移到了北京，北京分公司的營業額占其整體營業額的 40% 以上，這是神州數碼的一塊心病。儘管佳杰科技在渠道秩序、市場佈局上擁有神州數碼所不具備的優勢，但神州數碼同樣擁有佳杰科技所欠缺的一些優勢，而這些對作為 Plam 的銷售總代理商非常重要。

目前，佳杰科技想盡量用多渠道的海量銷售吸引 Plam。佳杰科技（中國）高級副總裁徐宇凌說：「我們現在的團隊是賣筆記本，所以會拿一些樣品先跑到熟悉的客戶那兒問這個東西放在你店裡行不行。現在看來，大部分賣筆記本的代理商都願意做這個嘗試。」在這些渠道的基礎上，佳杰科技也在開拓像國美、大中等以消費類產品為主的零售渠道。「我們對代理商方面各自有所側重，例如神州數碼在一些 IT 賣場、零售商中有很大影響，而佳杰科技會將更多的精力放到行業的解決方案哪裡。」Plam 方面表示。

思考討論題：

1. 請從 Plam 的角度，分析在行銷渠道上「一女多嫁」的優劣勢？
2. 「一女多嫁」給 Plam 的渠道管理帶來哪些特殊的問題？怎樣解決？

課後練習題

1. 怎麼樣理解市場行銷的內涵？其特點有哪些？
2. 從市場的角度來說，應用市場行銷組合有哪些約束條件？
3. 解釋 4P、7P、11P 行銷組合策略以及它們之間的關係。
4. 4V 行銷策略組合的具體內容是什麼？
5. 企業應該怎樣提升其自身的附加價值？
6. 4C 行銷組合具體包括什麼？
7. 怎樣理解 4R 行銷策略組合？
8. 簡述 4P、4V、4C、4R 四種行銷策略組合優缺點。

第四章　市場環境分析

學習目的

通過本章的學習，瞭解市場行銷環境的內涵，掌握企業面臨的微觀和宏觀行銷環境的具體構成，重點掌握如何對企業所面臨的市場行銷環境進行分析，並提出相應的對策，幫助企業更好地適應市場環境。

學習重點與難點

本章重點：行銷環境內涵、微觀市場行銷環境、宏觀市場行銷環境。
本章難點：企業市場行銷環境的分析和對策提出。

引導案例

可口可樂公司本土化行銷策略的啟示

當眾多來華投資的跨國公司學習本土企業，加快在中國的本土化步伐時，本土企業也在紛紛學習外資品牌，積極走向世界。對中國企業家而言，全面提升本企業的核心競爭能力，推動企業的國際化發展步伐，是他們夢寐以求的目標。通過企業的國際化經營，提高企業參與國際分工和競爭的能力，將是中國企業新世紀發展的必由之路。然而，由於中國企業國際化起步較晚、規模小、生產經營能力薄弱，再加上管理理念落後，管理機制不健全，從而阻礙了它們的國際化發展。因此，從國外優秀跨國公司的國際化發展過程中找出規律，對中國企業的國際化發展具有很好的借鑑意義。可口可樂公司本土化策略對中國企業國際化經營的啟示主要有以下幾個方面：

1. 實現全面本土化策略

可口可樂公司的董事長杜達富把在全球取得的成功歸結於本土化戰略，可口可樂以在全球範圍內推銷其產品為出發點，努力使可口可樂成為當地人民最喜愛的飲料。從上面我們可知可口可樂在中國生產和銷售，從工廠、原材料、人員到產品、包裝、廣告等，大部分採取本土化，這樣既節約了成本，擴大了就業，又增加了稅收，效果良好。

2. 全球視角的資源配置

本土化意味著企業高度地融入了當地社會，對東道國的資金、技術、原材料、人力資源等的應用更加得心應手。這樣，跨國公司就可以憑藉其內部化優勢，在全球範圍內對各種資源進行調，以實現物盡其用、利潤最大化的經營目標。跨國公司在任何一個地方的本土化戰略都是其全球整體戰略的有機組成部分，「著眼全球，立足當地」

是進行全球資源有效配置的兩個基點，優化資源配置是降低成本、提高企業競爭力的重要途徑。

3. 積極展開公共關係活動，塑造企業良好形象

複雜和激烈的國際市場競爭，使跨國經營企業面臨著比國內更加困難的公共關係，而通過有效的公共關係活動，與社會各界建立融洽的關係，又是企業謀求長遠發展的基礎。因此，企業必須針對東道國的社會文化、生活習俗、宗教信仰等特點，開展公共關係活動，搞好與社會各界之間的關係，樹立良好的社會形象。可口可樂在中國市場之所以深受消費者喜愛，除了產品自身因素外，與其致力於中國的「公益事業及希望工程」，積極融入中國社會，「塑造良好的企業公民形象」是分不開的。

4. 持續的行銷創新

行銷創新是指企業根據不同的市場環境狀況而採取相應的市場行銷策略的過程。跨國公司本土化的過程，就是企業行銷創新的過程。從產品本土化、銷售渠道本土化，到促銷本土化等都是其持續的行銷策略創新的表現，對於各種行銷手段的綜合利用是可口可樂公司得以在世界範圍內家喻戶曉的主要原因。中國企業在加大對於市場行銷的投入的同時，應該拓寬自己的行銷渠道，豐富自己的行銷手段，將自己的產品全方位、多層次地推廣出去。

5. 重視品牌經營，提高品牌的競爭力

任何一家企業要想在風起雲湧的市場風潮中搏風擊浪，就必須有自己獨特的核心競爭力。在產品同質化的今天，品牌競爭力包含了企業在資源、能力、技術、管理、行銷等方面的綜合優勢，是企業的核心競爭力的外在表現。然而，品牌競爭力是中國企業最為短缺的能力。可口可樂品牌的國際化就是不斷進行品牌本土化的過程，而在品牌建設方面，最顯著的特點是融合當地文化特點的品牌本土化，創造品牌的親和力。可口可樂公司的這種做法對中國的品牌國際化有十分重要的借鑑意義。中國在品牌國際化中，要突破品牌的文化障礙，只有一個方法，那就是品牌的本土化。要使中國品牌國際化，就要埋頭苦幹，幾乎得從零開始。

第一節　行銷環境概述

一、行銷環境的內涵

企業是社會群體中的一員，企業參與社會活動就不可避免地要與其他社會群體接觸。因此，企業的行銷活動會受到各種因素的影響，並且這些因素是動態的，它會隨著社會發展有所增減。綜合眾多學者對行銷環境的描述，將行銷環境定義為影響企業行銷活動的所有因素和條件，行銷環境可以分為宏觀環境因素和微觀環境因素兩大類。這些環境因素對企業的影響有正面的也有負面的。企業經營者應當善於利用對企業有利的環境因素，規避或轉移對企業有害的環境因素，提高企業行銷活動的有效性。

二、行銷環境分類

影響行銷環境的因素可以按可控因素和不可控因素劃分。

可控因素主要是微觀層面的環境因素，企業可以通過自身努力去調整相關因素對行銷環境的影響。這一層面的因素主要包括企業內部因素、供應商、行銷仲介、目標顧客、競爭對手及社會公眾，這些影響因素之間相互聯繫、相互作用，從而營造了企業的微觀環境。企業可以根據自身情況，調整與其他因素之間的關係，來提高企業的效益。如：企業可以選擇供應商數量，決定是否通過行銷仲介銷售其產品，對目標顧客的行銷採用何種行銷方式等都是企業可以決定並控制的。

不可控因素主要是宏觀層面的環境因素，企業無法通過自身努力調整相關因素對行銷環境的影響。這一層面的因素主要包括人口環境、經濟環境、自然環境、科學技術環境、政治法律環境、社會文化環境。企業雖然無法改變宏觀環境，但卻可以通過改變企業經營模式，行銷策略等方面避免損失，甚至創造新的發展機會。

三、行銷環境特點

（一）客觀性

客觀性主要是針對宏觀環境的特點進行闡述，宏觀環境因素並不會因為某個企業而進行改變，企業無法控制宏觀環境，也無法改變行銷環境因素對企業的影響，因此宏觀環境對每個企業而言都是一樣的。企業在宏觀環境制約下只能順勢而為，積極、主動地適應宏觀環境變化才能生存和發展。

（二）差異性

差異性主要是不同國家或地區存在的差異，主要體現為文化的差異、法律規章制度的不同、經濟環境及政治體系不同等多個方面。因此企業經營者要瞭解並善於利用這些差異才能應付和適應各種情況。

（三）多變性

市場行銷環境會受很多因素影響而不斷發生變化，如技術創新使消費偏好發生轉變；戰爭爆發引起市場的劇烈波動；美國貨幣政策變化導致全球經濟緊張等。這些變化可能隨時都會發生，企業經營者應當趨利避害，把握變化中的機遇，調整企業行銷戰略。

（四）相關性

行銷環境因素之間存在相互影響、相互制約的關係，而且考慮的並非是某個單一因素對行銷環境的影響，因為影響往往存在連帶反應，某一個環境因素的變化會引起其他因素共同產生新的變化。

（五）複雜性

行銷環境的複雜性主要是由於環境因素種類繁多、環境因素存在相關影響的關係、

環境因素變化速度快等特點，在這種情況下，企業面對的行銷環境既存在威脅，又蘊藏著機會，這些環境因素共同影響著企業的生存和發展。

（六）不可控性

市場行銷環境的不可控性主要來自宏觀環境因素，企業對例如政治、經濟、文化等環境因素很難改變或幾乎不可能改變。因此，企業往往需要根據各目標市場的實際情況調整企業自身。

第二節　微觀市場行銷環境

微觀市場行銷環境指直接作用於企業市場行銷活動，對其產生制約和影響的因素。這些因素由企業自身、供應商、行銷仲介、顧客、競爭者及社會公眾構成。部分企業可在一定程度上影響這些因素。

一、企業內部環境因素

企業內部環境應當考慮物質因素和文化因素兩個部分。物質因素是與行銷活動相關的各組織機構，主要包括企業管理者、行銷部、生產部、研發部、財務部等。這些組織機構的職能涵蓋了企業從事行銷活動所必備的硬實力。文化因素主要指企業文化，可以從精神文化、制度文化等方面體現一個企業的軟實力。

（一）物質因素

企業設立各組織機構主要是為了實現企業的既定目標，在這一基礎上，企業內部組織機構需要制定明確的分工，並專業化協作。實現這一目標的基礎是企業需要具備人力資源、物質資源、財力資源、技術資源、信息資源。

（1）人力資源指企業員工的數量和質量。企業的發展需要有與企業規模相匹配的員工數量來配合，同時，企業所招募的員工應當具備一定的專業素養及職業素養。專業素養包括技術水準及學習能力等方面。職業素養主要體現在職業道德、責任心及行為習慣等方面。另外員工的平均年齡也是考察企業人力資源的重要依據，它體現了企業的朝氣和持續發展的能力。

（2）物質資源指企業的各種有形資源，主要通過固定資源的形式體現。物資資源是衡量一個企業經營活動中的生產能力及資源利用率等內容的重要指標之一。

（3）財力資源包括企業的財務管理能力和財務資金兩個部分。保證企業財務的正常運轉和流動資金的正常使用是財務部門的基本任務。

（4）技術資源是企業發展的必要條件之一，產品的研發及工藝的革新均離不開技術的支持。而技術資源的累積並非一蹴而就的，企業需要持之以恒，不斷累積。

（二）文化因素

1. 精神文化

企業的精神文化揭示了一個企業的行為準則、道德規範以及價值觀，主要涵蓋了企業哲學、企業精神、企業經營宗旨、企業價值觀、企業經營理念、企業作風、企業倫理準則等內容。

2. 制度文化

沒有規矩就不成方圓，企業制度文化體現了一個企業為企業人制定的一系列規章制度，要求企業人按照一定的規範進行企業活動。這一規範具有強制性，且適用於每一個企業人，其目的是使企業人在一定的行為準則範圍內實現企業制定的目標。

二、供應商

供應商是企業在經營過程中為企業提供資源的企業或個人，提供的資源主要包括原材料、設備、能源、勞務及資金等，企業利用供應商提供的各種資源才可以順利地進行生產及行銷活動。企業與供應商之間既存在合作關係，又存在競爭關係。企業應當與供應商保持密切聯繫，及時瞭解供應商的變化與動態，有利於企業應對各種突發問題。企業與供應商之間的競爭並非傳統意義上的競爭，而是指在利潤、效率、質量等方面存在一定的博弈關係。因此，企業選擇供應商應從下面三個方面考慮。

（一）穩定性

供應最重要的作用是為企業提供資源。為滿足企業的需求，供應商需要長期、穩定的為企業提供資源，滿足企業日常生產及行銷活動的需求。

（二）質量

滿足數量的同時，供應商所提供的產品應當保證質量。質量是一個企業發展的根本，特別是在現代社會，消費者越來越重視產品的質量和體驗度，而原材料是保證產品質量最重要的一環，因此選擇一個質量可靠的供應商是企業立足之本。

（三）及時性

除了滿足企業正常需求，供應商應當有能力在企業面臨突發事件時，及時地為企業提供必要的資源，配合企業渡過難關。

三、行銷仲介

行銷仲介是企業所提供的產品或服務出廠後到消費者手中之間的所有行銷環節，主要涉及中間商、物流機構、行銷服務機構、金融機構等。其作用主要是為了使企業提供的產品或服務更加便捷、高效率地到達消費者手中。

（一）中間商

中間商是企業和消費者之間的橋樑，在行銷活動中起著承上啓下的作用。主要由製造代理、行銷代理、批發商等組織構成。很多中間商直接與消費者接觸，具有宣傳

產品和協調矛盾的作用，因此，中間商的專業性、效率性、服務質量直接影響企業的利潤。

(二) 物流機構

物流機構主要負責產品從生產者手中到消費者手中的所有倉儲和物流環境。物流機構的作用是在保證運輸過程中產品的安全、速度和便利性的同時盡量降低成本。

(三) 行銷服務機構

行銷服務機構主要是為企業和消費者增加經營活動中的便利性的組織。主要指調研公司、財務公司、廣告公司及諮詢公司等。合理地選擇行銷服務機構可以更好地為企業創造經濟效益。

(四) 金融機構

金融機構主要指銀行、信貸公司、保險公司等企業。這些機構主要功能是為企業提供營運保障。但是近些年，越來越多的金融機構將業務延伸到消費者，為消費者提供購買的便利性及保障度，在為消費者提供便利的同時，給企業帶來新的利潤增長點。

四、目標顧客

顧客是行銷活動的起點和終點，企業通過與顧客的交易獲得利潤，但形成交易的前提是滿足顧客的需求，因此企業的行銷是以顧客需求為中心進行的活動。顧客群體一般是按照不同的市場進行劃分，按顧客的購買目的通常可以劃分為以下 6 類市場。

(1) 消費者市場：最為龐大的群體，主要以個人和家庭為單位購買產品和服務。

(2) 生產者市場：以獲取利潤為目的，將購買的產品或服務加工後再銷售，從而獲得一定的利潤。

(3) 中間商市場：通過產品或服務的轉賣獲得利潤的市場組織。

(4) 政府市場：履行或實現政府職能而形成的市場組織。

(5) 非營利組織市場：為了實施組織行為及目的而形成的特殊市場組織。

(6) 國際市場：由國外購買者形成的市場組織。

五、競爭者

企業在經營過程中必然會面臨與其爭奪利益的企業，這些企業被稱為競爭者。從競爭的形式可以分為願望競爭者、屬性競爭者、形式競爭者、品牌競爭者和隱性競爭者 5 個類別。

(1) 願望競爭者：可以滿足消費者慾望的不同方式所產生的競爭關係。一般是指消費者能力不變時，可以有選擇性地通過不同的方式來滿足自己的慾望。例如固定的休息時間內，可以選擇逛街、看書、運動、約會，消費傾向由解決問題方式提供給消費者的滿足度決定。

(2) 屬性競爭者：滿足消費者某一種需求的不同產品之間的競爭。例如消費者需要在炎熱的夏天有一個涼爽的生活或工作環境，這個時候消費者可以選擇空調、電風

扇等產品，而這個時候，空調和電風扇等產品之間就產生了競爭關係。

（3）形式競爭者：滿足消費者需求的同等產品中也會存在不同的規格、型號、性能、質量、價格等差異，這類產品之間的競爭稱為形式競爭。例如電冰箱可以分為單雙開門，大小不一的產品，所對應的價格也存在一定的差異，這些產品之間同樣也存在競爭關係。

（4）品牌競爭者：滿足消費者需求的某種產品的不同品牌之間的競爭。例如消費者在考慮筆記本電腦的時候可以選擇蘋果、聯想、三星、惠普、戴爾等品牌，這些品牌之間就產生了競爭關係。

（5）隱性競爭者：也可以稱為跨界競爭者。不同行業或產品之間也同樣存在替代關係，而產生替代關係的產品或服務就形成了隱性競爭。例如電話逐漸替代寫信，電腦很大程度上替代了筆和紙的作用，無人駕駛替代司機等。

六、社會公眾

社會公眾屬於微觀環境中較為特殊的存在，主要指可以對行銷活動產生潛在影響的社會群體或個人。例如政府、媒體、金融行業、社團公眾和一般公眾等。社會公眾沒有直接參與企業的行銷活動，但卻可以通過其言論或行為影響消費者。

（1）政府公眾：政府工作在處理履行日常工作行為當中，根據國家發展方向或地方發展需求有可能會對企業及社會群體產生一定的影響。

（2）媒體公眾：報刊、廣播、新聞等媒體公眾的播報內容常常對企業有著舉足輕重的影響。

（3）金融公眾：銀行及金融類公司的某些行為會影響企業取得資金的能力。主要指銀行、投資公司等。

（4）社團群體：指由某種特定屬性形成的組織。如以宗教、文化、種族、區域等名義形成的社會組織。這類組織建立以後可以形成巨大的影響力。

（5）一般公眾：指一般的社會群眾，一般以個人的形式存在。通過個人的言行影響周圍的消費者。

第三節　宏觀市場行銷環境

宏觀市場行銷環境因素基本不會直接對企業產生影響，這是由其客觀性的特性所決定的，並且企業很難改變宏觀環境，只能被動地接受宏觀環境變化帶來的影響，因此，宏觀市場行銷環境為企業的行銷活動帶來威脅的同時也帶來了發展機會。宏觀市場行銷環境主要由人口環境、經濟環境、社會文化環境、政治法律環境、科學技術環境和自然環境六個方面構成。

一、人口環境

人口是市場主體之一，是衡量一個國家或地區市場的規模和潛力的重要因素。衡

量人口環境的指標包括人口數量及變化、人口結構、地理分佈及人口密度。

(一) 人口數量及變化

1. 人口總量

範圍內的人口數量可以反應一個國家或一個區域內消費品的需求量，因此，在衡量某個國家或地區的市場規模時，通常以人口總量作為一項重要的經濟指標。在中國過去的 20 年間，經濟高速發展，很大程度上是由於中國人口總量位居世界第一，需求量增加帶動生產，從而使中國在較短時間內成為世界第二大經濟體。

從發達國家不斷出抬鼓勵生育的政策可以看出，人口數量不足，某種程度上限制了國家的發展。反觀印度，由於其人口總量的優勢導致其經濟體量逐漸增加，不斷刷新排名，經濟增長率位居世界第一，成為世界第六大經濟體。

2. 人口變化

一個國家的人口變化主要是根據出生率和死亡率的變化來決定的。根據統計數據，目前世界人口總數呈現逐漸增加的發展態勢，側面地反應出全世界的需求為逐漸增加。但是各國之間存在一定的差異，比如發達國家出生率較低，發展中國家及落後地區的出生率呈上升趨勢。

(二) 人口結構

1. 年齡結構

測定期內，同一地區的不同年齡段的人群占該地區總人口的比重稱為年齡結構。從市場角度來看，不同年齡段的人群具有不同的消費方式、習慣，如年輕人重體驗型消費，其收入多用於創新式消費、興趣愛好消費等方面，是消費市場中的主力軍。而老年人的消費相對較為保守，消費主要是日常用品及醫療支出。

現今社會，在發達國家出生率和死亡率雙低的情況下，逐漸呈現社會老齡化現象，如部分西方國家及日韓等均存在這種現象。年輕人由於收入、性格等原因晚婚晚育，甚至「丁克」現象屢見不鮮，這種年齡結構的變化改變了需求市場的格局。

2. 性別結構

男性和女性在心理認知上存在一定的差異，這一差異導致了消費決策的不同。男性消費者購物時消費支出相對較低，消費習慣比較偏理性。女性消費者偏向於感性式消費模式，服裝、化妝品、家庭用品等購物式支出所占比重較高，但從經濟發展的規律中發現女性消費者的感性消費不僅能完善消費市場，還促進了經濟發展。

3. 家庭結構

從消費比例可以看出家庭消費支出遠高於個人消費者支出，社會繁榮度也和家庭數量、家庭人口、家庭生命週期有密切的關係。但現實中，隨著社會的發展，發達國家逐漸出現單身群體，且這一群體的數量呈上升趨勢。很多企業針對這一類型的消費者開發相關產品及服務。

（三）地理部分及人口密度

1. 地理分佈

不同地區的消費者存在不同的消費習慣和生活習慣。農村和城市的消費者具有典型的消費差異性，例如城市有相對完善的配套設施、良好的生活環境，可以提供更加豐富的消費品等。另外，根據自然條件、經濟水準等因素，各地區之間也形成一定的差異。

2. 人口流動

決定一個地區的人口流動的因素有很多，如經濟、文化、環境等。從自然發展規律可以看出，人基本都是從環境惡劣的地區向環境好的地區聚集；從貧窮地區向富庶地區聚集；從法律及社會福利差的地區向法律健全和福利待遇優厚的地區聚集。社會發展規律也基本類似，農村居民逐漸向城市聚集。

3. 人口密度

人口密度主要衡量了單位地區上的人口數量，人口密度高代表了該區域內可以帶來的經濟效果。例如東京、倫敦、香港、北京、上海都是著名的人口高密度地區，甚至各個城市形成的商圈同樣具有聚集效應，為經濟發展提供助力。

二、經濟環境

經濟環境變化是市場運行結果的體現，經濟環境好預示著市場欣欣向榮，而市場呈良性發展趨勢也可以反應出行銷環境的健康有序。影響行銷活動的經濟環境因素可以分為直接影響行銷的經濟環境因素和間接影響行銷活動的經濟環境因素兩大類。直接影響行銷的經濟環境因素直接反應了消費者的基本情況，主要包括消費者收支、儲蓄和信貸。間接影響行銷活動的經濟環境因素主要考慮國際經濟發展的基本情況，主要包括生產發展狀況、產業發展狀況和財政和金融狀況。

直接影響行銷的經濟環境因素

1. 消費者收入

（1）貨幣收入和實際收入。

消費者收入包括貨幣收入和實際收入兩部分。貨幣收入主要指消費者通過工資、獎金、股息、租金和紅利等途徑獲得的收入總和。貨幣收入沒有考慮市場因素，如通貨膨脹是由於市場中產品價格上漲而導致貨幣的實際效果降低，也就是貨幣貶值。實際收入則充分地考慮市場因素，剔除通貨膨脹或通貨緊縮帶來的影響，可以更直觀地反應消費者的消費能力。

（2）個人可支配收入和可任意支配收入。

消費者收入反應了消費的購買力，收入越高，購買力越強。消費者的實際收入不等於消費者可以任意支配，消費者獲得的實際收入中還需要繳納相應的稅費，如個人所得稅、五險一金等。扣除相應稅費的收入被稱為個人可支配收入。

消費者獲得的個人可支配收入可以用於消費和儲蓄，但是在日常生活中，有一些固定開銷，如水電費、電話費、互聯網使用費、房租、物業費等，支付這些開銷後剩

餘的費用稱為可任意支配收入。

企業的行銷目標是消費者的可任意支配收入，消費者根據自身需求決定這部分收入的使用方向，能創造需求的企業才能獲得消費者的青睞，因此企業應當針對可任意支配收入展開行銷活動。

2. 消費者支出

（1）支出模式。

消費者的支出由其收入決定，而支出模式則取決於消費傾向和重要性。消費傾向取決於消費項目為消費者帶來的滿足度，滿足度越高，消費者願意消費的金額越高。重要性決定了消費者支出的順序，重要性越高則越優先消費。

3. 消費者的儲蓄和信貸

（1）儲蓄。

消費者的消費能力不僅受收入影響，還與儲蓄有著密切的關係，現在的儲蓄推遲了消費支出，預示著消費者未來的潛在購買能力，例如房子、汽車等高價值產品。另外，儲蓄還可以影響企業的發展。企業可以通過銀行貸款，完成企業的原始資金累積，擴大企業規模，提高生產能力，從而提供價格更低、服務更好的產品。

（2）信貸。

提前消費是信貸的特點之一，也是現代消費模式中重要的組成部分。由高科技帶來的產品和服務的多樣化導致具有誘惑力的消費品越來越多，部分消費者的收入滿足不了當前需求，因此出現了信貸機構。信貸機構為消費者提供了提前消費的可能，使消費者可以優先使用產品或服務，採用分期付款的形式滿足了當下需求。信貸方式包括信用卡、短期賒銷、分期付款等。

(二) 間接影響行銷活動的經濟環境因素

1. 生產發展狀況

規模和生產速度可以體現企業的生產能力，具備生產能力的企業才能快速地生產出消費品以滿足消費者的需求，當企業的生產形成規模後可以降低企業的生產成本，快速地生產大批量的相對廉價商品可以降低全社會的消費成本，也就是我們常說的規模經濟帶來的好處。

2. 產業發展狀況

從產業完善程度可以看出一個國家或地區的產業發展狀況。產業完善程度包括滿足消費者消費需求的產業寬度和深度，以及滿足生產者生產需求的產業配合度。滿足消費者消費需求的寬度和深度可以通過市場中企業的種類和企業的數量判斷是否可以滿足消費者消費時的多樣化和便利性。滿足生產者生產需求的產業配合度主要是判斷企業從生產到行銷的過程中涉及的各個環節是否可以有效地銜接。

3. 經濟發展情況

經濟發展情況體現了一個國家或地區居民收支是否平衡、經濟體制是否健全。居民收支平衡反應了居民收入和支出的穩定狀態，高收入、低支出代表消費品無法滿足消費者的需求，低收入、高支出則反應了經濟分配不平均，容易產生貧富差距，引起

社會動盪。經濟體制是一個國家或地區各組織之間關係的體現，經濟體制決定了企業在社會環境下是否可以正常運作，並具有對企業實施協調、監管的職能，因此健全的經濟體制可以保證企業和國家、企業和企業、企業和消費者之間的平衡。

三、政治法律環境

對於政治與法律是否應該對市場進行監管的問題一直爭論不休，但在現代社會，不可否認政治和法律對市場有巨大的影響。政治制定了市場行為的邊界，法律對市場行為進行監管及懲罰。在政治和法律的雙重作用下，制約著市場中的組合和個人的行為。

（一）政治環境因素

政治環境的主體是政府相關部門，政府組織在不同時期，根據國際的特點及情況出抬一些經濟政策，出抬政策的目的一般是維持政治穩定和促進經濟發展。對市場經營者而言，影響市場行銷的因素主要是政治局勢和政策制度。

1. 政治局勢

政治局勢包括國內行銷環境和國際行銷環境兩個方面。安定的政治環境是行銷活動實施並擴大的基礎，政局不穩，社會動盪會增加投資風險，不利於企業生產和行銷，並且嚴重影響消費者的購買行為和購買力。

2. 政策制度

政策制度是國家根據政治經濟形式變化而制定的政令，對行銷活動的影響主要體現為規範了企業的經營行為和經營方式。不同國家的政策制度必然影響到某些企業的經營及利益，如經營範圍及產品的限制、徵稅標準的調整等。其原因可以總結為以下兩點：一是政治報復，針對特定國家的某些行為做出政治上的反應；二是群眾利益，某些企業或產品經營受限，可能是由於對群眾具有一定的危害性。

（二）法律環境因素

1. 法律法規

法律法規的制定是從公共利益出發，對廣大人民群眾利益制定的具有一定約束型的條款。針對市場行銷活動的法律法規主要是為了使經營者規範經營，為了使消費者的權益得到保障。

2. 法律監管

法律監管包含了法律的監督和管理，法律法規並非一紙空文，而是為了使違反規定的組織或個人得到相應的懲罰。懲罰並非是法律法規的最終目的，主要是為了企業和消費者可以在健康有序的環境下正常交易。

四、社會文化環境

環境差異影響著每個人，社會環境、家庭環境、學習工作環境，會將每個人塑造成不同的個體。在這種環境下，每個人的信念、價值觀念、宗教信仰、道德規範、審美觀念受環境影響，會形成各自的特點。但因為某些個體的生活環境存在一定的相似

性，所以企業經營者可以將部分特性相似的群體歸為一類，形成特定的消費者市場。

1. 家庭環境因素

家庭是每個人形成獨特個性的第一個階段，在這一階段形成了個人的價值觀、道德標準和消費習慣。形成這一習慣受到諸多因素的影響，例如家庭成員數量、成員之間的關係、在家庭的受重視程度、父母及其他長輩對待問題的處理方式、生活習慣、家庭條件等。這些因素之間的細微差異會使每個人都成長為不同的個體，從而導致每個個體在進入社會後會對同一件事有不同的看法和解決方式，對同一件商品有不同的感覺。

2. 社會環境因素

當每個個人走入社會後，會與越來越多的人接觸。在這個過程中，會受到風俗習慣和宗教信仰等因素的影響。每個地區有不同的風俗習慣和特色，一部分人也會形成各自的宗教信仰。這時，每個人將受到家庭環境和社會環境的雙重影響，而這個影響對市場經營者而言，預示著消費者將被進一步細分。例如山西、陝西、河北等地區習慣吃麵等。但不可否認，在市場經營者眼中，這些人都是市場中的消費者，甚至是客戶或潛在客戶，但又不得不去考慮各個地方及宗教帶來的影響。

3. 學習工作環境因素

人生一般是由學習、工作和退休後三個階段構成。學習和工作占據了每個人 2/3 甚至更長的時間。在這期間每個人會與其他人接觸，包括玩伴、夥伴、友誼、愛情或陌生人等。而這些人的認知、習慣等因素會對其產生直接或間接的影響，從而影響這個人的價值觀及生活習慣。

五、科學技術環境

科學技術的發展不斷改變著人類的生存環境和消費習慣。從 18 世紀 60 年代英國第一次工業革命瓦特發明蒸汽機到 21 世紀電腦、3D 打印技術的普及已經過去了 250 餘年，人們的生活發生了翻天覆地的變化。科技發展對企業行銷也產生了巨大的影響，主要表現為下面三個方面。

1. 新的市場機會

每一項科學技術的誕生都會引起市場發生變化，這一變化導致市場上產生了新的行業或創造了新的市場。例如電話的出現讓人與人之間的溝通更加方便、快捷，從而衍生出了手機製造業、手機零配件加工業、移動通訊業、手機產品銷售業等，隨著智能手機的普及，又出現了智能手機軟件開發。但是新產業、新行業的出現也使得原有的某些行業減少或消失，手機的出現導致人們越來越少使用信件溝通，這不僅影響了造紙廠、筆墨生產商的產銷量，一定程度上還降低了車船人力的使用，但卻提高了便利性及全社會經濟價值。

2. 消費習慣轉變

消費習慣主要體現在購買的產品和購買方式兩方面。當新技術出現時，為消費者提供的產品性能、設計、質量或價格等某些方面必然優於現有產品，消費者的購買意願也將隨之受到影響。目前的市場上的購買方式日趨多樣化，除了直接購買和網絡購

物以外，還可以請人代買，雖然請人代買也是通過網絡進行，但卻是網絡購物的延伸服務。這些購買方式均是從消費者角度出發，為了滿足消費者的便利性需求而出現的購買方式。

  3. 行銷管理現代化

  行銷管理方式的轉變源於電腦和互聯網技術的普及。通過電腦和互聯網技術可以使企業溝通便利化、財務流程透明化、生產管理自動化、倉儲物流效率化等。這幾乎包含了企業經營當中涉及的所有範圍，提高了企業的工作效率，也提高了企業的生產能力。例如針對管理系統開發的ERP技術可以連接企業的各個部門，使產品從接受訂單到生產環節，直至最後完成交易的所有流程都可以通過ERP系統進行，不僅提高了企業的效率，還可以最大限度降低企業的營運成本。

六、自然環境

  自然環境對企業行銷活動的影響主要來自自然資源和環境污染兩個方面。
  1. 自然資源的影響主要是由於自然資源逐漸減少。
  企業生產活動中需要大量的自然資源，部分自然資源是可再生的，如森林、糧食等。但還有部分自然資源的再生週期過長，消失之後很難恢復，如礦產、煤炭、石油等資源。企業在這種環境下，只能使用價格不斷上漲的原材料來進行日常經營。因此，很多能源企業利用現代技術製造生產能源來應對能源枯竭的問題，如風能、太陽能等。另外，還有一些「無限」資源雖然處於取之不盡、用之不竭的狀態，但是隨著科技發展在逐漸發生變化，逐漸變得並非真正的無限。
  2. 環境污染問題主要來自水、空氣、土壤等方面。
  部分企業在經營過程中會排放出大量的污水和廢氣，在這種情況下，我們生存所必需的水、空氣、土壤受到嚴重的損害。在這種情況下，企業的經營逐漸受到政府的限制，企業所排放的污水和廢氣逐漸變成了企業的成本。消費者同樣也是環境污染的受害者，由於使用相對廉價的商品，導致生存的基本條件受到損害。

第四節　市場行銷環境分析與對策

  企業生存的行銷環境隨時隨地都在發生變化，這些變化有的為企業帶來發展機會，有的對企業的發展產生威脅，但是企業不具備改變環境的能力，只能適應環境變化帶來的影響，因此企業需要具備把握行銷環境發展趨勢的能力。行銷環境的分析方法主要包括市場機會與環境威脅分析法、SWOT分析法、PEST分析法、波特五力分析法等，這裡主要通過市場機會與環境威脅分析法和SWOT分析法瞭解如何對市場環境進行分析。

一、市場機會與環境威脅分析

  市場機會與環境威脅分析是最基本且相對有效的分析方法，通過分析企業在行銷活動中面對的機會與威脅，使企業的決策者可以及時地發現問題並有效預防，且

制定企業的發展方向，既可以避免損失，又可以找到發展機遇，從而使企業可以順利發展。

(一) 市場機會

1. 機會分析

市場機會是指對企業行銷活動具有吸引力，且可以為企業帶來利益空間的領域。如圖 4.1 所示，Ⅰ區域位置吸引力大，成功概率高；Ⅱ區域位置吸引力大，成功概率低；Ⅲ區域位置吸引力小，成功概率高；Ⅳ區域位置吸引力小，成功概率小。

2. 應對措施

Ⅰ區域：企業投資該區域項目可以獲得高額回報且容易成功，企業應當把握機會，積極採取措施。

Ⅱ區域：企業投資該區域項目獲得回報比較困難，可能是由於能力或環境等因素的影響，但企業在這種情況下一旦成功可以獲得高額的回報率。

Ⅲ區域：企業投資該區域項目時可以根據自身情況，選擇性地投資。

Ⅳ區域：企業投資該區域項目時應當慎重考慮，必要時可以選擇放棄投資。

	成功概率 高	成功概率 低
吸引力 大	Ⅰ	Ⅱ
吸引力 小	Ⅲ	Ⅳ

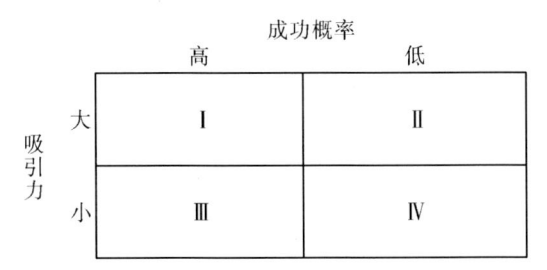

圖 4.1　市場機會分析矩陣

(二) 環境威脅

1. 威脅分析

環境威脅是指環境變化對企業行銷活動造成的衝擊和影響。如圖 4.2 所示，Ⅰ區域位置影響程度大，出現概率高；Ⅱ區域位置影響程度大，出現概率低；Ⅲ區域位置影響程度小，出現概率高；Ⅳ區域位置影響程度小，出現概率小。

	出現概率 高	出現概率 低
影響程度 大	Ⅰ	Ⅱ
影響程度 小	Ⅲ	Ⅳ

圖 4.2　環境威脅分析矩陣

2. 應對措施

Ⅰ區域：企業在這種情況下應當高度重視，並制定相應的計劃盡可能降低企業的經營風險。

Ⅱ區域：雖然該風險出現概率較低，但是如果出現將會對企業產生巨大影響，面對這種風險，企業經營者也不可掉以輕心，制定詳細的應對策略。

Ⅲ區域：這類風險容易對企業造成麻煩，出現時妥善處理並做好善後工作，對企業正常營運影響不大。

Ⅳ區域：對於偶發的問題，企業只需注意觀察，沉著應對即可。

(三) 機會威脅綜合分析

1. 綜合分析

企業在經營過程中受到機會和威脅的影響往往並非單一現象，並且機會和威脅可以隨時互換。也就是說當出現機會時，如果企業經營者處理不善，會為企業帶來威脅，當面對威脅時，企業應對得當可以將威脅轉變為企業的機會。

如圖4.3所示，Ⅰ區域位置機會大、威脅高，一般預示企業面對的是風險業務；Ⅱ區域位置機會大、威脅低，一般預示企業面對的是理想業務；Ⅲ區域位置機會小、威脅高，一般預示企業面對的是困境業務；Ⅳ區域位置機會小、威脅低，一般預示企業面對的是成熟業務。

	威脅高	威脅低
機會大	Ⅰ 風險業務	Ⅱ 理想業務
機會小	Ⅲ 困境業務	Ⅳ 成熟業務

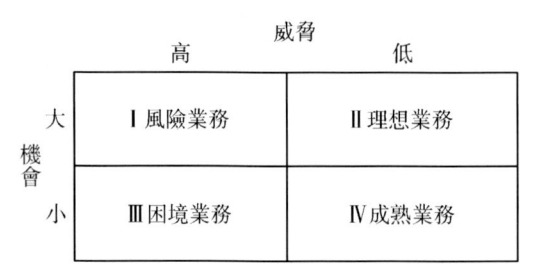

圖4.3　環境綜合評價分析

2. 應對措施

如圖4.3所示，Ⅰ風險業務區域：高風險代表著高回報，企業在面對風險業務時，應當詳細制定實施計劃，抓住時機，充分發揮企業優勢。

Ⅱ理想業務區域：理想業務相對較少，企業經營過程中很難遇到這類業務，當企業面對理想業務時，應當抓住機遇，積極實施，避免失去良機。

Ⅲ困境業務區域：對於困境業務，企業一般有兩種處理方式，如果可以繼續獲得收益，只是短時間內的困難，企業應當積極挽救，使之盡早走出困境。如果是沒有利潤空間或環境不允許的業務，企業應當盡早拋棄，以免拖累企業的發展。

Ⅳ成熟業務區域：成熟業務屬於企業的常規業務，因為其利潤空間有限，企業不宜過多投入，維持現狀即可。

二、SWOT 分析法

由於 SWOT 分析法具有簡便易行、分析全面的特點，經常用來分析企業的行銷環

境。SWOT 分析充分考慮了宏觀環境、市場需求、企業競爭等外部環境對企業的影響，並結合企業自身的優勢和劣勢使企業的經營者在行銷活動中知己知彼。

1. SWOT 分析

SWOT（如圖 4.4 所示）分析主要由優勢（Strengths）、劣勢（Weaknesses）、機會（Opportunities）和威脅（Threats）所構成。

優勢及劣勢：衡量企業內部因素，主要分析企業內部的財政資源、管理能力、技術能力、生產能力、企業形象等方面。

機會及威脅：衡量企業外部因素，主要分析企業外部的競爭能力、政策法律影響、經濟情況、市場範圍、地理位置等方面。

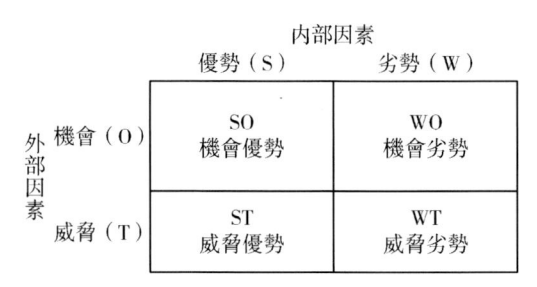

	內部因素	
	優勢（S）	劣勢（W）
外部因素 機會（O）	SO 機會優勢	WO 機會劣勢
外部因素 威脅（T）	ST 威脅優勢	WT 威脅劣勢

圖 4.4　SWOT 矩陣

2. 應對策略

SO 機會優勢：發揮企業內部優勢，利用外部機會。
WO 機會劣勢：利用企業外部機會，彌補內部缺點。
ST 威脅優勢：利用企業優勢，規避換降低外部威脅。
WT 威脅劣勢：減少內部缺點，規避外部環境的威脅。

案例分析

智能門鎖市場機遇與挑戰

伴隨著智慧家庭產業發展的浪潮，作為智能家居入口級產品的智能門鎖的膨脹速度驚人，在 2015 年時，市面上僅有幾十家智能門鎖品牌，而到 2016 年，一下子就出現了近千家智能鎖品牌，產值達 80 億元，年增速超過 40%。無數的傳統機械鎖生產企業、智能家居生產企業以及互聯網智能硬件跨界企業都盯住了這塊巨大的蛋糕，整個市場爆發在即。

目前，智能門鎖仍沒有一個明確的標準，筆者簡單地將其分為兩類，即沒有聯網功能的電子門鎖、具備聯網功能的雲智能門鎖。就 2016 年而言，電子門鎖市場的容量約為 600 萬套，產值達 80 億元。其中，國產約 550 萬套，純進口約 50 萬套。市場分佈方面，工程項目應用約占 250 萬套，流通渠道銷售約占 350 萬套。其中，具備聯網功能的雲智能門鎖大概有 60 多個品牌，出貨量約為 120 萬套。線上渠道的銷量超過 15 萬套，而包括線下渠道在內的整體銷售額已超過 30 億元。不過值得注意的是，整個智能

門鎖的市場非常碎片化，銷量較大的品牌也只占市場的 2%～5%，中等品牌占 1% 左右，小品牌占據零星市場。

隨著智能門鎖的快速發展，眾多傳統企業、創業者及資本都紛紛湧入這一行業，這裡也透漏了兩個信號：智能門鎖產業仍處於初期階段，大家都還有機會。目前，在這個領域，尚沒有一家明星級的企業，大家都在全力地跑馬、圈地。所以資本也紛紛押註智能鎖市場，企圖在這個市場分一杯羹：2015 年，美國智能門鎖製造商 UniKey 獲千萬美元 A 輪融資；August 獲得 3,800 萬美元 B 輪融資。中國較早專注於互聯網智能鎖的科技公司果加智能獲得億元 B 輪融資。2016 年上半年，德施曼旗下的雲智能鎖「小嘀」獲得新疆融海投資有限公司領投的 1.23 億人民幣 A 輪融資，丁盯智能鎖獲得復星昆仲資本 B 輪千萬融資。智能門鎖潛力巨大，是一個真正的藍海市場。數據顯示，2016 年，中國鎖具行業產值達 800 億元。其中，智能鎖市場普及率不到 2%。而在日本和韓國，智能鎖占民用鎖 70% 以上的市場，歐美智能門鎖也占民用鎖 50% 的市場，這也就意味著中國的智能鎖還有很大的市場空間。而中國門鎖消費也正在從過去的實用型向體驗型升級發展，消費潛力已經開始釋放。

無論是傳統機械鎖還是智能鎖，當前要務就是保證安全。智能門鎖依賴移動互聯網、機械製造技術、機械防盜技術、電子加密技術、認證技術的完美結合，許多性能的落地有待於技術開發與完善，這需要一定的時間去完成。目前大部分的智能門鎖的市場價格為 2,500～4,000 元，對於消費者來說，這個價格無疑過於高昂，很大程度上阻礙了他們購買。智能門鎖是一個對服務要求很高的行業。智能門鎖的產品特性決定了它的安裝必須及時，修理速度必須要快。隨著大量的新玩家湧入智能門鎖行業，整個市場呈現出魚龍混雜的情況，這對於產業來說是一把雙刃劍。

對整個智能鎖行業來說，2016 年是「風來了」，預計 2017 年，資本大舉介入，群雄逐鹿，行業「風口期」真正到來，將在 2019 年形成「頭部品牌」效益，分割市場格局。

思考討論題：
1. 智能門鎖面臨的市場機會有哪些？
2. 智能門鎖在未來的發展中面對的挑戰是什麼？
3. 智能門鎖行業的發展趨勢將會是怎樣？

課後練習題

1. 為什麼要分析企業的市場行銷環境？
2. 市場行銷環境有哪些特徵？
3. 微觀行銷環境是怎麼樣構成的？它們怎麼影響企業活動？
4. 宏觀行銷環境是怎麼樣構成的？它們怎麼影響企業活動？
5. 試分析一下中國汽車行業的行銷環境。
6. 舉例說明企業應該怎樣進行 SWOT 分析。此時企業應該採取何種對策？

第五章　消費者行為分析

學習目的

通過本章學習，充分認識到消費者行為，分析其對企業市場行銷的重要性，掌握消費者行為的具體內容，理解影響消費者購買行為的因素，識別消費者的消費心理，弄明白消費者對市場行銷的影響。

本章重點與難點

本章重點：消費者購買行為；影響消費者購買行為的因素。
本章難點：消費者的消費心理。

引導案例

希爾頓瞄準時間匱乏的消費者

希爾頓旅業集團專門做了一次關於時間價值觀的調查。調查採用電話訪問的方式進行，總共調查了1,010名年齡在18週歲以上的成年人。該調查集中瞭解美國人對時間的態度、他們的時間價值觀以及他們行為背後的原因。

調查發現，接近2/3的美國人願意為獲得更多的時間而在報酬上做出犧牲。女性工作者，尤其是有小孩的女性工作者，面臨的時間壓力遠比男性大。大多數人認為，在20世紀90年代，花時間與家人和朋友在一起比賺錢更重要。選擇「花時間與家人和朋友在一起的」被訪者占被訪總人數的77%，強調「擁有自由時間」的人數占被訪總人數的66%，選擇「掙更多錢」的人數比是61%，排在第六位，而選擇「花錢擁有物質產品」的人數比是29%，排在最後一位。同時，生活在東部各州的受訪者處於「鬆弛」生活狀態的西部各州的受訪者更注重掙錢。其他數據顯示，美國人為時間傷腦筋的數據如下：① 33%的人認為無法找到時間來過「理想的週末」；② 31%的人說沒時間玩；③ 33%的人說沒有完成當天要做的事；④ 38%的人說為騰出時間，減少了睡眠；⑤ 29%的人長期處於一種時間壓力之下；⑥ 31%的人為沒有時間和家人和朋友在一起而憂心忡忡；⑦ 20%的人說在過去的12個月內，至少有一次是在休息的時間內被叫去工作的。

作為對上述調查結果的反應，希爾頓針對那些時間壓力特別大的家庭推出了一個叫「快樂週末」的項目。該項目使客人在週末遠離做飯、洗衣和占用休閒時間的日常事務的煩惱，真正輕鬆、愉快地與家人在一起，該項目收費較低，每一房間每晚65美元，而且早餐還是免費的。如果帶小孩，小孩也可以免費住在父母的房間裡。

據希爾頓負責行銷的副總透露，此項目推出後，極受歡迎，以致週六成了希爾頓入住率最高的一天。

第一節　消費者購買行為

現代市場行銷是以消費者需求導向形成的行銷市場。在這種市場環境下，企業更加注重消費者的需求，如何留住消費者成了企業關注的重點。因此，企業通過多樣化的行銷手段吸引消費者，很多企業取得了很好的業績，但是也存在一些失敗的案例。由此引發越來越多的學者和企業經營者開始關心並研究消費者的行為。

一、消費者行為分析

1. 消費者行為分析概述

消費者行為是指消費者在自身需求或慾望驅動下購買商品或服務的活動。這一活動包括了消費者從產生需求開始，直到交易活動結束的所有過程。但這一過程並非簡單的交易行為，其中包含了消費者很多的行為及其心理活動變化。例如，消費者的需求有可能是自發產生的，也有可能是由某些原因誘使的，在交易過程中也會出現諸多影響消費者行為的因素，以及交易過程中消費者的心理也會因不同的環境、經營者的行為等因素而發生改變，從而影響消費者的某些決定。

2. 消費者行為特點分析

（1）消費者範圍廣。

很少有企業生產的產品或服務可以滿足消費者，因此，消費者被不斷細分，例如地域、年齡、喜好、購物方式等特點將企業的目標客戶劃分為不同的類型，企業想要獲得目標群體的認可，往往需要借助高效的行銷手段。

（2）消費者差異性。

現代社會市場中的產品和服務越來越豐富，消費者可以根據自己的喜好和需求程度選擇適合自己的產品。在這種情況下，消費者之間的差異也越來越明顯，消費者之間的差異主要是受生活環境、職業、收入、文化等多重因素影響。因此，不同類型的消費者在選擇商品時出現了一定的差異性。例如，汽車的基本作用就是解決代步問題，但是隨著消費者需求的增多，企業針對目標客戶開發出了價格差異、功能差異、用途差異的產品供目標客戶選擇。

（3）消費者專業性。

市場中的消費者，一部分具有較高的專業性，但絕大部分屬於非專業群體。專業性強的消費者購買產品時較為理智，而非專業性消費者在選購產品時往往會受到行銷手段影響。企業在面對這類消費者時可以通過廣告宣傳、產品特色等方式影響消費者的購買決策。

（4）消費者流動性。

在網絡購物盛行的今天，消費者與銷售者之間的交易已經不局限於某個固定的地點。這種情況下，消費者是流動的，產品也是流動的。消費者可以早上在北京吃包子、油條，下午到東京去購物，也可以在家坐等世界各地的產品送到你手中，因此限制消費者消費行為的不是距離，而是企業的行銷手段以及產品的吸引力。

（5）消費週期性。

消費週期性受到產品的使用期限或保質期限的影響。消費者所購買的產品中，有的使用期限或保質期限很長，如家電產品一般可以使用3~5年甚至更久，汽車等交通工具可以使用近10年，甚至20年。也有很多產品的使用期限或保質期限比較短，例如食品的保質期從幾天到2~3年，消耗性產品的使用期限從1次到幾次不等。

二、消費者購買行為分析

（一）消費者需求分析

消費者的需求會根據不同情況隨時發展變化。因此，企業經營者不僅應當具備判斷消費者需求的能力，還需要學會引領消費者。在此之前，企業經營者需要對消費者需求有系統性的瞭解，消費者需求主要從消費者需求及產生、消費者需求的特點和消費者需求層次理論三個方面進行闡釋。

1. 消費者需求及產生

（1）消費者需求的內涵。

消費者需求體現了消費者對某些產品或服務的慾望，並且具備滿足慾望的能力。當消費者產生某些需求後，會積極地尋求滿足自身慾望的途徑。消費者需求的產生是由於其心理層面的變化引起的，這種心理變化可以歸納為下面四種心理。

從眾心理：指受到外部環境的影響，導致自身感知認同輿論或大多數人的行為產生，出現了一種相似心理現象。從眾心理的產生源於對未知問題的不瞭解、不熟悉所導致。在這種情況下，會認為多數人的意見比自己的決策高明。例如在選擇餐館時，會選擇人比較多的，即使排隊也基本不會選擇無人問津的餐館；網購時，消費者經常會關注銷售量及評價等。

求異心理：指與眾不同、特立獨行的差異化心理現象。求異心理的產生源於人們的好奇心和探知體驗慾望或渴望通過與眾不同來獲得關注的心理，心智不健全的人經常會使用第二種方法來獲取關心，例如缺少父母關心的孩子。

攀比心理：指個體與其他個體或個體與其他群體之間的盲目比較心理現象。攀比心理的產生源於發現自身與他人之間的差異，這一差異又是自己比較在乎的方面，並且急需在這些方面獲得他人的認可而產生的一種競爭性心理障礙。例如當一個人說「別人有的我也要有」時，這個人就產生了攀比心理。但是攀比心理在市場行銷學領域中並非絕對的負面心理，很多企業經營者正是利用消費者的這種心理現象進行市場行銷的。例如服裝、美容等行業的經營者往往很善於利用女性消費者的這種心理。

求實心理：指可以理性地思考自身需求的心理現象。這種心理的產生原因是務實

的心理特性或是受個人能力限制而衍生出的心理行為。從社會學角度來看，這種心理是非常值得提倡和發揚的，但是從行銷學的角度來看卻存在著一定的弊端，消費者過於務實會限制其消費，不利於社會經濟發展。例如，求實者很少會選擇超前消費的方式生活，這必然會導致市場中的需求減少，從而降低市場中的消費品和服務數量。

（2）消費者需求的產生。

需求的產生源於某些方面的缺失或不足。消費者需求產生的原因主要來自生理需求和心理需求兩個方面。

生理需求體現在物質方面的缺失和不足，例如餓了需要吃飯，渴了需要喝水，冷了需要增添衣物，甚至發現其他人在假期出去旅遊，自身也會受到影響，產生向往。

心理方面主要來自感知、感受、認可等方面。我們可以感受到他人對自己的態度，當其他人對自己產生認可時，我們會高興，反之則會出現負面情緒，我們心情的變化是引發自身心理需求的原因。

2. 消費者需求的特徵

消費者需求會受到諸多因素的影響而不斷發生變化。消費者需求的本質中，有很多特性共同作用於消費者需求本身，這些特性描述了消費者的需求及消費者的特性。企業經營者可以通過這些特性進一步瞭解消費者的需求。

（1）多樣性。

消費者需求的多樣性特徵受到其生活環境、成長經歷、家庭情況、年齡、性格等因素的綜合影響。這些影響導致消費者在做出購買決策時呈現出對所有購買的產品或服務的品質、樣式、價格的不同需求。

（2）發展性。

消費者的需求會隨時隨地發展變化，變化的原因有可能是年齡、經濟能力、社會地位，也有可能是由於他人的建議、發展趨勢、社會輿論或異於他人的心理。這種變化體現了消費結構和消費層次的變化，最終導致消費需求產生變化。

（3）層次性。

消費者需求具有一定的層次，並且一般呈現逐漸升級的狀態。消費者的追求會從低級逐漸上升到高級，從簡單逐漸升級到複雜，從物質需求逐漸上升到物質加精神需求。這是由於當滿足了消費者當前的需求之後，這類需求將不再對消費者產生吸引力，消費者只能通過更加高層次的目標來滿足自己。

（4）伸縮性。

伸縮性指消費者的需求會受到某些條件的限制，而出現一定程度的調整。比如當消費者決定購買某件產品時，發現自己並不具備支付能力，這時往往會退而求其次，選擇品質或性能略差的產品作為代替產品。當有更高收入的時候，又會提高自身的需求。

（5）週期性。

消費者需求的週期性主要體現為消費者不可能，也不具備連續不間斷的消費。消費品一般都具有一定的消費週期，比如購買一臺電腦可以使用 3~5 年，請保潔公司打掃房間可以 1~3 個月一次，甚至吃飯也有 3~5 個小時的間隔時間。因此，週期性主要

是由消費品本身的特性所決定。

（6）可誘導性。

可誘導性是指可以通過外部刺激手段對消費者加以引導，促使消費者產生需求。消費者的需求可以分為顯性需求和隱性需求。顯性需求是指消費者知道自己的需求，而隱形需求不是不需要，而是消費者自己也不清楚到底是否有需求。這時，企業可以利用行銷策略使消費者瞭解企業的產品或服務所具備的特性、價格、用途等所有信息來刺激消費者的需求。但是，消費誘導不等於消費詐欺，企業必須保證所提供的信息真實有效，否則屬於違法行為。

（7）互補互替性。

產品之間具有一定的互補性和替代性。互補性指產品和產品之間存在相互依賴的關係。例如下班路上購買了一束鮮花，這時，還需要一個花瓶來盛放鮮花，鮮花和花瓶之間就形成了互補關係，還有羽毛球和球拍、鉛筆和橡皮、牙膏和牙刷等都屬於互補產品範疇。替代性指產品和產品之間的價值、用途等可以相互替代。例如火車、飛機、牛肉、羊肉、麵包、饅頭等都屬於替代品範疇。企業經營者合理運用產品之間的互補性和替代性不僅可以為消費者帶來方便，還可以為企業創造利潤。

3. 消費者需求層次理論

需求層次理論由美國心理學家亞伯拉罕・馬斯洛於1943年提出，所有需求層次理論又稱馬斯洛需求層次理論。該理論指出了人的五種需求層次，這五種層次由低到高依次排列，當低層次需求滿足後才會逐漸上升到高層次。

（1）生理需求。

生理需求是人類生存的最基本的需求，為了滿足生存的必要條件，人類需要不斷地獲取一些最基本的可以保障生存需要的東西，例如水、食物、衣物、空氣等。在現代社會，這一層次的需求最容易被滿足。

（2）安全需求。

當人類在社會生存的基本條件被滿足以後，開始逐漸重視在社會中的安全問題。這裡的安全不僅指個人的人身安全，還包括對社會安全、職業保障、健康等方面的需求。安全需求是人類生存的基本條件之一，安全無法得到保障會讓人面臨戰爭、疾病、失業等方面的威脅，在這種情況下，人類將無法正常生存。

（3）社交需求。

人類在社會的大環境下生活，已經無法成為一個獨立的個體，必定會與社會中的活動、其他人進行接觸。在接觸過程中，會產生親情、友情、愛情，也會和更多的人會或多或少地產生微妙的聯繫。雖然這種微妙的聯繫不屬於情感範疇內，但是卻不可忽略，例如工作中的同事、合作夥伴，或者某些認知相近的社會成員、社團、宗教等。如果這一層次的需求無法滿足，會讓人產生如不開心、壓抑、抑鬱等負面情緒，但是基本不會威脅到人的基本生存，因此這一層次的需求與前兩個層次的需求產生了差異。

（4）尊重需求。

尊重是他人對自己的一種態度。尊重需求是希望得到他人對自己行為、能力、成就等方面的認可。這種認可無法給予自己直接的好處，但卻可以讓人開心、幸福。很

多企業經營者利用人類的這種需求獲得了豐厚的利潤，例如名牌服裝、限量跑車、鑽石珠寶等高檔產品。這些產品在某種程度上可以將人劃分為不同的層次。

（5）自我實現需求。

在滿足前四種需求以後，則表明在同類群體中已經達到了較高的層次。這時，人的追求將發生本質性的改變，開始注重個人理想、個人能力、努力的程度，從而完成個人的自我實現目標。每個人自我實現的目標均存在一定的差異，沒有統一的標準。

（二）消費者購買動機分析

消費者購買動機源於需求，但並非所有的需求都會轉變成消費者購買動機。這是由於消費者的慾望往往大於消費者的實際能力。在這種情況下，具備滿足需求能力的動機，才會引發消費者購買動機。

1. 消費者購買動機類型

（1）生理動機。

生理動機是人類的本能動機，會根據本能（延續生命、維持生命、保護生命）的需求而產生獲得某些需求的行為，消費者會在這種動機的趨勢下吃飯、穿衣、戀愛、結婚。每個個體實施的方法、行為、方式會存在一定的差異，但其最終目的均是為了滿足生理需求。

（2）心理動機。

消費者的心理動機是後天形成的，所產生的變化主要是由其生活環境、受到的教育方式、自身能力等因素所決定的。在這一過程中，其認知、感知、意志、美感等因素會逐漸發生變化，最終由其所選擇商品的類型、款式、價格等方面所體現。

2. 購買動機調查方法

消費者在選購商品時確實存在購買動機，但是購買動機的存在比較隱晦，看不見，摸不著。因此，在測量購買動機的時候往往會通過心理學理論和技術進行深入調查。常用的購買動機測量方法如下：

（1）投射法。

指通過無意識行為或方法探尋測試者內心的深層次的心理活動。例如人們說的話往往會言不由衷，或者某些人不善於表達自己的需求。這是通過投射法來瞭解消費者內心的真實想法。投射法的測量可以通過：①詞聯想方式，例如從書桌可以聯想到椅子，消費者在選購書桌時，會產生添加椅子的心理。②角色扮演方式，指通過測試者對某些物品表明態度，瞭解其想法。③示意圖，通過圖像表達意圖瞭解測試者的反應。例如在翻越手機時看到一張顯示婚戒的圖片，以此來表達自己的需求或測試男朋友的反應。④造句測驗，通過測試者對一句話的補充來瞭解其想法。⑤ TAT 法又稱主題統絕測驗，讓測試者觀看意思模糊的內容，並結合自己的想像進行敘述，通過敘述內容，瞭解測試者的真實想法。

（2）推測實驗法。

通過測試者具備的條件及其對相關商品的描述來判斷其對商品的真實想法。這裡的條件指測試者的職業、年齡、收入等基本情況。當樣本數量達到一定規模後，通過

這種方法可以瞭解到一類人對某些商品的認識和感知。

（3）語義區別法

指通過測試者對相近詞語之間微妙的差別來判斷測試人的真實想法。通過這種方法，可以瞭解測試者的喜好，將這些微妙的差異用於行銷活動中，可以最大程度地吸引消費者。

3. 購買動機行銷策略

消費者的購買動機往往並非固定的形式，因此需要盡可能全面地瞭解消費者的購買動機。在瞭解消費者購買產品時的各種動機後，需要制定一系列的對應策略。

4. 多重動機行銷策略

現代消費者在選購商品時往往會考慮多方面的產品價值，例如冰箱的功能主要有冷藏、冷凍、制冷等。消費者在選購冰箱時的動機可能是單一的，也可能是多重的，因此企業根據消費者的這些動機開發出了各種類型的產品或服務供消費者選購。

5. 動機衝突行銷策略

現代社會為消費者提供的產品及各產品的功能越來越多，這也導致消費者在選擇時經常陷入難以抉擇的尷尬境地，其原因主要是動機之間產生了衝突。例如消費者經常追求物美價廉的產品，但是在實際生活中，很多產品無法做到既物美又價廉，產品的質量和成本呈正相關關係，也就是說產品的品質上升，其生產成本必然增加，會導致其價格上漲。在這種情況下，有兩種解決辦法，一是消費者退讓，消費者抑制自己的慾望，從實際情況出發選擇產品，二是生產者改進，可以選擇有效結合產品的功能和價格，也可以通過改善產品功能的搭配滿足更多的消費者。

6. 隱性動機行銷策略

隱性動機是指消費者未言明但有需求的動機。企業經營需要通過多種手段挖掘消費者的隱性需求，滿足消費者對高附加價值的產品的需求。

三、消費者購買決策分析

（一）決策過程分析

消費者的消費行為過程是指消費者為滿足其需求而產生的一系列心理活動及購買行為。這一系列活動主要包括消費者需求的產生、尋找產品或服務信息對相關信息進行比較、實施購買行為及購買產品後對產品或服務的評價幾個部分。

1. 產生需求

需求是誘發消費者產生消費行為的動機，消費者願意支付一定的成本去滿足自己欠缺的、期望得到的產品或服務。這些需求是由自身需求和外部刺激產生的。自身需求主要是由於自身的某些不足或欠缺導致，外部刺激主要是指受到他人的影響或廣告宣傳而產生了購買慾望。

2. 信息收集

傳統獲取信息的方法主要是通過電視、新聞及親朋好友的推薦，但隨著互聯的普及，尋找信息變得越來越容易，需要的信息基本都可以通過互聯網獲取。但是正是由

於互聯網信息量太大，使得消費者雖然可以很容易找到所需要的信息，但是找到的信息往往無法直接使用或這些信息很大一部分是沒有價值的。

3. 比較評估

消費者通過各種手段獲取了大量信息後，需要進行篩選。選出與自身需求相配的商品或服務後，還要對相關信息進行評估，評估的標準主要是產品的品牌、設計、性能、價格、型號等條件是否與其自身能力匹配。

4. 購買決策

購買行為的實施需要經過信息收集和信息比較後最終確立購買目標，並經過購買方式和購買動機的取捨。購買行為實施過程中，消費者會受到來自內部和外部因素的影響。在心理上，可以體現為購買目的差異，例如實用、新奇、差異、便利、價格等。也可以體現為購買態度上的差異性，例如習慣、理智、經濟、隨意、衝動、疑慮等。

5. 購後評價

消費者實施購買行為以後，對其購買的產品或服務會產生反饋。其反饋的方式主要體現為消費者的態度是否滿意。顧客滿意則預示著還會繼續消費，對產品產生信賴感，甚至將產品或服務推薦給其他人。而不滿意則預示消費者會產生疑慮、抱怨或拒絕再次購買等。如果企業經營者無法妥善處理這些負面問題，輕則影響企業形象，減少收益，重則無法繼續經營。消費行為過程如圖5.1所示。

產生需求 → 信息收集 → 比較評估 → 購買決策 → 購後評價

圖5.1 消費行為過程

(二) 購買決策原則

任何行為都有其基本的原則，消費者的購買決策行為也不例外。消費者在購買產品時遵循的原則主要包括信息原則、對比原則、分析原則和可行性原則。這些原則為消費者做購買決策提供了一定的標準，使其在做購買決策時以最優方案滿足自己的需求和慾望。

1. 信息原則

消費者的購買決策依據是其掌握的信息，在購買產品前，消費者會根據自己的經驗或搜集到的信息做購買決策，這裡的信息將包含全面性、準確性和及時性三個方面。而全面性和準確性並非關於所選擇的所有信息，而是指消費者可以獲得的全部信息中，因為任何消費者都無法對所有信息都瞭解。消費者購買產品或服務往往具有時效性，購買決策實施後所獲得的信息價值對消費者而言，其作用將降低或不存在，但這一信息具有傳播性，可以滿足其他消費者，部分消費者也會通過這類信息獲取利潤。

2. 對比原則

解決消費者需求的產品往往有很多種，消費者在獲得產品信息後，會將所獲得的所有信息進行對比，擇優選定所要購買的產品。而各個產品信息會被消費者界定為多種類型，對不滿意的產品，消費者會直接放棄，從最滿意和相對滿意中選擇最佳產品進行購買。部分消費者不選擇最滿意產品而選擇相對滿意產品的原因有很多，例如對

產品最滿意並不代表最適合消費者，有可能因為購買最滿意產品需要付出較高的代價，也有可能因為最滿意產品和相對滿意產品為消費者帶來的價值差異低於為其所付出的價值。

3. 可行性原則

購買決策的可行性主要指消費者有能力支付滿足其需求所付出的成本。人的需求和慾望可以說基本是無限的，而消費者的能力是有限的，滿足需求和慾望需要支付對應的成本。在這種情況下，任何消費者都需要在自身能力範圍內選擇性地為需求和慾望買單。

4. 時效性原則

消費者的需求和慾望具有一定的時效性，因此滿足其需求和慾望的產品也因此附加了時效性。消費者需求在特定時間內做出購買決策，完成交易才可以滿足其需求和慾望，因此在面對這類決策時，消費者應當抓住時機，果斷做出取捨。

第二節　影響因素分析

一、個人因素分析

消費者的個人特徵導致差異化市場、差異化產品的出現，個人特徵主要由年齡、職業、經濟狀況、生活方式所決定。

（1）年齡。各年齡階層消費者的慾望和興趣等均存在一定差異，即使在選購同類型產品時也會在選購方式、消費習慣等方面有所不同。

（2）職業。職業的差異會導致消費者的收入、消費者習慣、選購的產品有著明顯的差異，這是受到職業特點、觀念等因素的影響。

（3）經濟狀況。經濟能力的差異是由家庭條件、消費觀念、收入等因素的差異造成的。在這種情況下，消費者在消費過程中會根據自身能力及特徵選購商品。

（4）生活方式。除了基本消費，還包括了興趣消費，人的基本消費受到家庭、職業、收入等因素的影響，興趣消費則受經濟能力、興趣人群等因素的制約。

二、社會因素分析

社會因素的影響源自消費者的家庭、相關群體、社會階層差異。

（1）家庭。家庭是消費者的第一社會環境，在家庭環境下，消費者樹立了人生觀、價值觀、社會觀、形成了自身特有的道德體系。在這種情況下，消費者在選購商品時會根據家庭對其的影響進行消費。

（2）相關群體。相關群體主要包括了同學、同事、朋友、鄰居等。這些群體會對其造成直接或間接的影響，主要體現為信息的獲取、商品選購的標準、商品選購的方式等方面。

（3）社會階層。社會階層的差異受職業、收入、教育等多重因素的影響，造成了

消費者的價值觀、消費者習慣等方面的差異。

三、文化因素分析

文化構成了社會的基礎，主要包括價值觀、道德規範、信念、思維方式、宗教、習俗等方面。文化因素的影響主要來自文化之間的差異，這一差異可體現為文化與文化之間的差異，也可以體現為文化內部之間的差異，也稱亞文化差異。

四、心理因素分析

消費者的心理活動支配著消費者的思想和行為。影響消費者心理的因素主要包括知覺、學習和態度。

（1）知覺。認知行為是人瞭解事物的行為，這一行為通過眼、鼻、口、耳等器官進行。消費者產生購買行為是通過瞭解外界事物的作用、功效和使用方法後才生產的。

（2）學習。學習是瞭解事物的過程，不斷地學習可以獲取各種知識、經驗。消費者通過學習可以獲取商品的知識和購買經驗，並最終產生購買行為。

（3）態度。態度體現了人對某個事件、某個人或某個物品的看法。消費者的態度則反應了他對產品、服務、服務人員、企業、品牌、價格等方面的認識和反應。企業經營者可以通過消費者的態度瞭解企業及企業相關方面的優勢和劣勢。

第三節　消費者心理

消費者心理是指消費者在消費過程中的心理活動變化，這一變化體現了消費者對選定產品的認識過程、情感過程、意志過程。研究消費者的心理活動主要是為了瞭解消費者對產品、企業、宣傳、銷售過程中提供的服務等方面的態度、喜好及心理預期等因素的變化，從而制定相應的對策，最終將其轉化為企業利潤。

一、心理帳戶

1. 心理帳戶的概念

心理帳戶是指財富在人們心中的地位差異。這一理論是由芝加哥大學著名心理學家薩勒提出的，主要闡釋了人們對同等財富的不同劃分及財富形式的轉變會產生不同的認知。心理帳戶理論原是行為經濟學中重要的概念，但已經逐漸在社會學、行銷學等領域廣泛應用。

案例：

一位懂得生活又愛美的女生決定支出500元，她認為用其購買衣服、布置家庭、外出旅遊則物有所值，但是如果將其用於購買游戲虛擬道具、「泡吧」、賭博等話，其價值與前者相比有一定的差異。反之，一個宅男更願意將500元用於虛擬游戲、購買零食、「泡吧」等，如果用於旅遊、學習等方面的話，他會認為無法滿足其需求，甚至是浪費。

2. 心理帳戶的非替代性

理論上，相同的金額所代表的價值是完全相同的，但是生活中卻存在著「此錢非彼錢」的現象，這是由於財富的形式發生了變化。一個企業中的白領每個月工資10,000元。同時，由於此人在日常生活中善於理財，會將剩餘的財富用於炒股和購買理財產品。某月月底，他領取了10,000元的工資，同一天，他所購買的股票大漲，除去印花稅賺了10,000元。請問這時的工資10,000元與購買股票賺取的10,000元對這位白領的意義是相同的嗎？

試想一下，當有一天你需要去見客戶，並向客戶介紹你的設計及構想，首先你需要準備3份精美的設計方案，還要準備一套相對正式的服裝。設計方案可以在家樓下的打印店進行裝訂，150元一份，而距離你家3千米以外的學校附近的打印店為90元一份，你會選擇在家樓下的打印店打印還是會去學校附近的打印店呢？

如果西裝可以選擇在附近的商業街購買，2,000元一套，也可以選擇到3千米以外的商場去購買，1,940元一套，你會選擇在附近購買還是到商場呢？

這些都是日常生活當中的小例子，第一個例子中採取不同方式獲得的兩筆收入雖然金額一樣，但是對每個人的意義是不同的。工資是自己辛苦賺來的，在使用的時候往往會按照平常的心態對待。但是購買股票所賺到的錢往往會為女朋友買個禮物或約上幾個朋友慶祝。通過實地調研，第二個例子中選擇去學校附近打印設計方案的人占79%，而購買西裝的人卻很少選擇去商場購買，同樣是3千米的距離，同樣節省了60元，但卻出現了不同的結果。

上面的例子可以證明，同等金額的不同支出，在消費者眼中存在不同的價值。也就是說，這些不同類型的金額被消費者放在了不同的心理帳戶當中。而這些帳戶當中的資金是不能互相轉移的，因此，這些資金也被貼上了「費替代性」的標籤。

根據薩勒教授的研究發現，金錢具有一些非替代性表現，如下：

（1）由不同來源的財富而設立的心理帳戶之間具有非替代性。

（2）根據不同消費項目而設立的心理帳戶之間具有非替代性。

（3）不同存儲方式導致心理帳戶產生非替代性。

3. 心理帳戶在行銷領域的應用

（1）心理帳戶的情感行銷。

中國的社會特徵屬於人情社會，因此中國人特別重視人情開支。這裡的人情包含了長輩與晚輩之間的情感、丈夫與妻子之間的情感、朋友之間的情感、同事之間的情感、上下級之間的情感等。這些情感的維繫往往會通過日常的溝通和情感的投資兩種方式，日常的溝通基本趨於零成本，情感的投資很大程度上會通過使用一定的資金進行娛樂消費或以贈送禮物的形式增加彼此之間的感情。例如，晚輩看望長輩時，贈送一些保健品，丈夫與妻子之間互贈禮物等。對於不同的溝通對象，所花費金額的標準也存在一定的差異，也就是不同類型的人群在消費者的心理帳戶中會體現不同的金額。這種情況下，商家首先會建立起情感溝通的紐帶，也就是不斷地創造出各種類型的活動，為彼此之間的溝通創造條件，其次是推出適合各類人群表達方式的商品供消費者選擇。商家通過人與人之間的情感交流，使消費者產生需求，不斷地獲取利潤。

（2）心理帳戶的優惠形式。

打折、優惠、促銷等與優惠相關的詞語隨處可見，這是商家盡皆掌握的行銷手段，但是行銷手段之間的差異在消費者的心理帳戶中也會體現出不同的價值。商家在做促銷時可以選擇絕對值優惠的方式，例如消費正好購買了500元的商品，而商家推出的是滿500減100，消費者獲得了100元的減免，也可以選擇相對優惠的方式，同樣是500元的商品，按8折出售，實際也減免了100元。但在消費者眼中，往往較大的金額對消費者更具有吸引力，在這種情況下，採用絕對值策略的商家將更加具備吸引消費者眼球的優勢。但是如果產品的金額較小時，絕對值優惠方式的效果將不如相對優惠方式的效果。

（3）心理帳戶的費用策略。

我們在日常生活中，經常會遇到預先支付的現象，例如電話費包月繳納，按月或按年收取互聯網使用費、健身費用、美容費等。通過一次性繳納、長期使用的方式可以避免產生每次支付時的麻煩。試想一下，如果按次收取費用的話，每次打電話後繳納相應的金額，每次到健身房、美容院體驗所提供的服務後繳納相應的費用，會出現什麼現象呢？首先就是使用次數必然會下降，這將直接影響企業或商家的收入。所以通過費用分離的方式，企業獲得了更多的利潤，消費者也不會因為每次支出而產生心理上的痛苦。

（4）心理帳戶的折換購買。

折換購買是打折購買和以舊換新購買形式的簡稱。打折銷售和以舊換新兩種模式在促銷策略中均比較常見，但是消費者在兩種策略下獲得的體驗是否相同呢？手機已成為日常生活中必不可少的隨身電器，在韓國可以通過換購的方式不斷地使用新手機。比如一款手機的價格是6,000元，通過打折購買的方式可以花5,000元購買，也可以採用換購的方式購買，只需交2,000元和一部手機（手機價值為3,000元）即可換購一款新手機。在這種情況下，相信絕大多數消費者願意通過換購的方式購買一款新手機。

二、情感帳戶

1. 情感帳戶的概念

情感帳戶是衡量人與人之間情感變化的一種方式。情感帳戶和銀行帳戶一樣，同樣具有存儲和支取的功能。當人與人開始接觸之時，這個帳戶就已經生效。企業與消費者或商家與消費者之間同樣存在情感帳戶。當商家滿足消費者需求時，其與消費者的帳戶就在不斷地存儲，當消費者產生疑惑，對產品不滿意時則表示正在支取。

2. 存款方式

為了促進經濟的發展，可以通過銀行或者信貸機構貸款，進行提前消費，但是無形銀行中的情感帳戶是無法透支的。人（企業經營者）與人（消費者）之間的情感透支後則很難有重新發展的機會，因此對於情感帳戶應當多存少取。為情感帳戶存儲可以通過下面幾種方式。

（1）理解消費者：站在消費者的角度思考問題，一味地與消費者爭辯只會降低消費者的好感，應當試著去理解消費者，從消費者的立場分析、處理問題。

（2）注意細節：小的細節可以增加消費者的好感，例如贈送一些小禮品，偶爾的關懷可以增加消費者的好感。

（3）信守承諾：人無信而不立（利），信譽是一個企業立於當世的根本，沒有誠信無法立足，則無法獲利。

（4）表明期望：企業的期望是獲得利潤。有時候，明確讓消費者瞭解企業的目的反而容易獲得消費者的好感。

（5）勇於道歉：企業在經營過程中，難免會出現過失，出現過失時應當勇敢面對、直面錯誤、積極改正，往往更容易贏得消費者的諒解。

案例分析

案例：潘婷「內心強大、外在閃耀」

品牌如何拉近與目標群體的關係並獲得他們的認同？首先需要瞭解你的用戶，通過運用智慧數據特有的「洞察力」。騰訊幫助潘婷深入瞭解其目標人群——年輕女性，挖掘出了這些年輕女性的共性：渴望內心強大，擁有漂亮的心境；同時，根據標籤，將目標人群分為白領、年輕媽媽、「90後」不同的三個代表性族群。根據受眾族群推送相應的主題微電影，實現精準溝通，獲得內容共鳴。

此外，借助騰訊強大的社交影響力，潘婷將移動生活中常見的點贊行為融入互動，受眾觀看微電影後可在PC端或通過掃描二維碼進入移動端，錄取指紋製作心意卡向身邊的女性好友獻贊，新穎跨屏互動引發受眾積極參與和朋友圈傳播熱潮；最後，「向女性獻贊」系統勳章上線，吸引用戶通過活動網站或登錄騰訊微博點亮勳章，表達對潘婷精神的認同。

層層遞進的行銷流程讓潘婷能夠漸進式地推進受眾行動，讓群眾逐步接受與認可品牌理念。最終，品牌微電影播放總量超過3,000萬次，獲得點贊次數超千萬，也讓潘婷在年輕女性中的購買意向度提升了3%。

思考討論題：

通過課後資料查找，分析潘婷是如何一步步獲得女性用戶的親睞？

課後練習題

1. 消費者行為的內涵是什麼？具體有哪些特點？
2. 消費者購買行為主要有哪些類型？
3. 消費者行為主要受哪些因素影響？
4. 怎樣理解消費者的消費心理？

第六章 市場行銷調研與預測

學習目的

通過本章學習，瞭解市場行銷調研和市場預測的定義、分類和作用，掌握市場行銷調研和市場預測的方法，重點掌握市場行銷調研和市場預測的內容和過程，認識到市場行銷調研和市場預測的關係和異同。

本章要點與難點

本章重點：市場行銷調研和市場預測的定義和作用；市場行銷調研和市場預測的方法。

本章難點：市場行銷調研和市場預測的內容和過程；市場行銷調研和市場預測的關係和異同。

引導案例

D公司是一家食品生產商，準備進入月餅市場。市場調查顯示，人們已經厭倦了月餅甜、膩的傳統口味，轉而渴望清爽、清淡的口感。據此，該公司準備推出「冰皮月餅」。該月餅採用進口原料製作，不經烘焙，毫不油膩，它的顏色也一反傳統的金黃色，而呈現清雅的淡青色。對「冰皮月餅」這一概念的測試表明，人們願意接受這一新產品，並對月餅的獨特顏色也不排斥。之後，D公司對「冰皮月餅」展開市場推廣活動，推廣活動主要針對「潮流領先者」這一細分市場，鼓勵他們嘗試購買。

基於上述推廣目標，D公司制定並實施了如下行銷策略：

產品：以與眾不同的清爽口味為其定位，以精美包裝襯托其獨特、高貴的形象。

價格：高價格通常意味著高質量。D公司對其「冰皮月餅」採取了遠高於傳統月餅的定價，以與其高質量、高檔次的形象相匹配。

促銷：配合高價策略，D公司「冰皮月餅」採取了高促銷策略。高價格、高促銷有利於建立品牌偏好，同時向消費者說明該產品定價雖高，但物有所值。在具體促銷方式的選擇上，首先，D公司在當年的食品博覽會以及D公司的專賣店中提供免費品嘗，對先期購買的顧客，則給予100%折扣。其次，D公司「冰皮月餅」的電視廣告頗具新意，整體風格顯得輕鬆、有朝氣，充滿活力。電臺的廣告也秉承這一特色，強化這種風格。此外，廣泛散發的精美宣傳畫冊也不斷傳達著「冰皮月餅」獨具特色的信息。

渠道：D公司「冰皮月餅」只在該公司的專賣店中銷售，不經過任何中間商。這

種專賣的形式一方面有助於公司嚴格控制其服務水準，對產品銷售進行有效管理；另一方面突出體現了「冰皮月餅」高貴華麗、非同一般的形象。除零售之外，D 公司也不忘集團消費是另一塊巨大的市場，專門成立了大客戶部，服務於集團購買。

D 公司精心策劃的推廣活動使「冰皮月餅」一經推出就大獲成功。

第一節　市場行銷調研概述

一、市場行銷調研的定義

在信息時代，市場風雲莫測，越來越多的企業深刻認識到信息的重要性。信息是企業發展的核心要素，也是市場行銷的關鍵要素，市場調研作為企業獲得信息的重要手段之一，受到了越來越多企業的關注與重視，但是關於市場行銷調研的定義，理論界的學者們有著不同認識。

（一）市場調研的起源

現代市場調研最早產生於美國。1911 年，美國柯蒂斯出版公司聘請派林（Parrlin）擔任該公司商業調研部門的經理。派林先是對農具的銷售情況進行了調查，其次對紡織品批發和零售渠道進行了系統的調查，然後又對美國 100 個大城市主要的百貨商店進行了系統的調查和資料收集。派林在總結所有調查資料的基礎上，編寫並發表了《銷售機會》一書，該書所提到的訪問調研法、觀察調研法、統計分析法等市場調研分析方法，為後來市場調研的理論和實踐做出巨大的貢獻，因此派林被推崇為市場調研的先驅。隨著市場調研的發展，美國一些著名大學，如哈佛大學等，也相繼開設了市場調研課程；同時，在市場調研過程中又提出了市場細分的概念，並展開了消費者動機研究和消費者行為分析。

（二）市場調研定義的不同觀點

隨著計算機技術的發展和互聯網的普及，市場調研技術發展到今天，已日臻成熟，越來越多的數學模型算法和人工智能軟件運用到市場調研的分析過程中，很大程度上提高了市場調研的效率和精確性，因此其應用的領域也愈加廣泛。但許多學者對市場調研定義的意見並不統一，與市場調研相關的稱謂也有很多，如市場調查、市場研究或行銷調研等，但學者們的不同意見基本上可歸納為兩種觀點。

1. 以市場為調查研究對象，定義為市場調研

這種定義認為市場調研（Market Research）就是對市場進行調查研究，是指收集與現有市場和目標市場有關的信息，如消費者的需求、購買動機、偏好、信任，消費者對品牌和定位的感知、對產品或服務的滿意程度等。定義中對「市場」的理解又分為狹義和廣義兩種：狹義的市場是指買賣雙方進行商品交換的場所，其主要表現為對某種或某類商品的消費需求的實現；廣義的市場是指商品交換關係的總和，是一個由各

種市場要素構成，具有一定結構和功能的體系。由此，市場調研根據其研究對象的不同也具有不同的內涵。

2. 以市場行銷為調查研究對象，定義為市場行銷調研

這種定義是把市場調研（Marketing Research）理解為市場行銷的調研，它不僅包含對現有市場和目標市場的研究，還包括對行銷戰略、策略組合等各方面的研究，如企業的市場定位、市場份額、渠道關係、促銷方式和效果、新產品上市時的市場測試以及競爭對手行銷策略和動向等。此定義中的市場調研涉及行銷管理的各個環節，目前國內外越來越多的學者傾向於這種觀點，本書也贊成此觀點，故本書將市場調研稱為市場行銷調研。

(三) 市場行銷調研的定義

美國市場行銷協會（American Marketing Association，簡稱 AMA）對市場行銷調研給出的定義為：市場行銷調研是把消費者、客戶、大眾和市場人員通過信息聯結起來，而行銷者借助這些信息可發現和確定行銷機會和行銷問題，開展、改善、評估和監控行銷活動，並加深對市場行銷過程的認識。美國市場行銷協會對市場行銷調研的定義，充分展現了其以市場行銷為研究對象而進行調研的視角。

本書參照美國市場行銷協會對市場行銷調研的定義，結合國內外學者的觀點，我們認為，市場行銷調研是針對企業特定的行銷問題，採用科學的研究方法，系統地收集、記錄、分析與市場行銷有關的各方面的信息，為企業行銷管理者制定、評估和改進行銷決策提供依據。

(四) 市場行銷調研的一般特徵

市場行銷調研包括行銷活動所涉及的對象和各個環節，如顧客、產品、定價、促銷、渠道、行銷環境和市場佔有率。因而一般地來講，市場行銷調研具有四個特徵。

1. 市場行銷調研是一個系統的過程

市場行銷調研不是簡單的資料記錄、整理或分析活動，而是一個包含前期策劃、組織實施和結果分析，由一系列的工作環節、步驟、活動和成果組成的過程。

2. 市場行銷調研是客觀性的活動

市場行銷調研在進行時，應該客觀、公正，且不帶任何感情色彩。市場行銷調研作為市場行銷學所採用的科學方法也具有同其他科學方法一樣的客觀標準，對所需要的信息或數據進行客觀收集、分析和解釋。

3. 市場行銷調研本質上是一項市場信息加工工作

市場行銷調研強調的是採用科學的技術、方法、手段，遵循一定的過程，收集加工市場信息，為決策提供依據。

4. 市場行銷調研的出發點和落腳點都是決策制定

市場行銷調研是圍繞決策問題展開的，為了解決某些特定的問題，實施市場行銷調研，最後又服務於決策制定。

二、市場行銷調研的分類

市場行銷調研按照不同的標準劃分為不同的調研類型，能夠幫助企業根據自身的實際行銷情況，確定一類或幾類調研類型，完成相應的市場行銷調研任務。

(一) 按照調研的目的和深度不同，市場行銷調研可分為探索性市場行銷調研、描述性市場行銷調研、因果關係調研和預測性調研四種類型

1. 探索性市場行銷調研

開展探測性市場行銷調研的主要目標是為了界定調查問題的具體性質、瞭解問題所處的環境以及更好地理解問題本身而進行小規模的調查活動，其屬於非正式的調研活動。在調查初期，調查者通常對問題缺乏足夠瞭解或尚未形成一個具體的假設，對某個調查問題的切入點難以確定，這時需要進行探索性市場行銷調查的設計。探索性調研的基本目的是為了給後續的調研工作做好準備，對市場進行的初步探索；是為了能夠在進行大規模調研之前，讓企業能夠更為準確地瞭解問題，也能夠得到更加詳細地分析問題並提出解決方案。

2. 描述性市場行銷調研

描述性市場行銷調研是針對市場的客觀狀況，將所需調查的現象具體化，對相關信息加以收集和分析，從而全面反應出市場的表象，其屬於正式調研活動。通過描述性市場行銷調研能夠更加客觀、準確地得到市場具體情況，並針對市場真實情況加以客觀描述，如消費者的收入層、年齡層、購買特性的調查等。假設一家服裝店在某個地區開設了分店，公司想知道光顧這家分店的顧客都是什麼特徵。因此就要描述下列問題：顧客是誰？他們的性別、年齡、收入和居住地點及他們是如何來這裡的？他們對服裝質量和店員服務的要求是什麼等。當然，具體的描述問題必須根據調查的目的和要求而定。

描述性調研假定調研者事先已具備與調研問題有關的許多知識。從本質上來講，描述性與探索性調研的主要區別在於前者事先設計了具體的假設。因此，描述性調研所需的信息是事先被清楚地定義，根據定義的分類問題來獲得相應的信息。典型的描述性調研都是以有代表性的大樣本（一般在600人以上）為基礎，事先設計確定選擇信息來源的方法，以及如何從這些來源收集數據的方法。

3. 因果關係調研

因果關係調研是指從已知的相關變量出發，以確定有關事物各變量之間因果關係的一種市場調研方法。因為任何事物的發展變化總是相關變量之間相互影響的結果，因果關係調研就是對一個變量是否引起或決定另一個變量的研究過程，其目的是識別變量之間的因果關係。因果關係調研的直接目的主要有兩個：一是要搞清楚哪些變量是原因性因素，即自變量，哪些變量是結果性因素，即因變量；二是確定原因和結果，即自變量和因變量之間的相互聯繫的特徵。例如，服裝店的銷售額受地點、價格、廣告等因素的影響，因果關係調研就是要明確因變量與自變量之間的關係，通過改變其中一個重要的自變量來觀察因變量受到影響的程度。

4. 預測性調研

預測性調研是對未來一定時期內或某一環境因素的變化對公司市場行銷活動的影響而開展的調研活動，其本質上屬於一種市場預測行為。企業在描述性調研和因果關係調研的基礎上，對市場的潛在需求進行的估算、預測和推斷，確保企業在決策過程中不會出現失誤，才可以更好地抓住市場機遇。因此，企業必須重視預測性調研。例如在服裝店的經營過程中，通過建立銷售與廣告的因果關係，得知廣告與銷售額成正比例關係，據此就可以預測下一個營運期，由於廣告費增加將帶來多少銷售額的增加。

(二) 按照調研的時間不同，市場行銷調研可以分為經常性市場行銷調研、一次性市場行銷調研和定期市場行銷調研

1. 經常性市場行銷調研

經常性市場行銷調研，又可稱為不定期市場行銷調研，是指企業根據管理決策的需要，隨時、不定期開展的調研活動。企業在開展市場行銷活動中，需要隨時根據市場變化，不斷做出決策。為了做出正確的決策，企業需要掌握必要的信息資料，就要經常、不定期地開展調研。按照行銷決策的具體要求，每次調查的時間、內容部都不固定。

2. 一次性市場行銷調研

一次性市場行銷調研，又稱臨時性市場行銷調查，是指企業為了解決某種市場問題而專門組織的調研，如企業需要開拓新市場、某種產品銷量下降的原因調查等特殊情況所開展的臨時市場行銷調研活動。

3. 定期市場行銷調研

定期性市場調查，是指企業根據市場情況和經營決策要求，對市場每隔一段時間就進行一次調研，如某種產品銷售量調研、企業銷售利潤調研等。定期性調研的形式有月末調研、季末調研、年末調研等。

此外，對市場行銷調研還可以從其他角度進行分類，如根據消費者購買商品的目的不同，市場行銷調研可以分為消費者市場行銷調研和產業市場行銷調研；按照商品流通環節不同，市場行銷調研可以分為批發市場行銷調研和零售市場行銷調研；按照市場調研的範圍不同，市場行銷調研可以分為專題性市場行銷調研和綜合性市場行銷調研；按照空間層次不同，市場行銷調研可以分為全國性市場行銷調研、區域性市場行銷調研和地區性市場行銷調研；按照調研的方法不同，市場行銷調研可以分為文案調研法和實地調研法等。

三、市場行銷調研的作用

市場行銷調研是企業進行市場戰略決策的重要依據，能夠幫助企業進行有效的市場分析，使企業可以獲得各種與企業的市場行銷決策相關的信息，從而幫助企業能夠在複雜的市場環境進行科學合理的決策，準確地把握發展方向。由此可見，市場行銷調研是企業市場行銷的基礎，目前國內外成功的企業都將市場行銷調研放在企業行銷活動的首要位置。其對於企業經濟發展的作用主要體現在以下五個方面。

(一) 有利於企業掌握市場需求，發現行銷機會

　　科學技術突飛猛進，經濟發展日新月異，全球化、「互聯網+」以前所未有的力度改變著世界的面貌，由此也使市場環境急遽變化。任何企業行銷組合策略不可能在任何市場環境下均有效，只有根據不同情況對行銷組合策略進行調整，才能讓企業立於不敗之地，而前提條件是要通過市場行銷調研把握市場需求和環境的實質變化；同樣的，任何企業的產品都不會在市場上永遠暢銷，企業要想增加市場份額帶來企業的生存和發展，就需要不斷開發新產品，開拓新市場，因此就需要對消費者進行市場行銷調研來發現行銷機會。通過市場行銷調研可以使企業隨時掌握消費者的消費需求、消費偏好的變化以及市場中未被滿足的需求，將消費者和企業進一步聯繫起來，以此為依據制定自己的行銷策略，牢牢抓住市場行銷機會。

(二) 有利於企業獲取準確的市場信息，為決策提供科學依據

　　企業的經營決策決定了企業的經營方向和目標，在進行經營決策時必須瞭解和掌握市場及其行銷環境的內部和外部的環境及信息，瞭解和掌握企業自身的經營資源和條件，使企業的資源和行銷目標在可以接受的風險限度內，與市場環境提供的各種機會相協調。企業需要在充分瞭解有關市場行銷情況的基礎上，才能制定有針對性的市場行銷策略，人們常常羨慕某些成功的企業家善於把握機遇，殊不知他們這種料事如神的「天賦」來源於科學的市場行銷調研。對於企業決策者來說，應該利用一切可以利用的市場信息，幫助自己決定究竟選擇何種行銷策略才能贏得市場佔有率和高投資回報。決策者需要的參考信息就是企業的市場信息，因此市場行銷調研能夠為決策者提供真實、可靠的市場信息數據，為決策者做出正確決策提供科學依據。

(三) 有利於企業對其市場行銷策略進行有效控制

　　企業所面對的市場行銷環境是不斷變化的，並且這個變化不是企業能夠控制的。企業在制定市場行銷策略時，即使已經進行了深入的市場行銷調研，也很難完全把握市場行銷環境的變化。因此，在企業市場行銷策略實施過程中，仍需要通過市場行銷調研，充分掌握突發的或預料之外的環境條件變化，研究環境條件的變化對企業市場行銷策略的影響，並根據這些影響對企業的市場行銷策略進行調整，例如產品策略、定價策略、分銷策略、促銷策略等，需要堅持不懈地進行市場行銷調研，不斷收集和反饋消費者及競爭者的信息，才能正確進行行銷策略的制定和調整，以有效地控制企業的市場行銷活動。

(四) 有利於樹立企業形象，提高競爭能力

　　企業的形象是企業的生命，一個企業擁有良好的企業形象，有助於提高企業的競爭力，對於企業發展和壯大均有積極的作用。企業通過市場行銷調研，能夠更好地瞭解和掌握消費者需求和偏好，能夠從產品的價格、性能、外觀等多方面滿足消費者需求，牢牢地將消費者和企業聯繫起來，在消費者心目中建立良好的企業形象。同時，通過市場行銷調研，企業可以及時瞭解市場上產品的發展變化趨勢，掌握市場相關產品的供求情況，以此制訂市場行銷計劃，組織生產消費者需要的產品，增強企業的競

爭能力，保障企業的生存和發展。

(五) 重視市場行銷調研，是企業從經驗管理走向科學管理的重要標志

在經驗管理中，企業管理者根據個人經驗對生產和經營活動進行判斷和指導。如果說，在以往商品經濟不發達的情況下，市場競爭不激烈，為賣方主導市場，經驗管理還能發揮一定的作用；而現在，全球化市場不斷加深，商品經濟迅速發展，競爭日益激烈，市場由賣方市場向買方市場轉移，傳統的經驗管理已不能適應市場經濟發展的需要。在買方市場的條件下，過去流行的「酒香不怕巷子深」，產品質量好、價格合適就可以擴大銷售的思想觀念已經接受著現實嚴峻的考驗。什麼樣的市場行銷才是最有效的呢？只有通過市場行銷調研，充分瞭解消費者的購買意向和動機，找準目標市場，做出合理定價，選擇合適的廣告行銷媒介，採取合理和有效促銷，才能誘使目標市場上的消費者產生購買慾望，達成買賣雙方交易，擴大產品的銷售，從而提高企業的經濟效益。

第二節　市場行銷調研的內容、方法、過程、原則

一、市場行銷調研的內容

市場行銷調研活動涉及市場行銷管理的整個過程，在各個環節出現的一些特定的行銷問題，都可以通過市場行銷調研的方法，提供解決問題的參考。市場行銷調研運用的一些方法和技術，也不限於研究特定的行銷問題。它實際上可以應用於企業經營中出現的其他管理問題，因此它的研究內容是相當廣泛的。市場行銷調研主要的內容包括以下六個方面。

(一) 市場行銷環境調研

市場行銷環境的變化會影響市場需求的變化，從而影響企業的生存與發展。因此，企業應當重視市場行銷環境調研，分析市場環境對企業經營造成的影響，主動調整自身以適應市場環境變化。市場行銷環境調研主要包括微觀環境和宏觀環境，它們通過直接和間接的方式給企業的行銷活動帶來影響和制約。微觀環境包括企業內部狀況、顧客、競爭者、行銷渠道和社會公眾等；宏觀環境主要包括人口、地理、自然、經濟、技術、政治法律以及社會文化環境等。一般來說，企業在制訂長期戰略發展計劃時、遇到經營方向發生變化時、進行戰略性轉移時、需要對現有的行銷業務進行整合和重組時、需要發展和開拓新目標市場時都必須對市場行銷環境進行調研，把握環境的變化趨勢，增強企業對環境的適應能力。

(二) 市場需求調研

市場需求調查是市場行銷調查中最基本的內容。需求通常是指人們對外界事物的慾望和要求，在市場經濟條件下，市場需求是指以貨幣為媒介，表現為有支付能力的需求，即通常所稱的購買力，購買力是決定市場容量的主要因素，是市場需求調研的

核心。市場需求調研主要包括三個方面：第一，供求狀況。產品供求狀況調研就是調研產品的供求有無缺口、缺口有多大、供過於求的原因是什麼、改變供不應求的狀態的企業存在什麼樣的機會、哪些替代品可彌補供需缺口等問題。第二，市場容量。市場容量是指市場對某種產品在一定時期內的需求量的最大限度。任何產品在一定時間內可能銷售的數量都有一個限度，例如有的季節性產品旺季市場的容量遠遠大於淡季，價格低廉的產品的市場容量要高於價格高昂的產品。企業制訂產銷計劃，必須考慮到超過市場容量必然造成滯銷積壓。第三，市場變化趨勢。市場是一個動態變化的系統，企業須時刻研究和掌握市場的變化趨勢，才能更好地對產品行銷策略進行制定或調整。

(三) 消費者購買行為調研

消費者購買行為是指消費者為滿足其生活需要而發生的購買商品的決策過程。消費者購買行為調研，就是對消費者購買模式和習慣進行調研，即通常所講的「3W1H」調研，即瞭解消費者在何時購買（When），在何處購買（Where），由誰購買（Who）和如何購買（How）等情況。消費者何時（When）購買調研，主要是瞭解和掌握消費者在購物時間上存在著一定的習慣和規律，某些商品銷售隨著自然氣候和商業氣候的不同，具有明顯的季節性，例如在春節、七夕節、國慶節等節日期間，消費者購買商品的數量要比以往增加很多。消費者在何處（Where）購買的調研通常分為兩種：一是調研消費者在什麼地方決定購買，二是調研消費者在什麼地方實際購買。對於多數商品，消費者在購買前已在家中做出決定在哪裡進行購買，還有一些商品是在購買現場決定。誰（Who）負責家庭購買的調研主要包括三個方向：一是在家庭中由誰做出購買決定，二是誰去購買，三是和誰一起去購買。消費者如何（How）購買的調研，主要是瞭解不同的消費者具有的各自不同的購物愛好和習慣，如從商品價格和商品牌子的關係上看，有些消費者注重品牌，對價格要求不多，而有些消費者則注重價格，他們購買較便宜的商品，而對品牌並不在乎或要求不高。總之，企業對消費者購買行為的調研，有利於企業根據不同的情況，採取相應的行銷對策。

(四) 市場行銷要素調研

市場行銷要素調研主要包括產品、價格、渠道和促銷四個要素，如何組合和配置這四個要素是企業能否成功地進入市場的關鍵。因此企業必須分別就產品、價格、渠道和促銷這四個行銷因素進行調研。產品調研，主要是瞭解消費者對企業產品的評價，包括產品的質量和性能評價如何，消費者或用戶對產品的顏色、大小、設計風格、所用材料、使用方式等有哪些具體要求，對服務種類、服務方式等有哪些具體要求，競爭者的產品在這方面有哪些成功的經驗，有哪些失敗的教訓等。價格調研，主要是掌握產品的市場需求彈性、顧客對價格變動的承受力和敏感程度、競爭性產品的供求狀況和價格水準、新產品的定價、老產品的價格調整等。渠道調研，主要是為了支持企業的分銷戰略決策，使分銷渠道達到最佳組合。渠道調研主要包括渠道結構調研、批發商和零售商調研、分銷渠道關係研究及運輸和倉儲調研等。促銷調研，主要是為了支持企業的促銷戰略與戰術決策，使促銷組合達到最佳狀態，以最少的促銷費用達到

最好的促銷效果，並在發現問題時及時對促銷方式進行調整和改進。促銷調研主要包括廣告、人員推銷、公共關係等。

(五) 競爭者調研

任何產品在市場上都會遭遇到競爭對手，不同的企業所處的行業不同，其競爭者數量和競爭程度也不同。一般而言，競爭者的調研包括：企業競爭者是誰？主要競爭者所佔有的市場份額是多少？主要競爭者的競爭優勢是什麼？主要競爭者是否存在劣勢？行業競爭者採取的行銷戰略是什麼？當企業對以上情況調研清楚時，才能判斷出其自身相比於競爭對手所具有的優勢、劣勢，才能清楚地知道自己在市場競爭中所處的地位（市場地位有四類：市場領導者、市場挑戰者、市場追隨者和市場補缺者），也才能制定出有效的競爭策略。因此對競爭者進行調研來確定自己的競爭戰略是非常重要的，正可謂「知己知彼，百戰不殆」。

(六) 用戶滿意度調研

顧客滿意度研究越來越受到眾多企業的重視，企業通過對顧客滿意度調研來瞭解顧客滿意的決定性因素，測量顧客對各個因素的滿意度水準，使企業比於競爭者能更好地滿足消費者提出的建議。顧客滿意是公司行銷管理的出發點，同時，顧客滿意也是檢驗公司行銷管理績效的重要尺度。用戶滿意度調研主要包括：用戶對有關產品或服務的整體滿意度、具體滿意度，滿意或不滿意的原因，對改進產品或服務質量的具體建議，對各競爭對手的滿意度評價等。

二、市場行銷調研的過程

市場行銷調研是採用科學的方法，系統地收集和分析資料的過程。為了使整個調研工作有節奏、高效率地進行，使調研取得良好的預期效果，必須加強組織工作，合理安排調研的程序。對於科學的市場行銷調研一般分為四個階段，即準備階段、實施階段、結果分析處理階段、結果追蹤反饋階段。

(一) 市場行銷調研準備階段

準備階段是市場行銷調研工作的開始，這一階段的主要任務是明確調研活動要解決什麼問題，也就是調研的目標，然後確定調研計劃。準備階段的工作是否周到，將關係到調研實施階段的開展。其具體的工作包括進行企業情況分析、確定調研問題、設計調研方案。

1. 進行企業情況分析

進行企業情況分析就是要瞭解進行市場調研的背景，從企業實際的行銷活動中發現問題，具體分析內容有：第一，企業內部情況。通過收集企業內部歷年的各種統計資料，瞭解企業自身狀況，如企業生產銷售情況、市場佔有率、獲利水準、增長速度、企業在競爭市場的地位、企業的渠道策略、促銷策略及其效果等，以便於真正把握企業需要解決的關鍵問題。第二，企業所在行業狀況。企業的發展與行業狀況有直接聯

繫，為此要通過大量收集二手資料，認清行業發展形勢，如整個行業發展狀況、技術更新速度、國家對該行業的有關政策以及未來發展趨勢等。第三，市場環境分析，如本章第二節提到的市場環境分析，包括市場的宏觀環境和微觀環境。

2. 確定調研問題

市場調查部門或調查人員在企業情況分析結果的問題中確定調研問題，也可以根據企業的行銷實際需要或企業決策者關心的問題確定調研問題，如企業未來的發展方向、企業生產經營中出現的困難、新產品上市、新市場開拓等都可作為確定調研問題的依據。確定調研問題時，應該在小範圍內進行初步調查，根據已確定的調研問題就相關領域的專家進行訪問，探尋一些建設性意見，修改、完善、確定最終的調研問題。在確定調研問題時應注意：第一，要與企業的高層領導和主管進行討論，以便正確把握調研方向；第二，調查問題要符合企業發展需要，且合理可行；第三，要善於把行銷活動中的決策問題轉化為市場調研問題，所獲得的調查結果才能為決策制定提供相應的依據。

3. 設計調研方案

調研問題明確以後，為保證市場行銷調研工作的順利進行就需要制定合理、詳細的調研方案。市場行銷調研方案主要包括：確定調研內容、確定調研對象、確定調研方式、確定調研方法、設計調研問卷、確定抽樣設計、估計調查時間和費用、給定調研結果分析標準。

（1）確定調研內容。

調研活動的成功與否，與調查者對調研內容的準確理解和把握有直接關係。因此，制訂調研計劃的第一步，就是要根據調研問題確定調研內容。首先，要召集制定調研方案的有關人員，針對調研問題，採用討論的方式來提出調研內容項目，可以把想到的調研內容詳細羅列成項。然後，再對調研項目進行分類和重要性分析，也可參照其他企業同類型調研所涉及的內容。最後按照類別、重要性程度及其資料獲取的可能性程度對清單上的各個項目進行排序，以此來確定和調研問題最相關且能夠實現的調研內容。

（2）確定調研組織方式。

調研組織方式就是抽取調研樣本的方式。調研組織方式包括市場普查、重點調查、典型調查、抽樣調查等四種。其中，抽樣調查又可分為隨機抽樣調查和非隨機抽樣調查。企業的調研人員應該根據企業的具體調研問題，結合每種調研組織方式的優缺點、選擇合適、科學、合理的調研組織方式。

（3）確定調研對象。

調研對象是指調研的總體，調研的對象準確確定，有助於企業收集到有針對性的信息資料，能夠為企業制定正確的行銷決策做支撐。調研對象需要根據調研組織方式來確定，不同的調研組織方式其調研對象不同。

（4）確定調研方法。

確定調研方法就是要落實「調研在什麼地方進行」「調研面向的是什麼人」「調研

具體採用哪種方法進行」等調研過程中的具體問題。調研方法必須根據市場行銷調研的問題、調研內容、調研對象的不同特點而確定。常用的四種調研方法包括：文案調查法、觀察調查法、訪問調查法和實驗調查法。

（5）選擇調研手段。

市場行銷調研中常用的調查手段有問卷和儀器，問卷又稱調研表，是以問題的形式將調研內容系統地反應出來，也是收集一手資料最常用、最直接的方法。採用問卷調研手段的關鍵在於問卷的設計，有關市場行銷調研問卷的設計請具體參考市場調研相關書籍。市場行銷調研中所使用的儀器是指一切可以用來記錄信息的儀器，例如攝影機、照相機、錄音筆等。這些儀器設備使用起來較為方便，也能夠更為直接、客觀地反應調研實際情況。市場行銷調研手段的選擇需要根據所選用的調研方法來確定，同時還得參考調研內容、調研對象，具體問題具體選擇。

（6）確定抽樣設計。

調研方法和調研手段確定後，就可以設計出抽樣計劃。抽樣計劃需要解決三個問題，即抽樣總體、樣本大小及抽樣方法。其中，抽樣總體由調研對象總體構成，其具體的範圍由調研問題和調研組織方式決定。抽樣總體可以是某一類事物，如市場正在銷售的一批手機，也可以是具有某一特性的一群人，比如白領人士、藍領人士。樣本的大小對調研結果的準確性和代表性有一定的影響，樣本越大，調研結果越可靠，但是相對的調研費用也會越高。抽樣方法一般分為兩類：隨機抽樣和非隨機抽樣，隨機抽樣遵照隨機原則進行，非隨機抽樣按照調研人員的主觀判斷而定，因此調研中要根據調研問題和要求做出合適的選擇。

（7）估計調研期限和費用。

調研期限是指整個調研工作持續的時間，即一項調研工作從開始準備到結束的時間長度。確定調研的期限是為了保證數據的統一性和實效性，一般來說，調研期限應該根據調研問題的難易程度、調研內容的量度等綜合因素來確定。調研費用通常受到調研時間的影響，故在此一起考慮。調研費用一般包括調研人員則工資、交通費、調研費、資料費、禮品費等，在制定調研方案時，也應提交一份調研費用的預算表，以花費合理的調研費來達到最優的調研效果。

（8）給定調研結果分析標準

在調研計劃的最後，需要對調研實施過程中的監督和檢查做出規定，對調研結果的分析方法做出說明，並提出調研報告的形式和主要結構，並以調研問題規定有關指標的分析方法和表現形式等為依據，以便於檢查調研結果是否達到設定的要求。

(二) 市場行銷調研實施階段

市場行銷調研的準備工作完成以後，便是調研方案的實施，這個階段是市場行銷調研工作過程中最費時、費力、費財的階段。市場行銷調研實施階段的主要任務是組織調研人員按照市場行銷調研方案的具體要求和安排，系統地收集各種信息，主要包括以下三項內容。

1. 調研人員培訓

對調研人員進行培訓，讓調研人員理解、熟悉調研計劃，掌握調研相關的方法、手段和技能以及相關的經濟知識，這是保證調研質量重要的一步。

2. 信息的收集

信息資料根據其來源不同可分為一手資料和二手資料。一手資料又稱為原始資料，是指通過實地調研獲取的最原始、沒有經過任何加工處理的資料；二手資料也稱為現成資料，是指通過文案調查的方法，查詢出版物、行業報告、統計年鑒等有關媒介及政府部門公開發表的資訊所獲取的資料。

調研人員在收集一手資料時，要非常熟悉調研問題、調研內容的各個項目，要能夠正確運用訪問調查法中的各種具體方法和技巧；調研人員在收集二手資料時，要瞭解二手資料的各種來源，掌握文案調查法的程序，靈活運用多種文案調查法的具體方法。

3. 對信息收集工作進行監督和檢查

為了保證市場行銷調研工作的順利進行，保證調研信息的質量，企業需要對整個調研實施階段進行全方位的監督與檢查。具體操作參考調研方案設計中確定的監督與檢查方法，對整個調研實施過程進行全面、細緻的監督與檢查。

(三) 市場行銷調研資料分析處理階段

調研結果分析處理階段需要對收集到的信息資料進行整理、檢查、核實和統計分析，以得到決策需要的研究結果，這一階段主要包括以下兩項內容。

1. 整理調研資料

在通過市場調研獲得所需資料後，首先，要對資料進行編輯，檢查和修正資料。如果資料不齊全，有遺漏或者有重複，要及時進行補充和刪改；對含糊不清的資料或記錄不準的地方，要及時跟調研人員確認並更正；如果存在資料前後矛盾、不一致的情況，或刪除不用，或要求調研人員重新調查。其次，根據調研內容要求，對資料進行分類匯編，並以文字或數字符號編碼歸類，以便於將資料中的數據轉換並存儲到計算機中，再根據需要對數據資料進行分析。

2. 分析處理資料

對資料進行分析處理，就是運用統計學的原理和方法來研究各種市場行銷現象的數量關係，揭示事物背後的發展規律。這個階段要求研究人員具備一定的統計學知識和技能，分析處理數據常用的基本方法和技巧包括百分率、平均數、表格法、圖示法等。隨著計算機技術的普及，更多的資料處理是借助計算機完成的。

(四) 市場行銷調研總結反饋階段

調研結果的總結和反饋主要以調研報告的形式展示，同時還需要對整個調研工作進行總結。總結階段是市場調研的最後階段，認真做好總結工作，對於提高調研能力和水準，具有十分重要的意義。其具體包括以下兩項內容。

1. 提出調研報告

調研報告是反應了整個研究成果的表現形式，也是衡量整個市場調研的質量和水準的重要標志，對於企業來說，開展市場行銷調研就是為了獲得包含決策所需要的信息和依據的調研報告。一個好的調查報告既要充分體現調研確定的問題和內容，又要總結出調研結果和調研人員的分析、判斷和建議。一般調研報告有兩種形式，一是書面報告形式，二是口頭報告形式。書面調研報告主要包括三部分內容：第一部分序文，主要有題目、目錄、摘要；第二部分報告主題，包括緒論、研究分析、結論和建議；第三部分附錄，包括調研報告中引用的數據資料、統計報表、研究方法的詳細說明以及獲取二手資料的參考文獻等。口頭報告主要包括三部分內容，即第一部分，內容簡介；第二部分，研究發現和結果；第三部分，建議。

2. 總結調研工作

總結調研工作包括整個市場行銷調研工作總結和每個參與者的個人總結，每個工作階段、工作環節的總結。通過總結，既要累積成功的經驗，又要吸取失敗的教訓。特別是要注意尋找改進市場調查工作的途徑和方法，為今後更好地進行市場調研打下基礎。市場行銷調研過程如圖 6.1 所示。

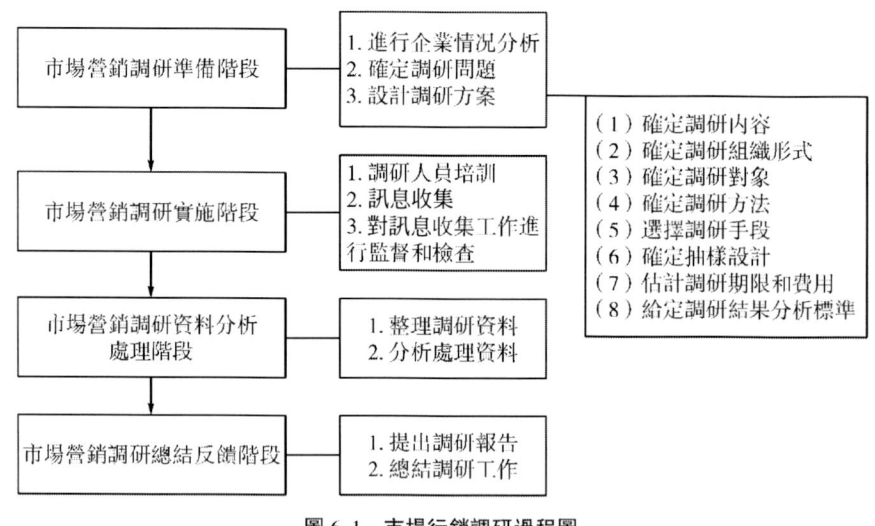

```
┌─────────────────┐    ┌──────────────────┐
│ 市場營銷調研準備階段 │───▶│ 1. 進行企業情況分析 │
│                 │    │ 2. 確定調研問題     │
│                 │    │ 3. 設計調研方案     │
└────────┬────────┘    └──────────────────┘
         │                                    ┌──────────────────────┐
         │                                    │ (1) 確定調研內容      │
         ▼                                    │ (2) 確定調研組織形式  │
┌─────────────────┐    ┌──────────────────┐   │ (3) 確定調研對象      │
│ 市場營銷調研實施階段 │───▶│ 1. 調研人員培訓    │   │ (4) 確定調研方法      │
│                 │    │ 2. 訊息收集        │   │ (5) 選擇調研手段      │
│                 │    │ 3. 對訊息收集工作進 │   │ (6) 確定抽樣設計      │
│                 │    │   行監督和檢查      │   │ (7) 估計調研期限和費用 │
└────────┬────────┘    └──────────────────┘   │ (8) 給定調研結果分析標準│
         │                                    └──────────────────────┘
         ▼
┌─────────────────┐    ┌──────────────────┐
│ 市場營銷調研資料分析 │───▶│ 1. 整理調研資料    │
│ 處理階段         │    │ 2. 分析處理資料    │
└────────┬────────┘    └──────────────────┘
         │
         ▼
┌─────────────────┐    ┌──────────────────┐
│ 市場營銷調研總結反饋階段│──▶│ 1. 提出調研報告    │
│                 │    │ 2. 總結調研工作    │
└─────────────────┘    └──────────────────┘
```

圖 6.1　市場行銷調研過程圖

三、市場行銷調研的方法

要進行有效的市場行銷調研，就必須根據市場行銷調研的問題、調研內容、調研對象的不同特點，選擇合適、科學的調研方法。只有調研手段恰當，調研方法科學，所收集的信息資料才是及時、準確和全面的。市場行銷調研方法種類較多，也有不同的分類，但每種方法都有其優缺點，在實際選擇時需具體問題具體分析。本書將介紹四種常用的市場行銷調研方法，即文案調查法、觀察調查法、訪問調查法和實驗調查法（見圖 6.2）。

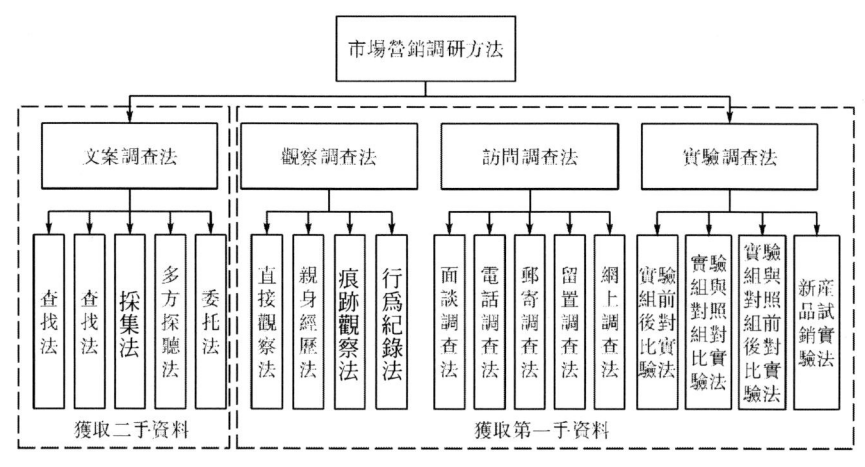

圖 6.2　市場行銷調研法

（一）文案調查法

　　文案調查法是指圍繞特定的調查問題，通過查看、檢索、閱讀、複製等手段，收集並整理企業內部和外部現有的各種信息資料，並對調查內容進行分析研究的方法。文案調查法獲取的是二手資料，其特點是獲取信息資料內容多，同時信息資料的獲得也非常便捷與迅速，花費的成本低、時間少。其與訪問調查法和觀察調查法等收集一手資料的方法相互補充，有效地完成市場行銷調研。在此，主要介紹文案調查法的五種方法。

　　（1）查找法，即通過文獻資料、網頁信息、期刊報紙、廣播電臺等方式，收集所需要的信息資料。

　　（2）爭取法，即主動向佔有信息資料的單位或個人無代價地索要，其效果在一定程度上取決於對方的態度以及企業和對方的關係；或是有償的購買，例如向行業協會、信息中心、專業諮詢機構購買等。

　　（3）採集法，即企業信息員親臨展覽會、新品發布會等場合，現場採集大量相關企業和產品的介紹以及產品目錄等資料。

　　（4）多方探聽法，即可通過收聽電視、廣播、政府新聞發布會等獲取相關的行業、政策、經濟和新技術信息；又或是向企業內外部的專家、專業諮詢機構徵詢所需要採集的信息。

　　（5）委託法，即委託專業市場調研公司收集和提供企業行銷活動的診斷資料。

（二）觀察調查法

　　觀察調查法是由調研人員直接或通過儀器設備觀察在現場的被調研者行為，並記錄其行為來獲得一手信息資料的調查方法。利用這種方法進行調查，調研人員和被調研者沒有直接的正面接觸，被調查者不需要回答特定的問題，調研人員只是通過觀察被調研者的行為、表現和狀態來瞭解情況，獲得所需要的信息資料。其常用的方法有

直接觀察法、親身經歷法、痕跡觀察法和行為記錄法。

（1）直接觀察法是指調研者直接到商場、經銷店、各種展銷會、交易會等現場，親自觀察和記錄顧客的購買行為、同類產品競爭程度、新產品的設計以及各種商品的性能、價格、包裝等。

（2）親身經歷法是指觀察者參與到被調研者的活動中進行觀察的方法，親身經歷法收集到的信息資料真實、可靠。例如一些企業中的信息員，直接以銷售員的身分來觀察消費者的購買行為等。

（3）痕跡觀察法是指觀察被調研者留下來的痕跡，而不是採用直接觀察法對被調研者的行為進行觀察。近年來，國外還流行幾種痕跡觀察法，如食品櫥觀察、梳妝臺觀察、垃圾堆觀察等。

（4）行為記錄法是指借助於儀器（照相機、錄像機、心理測示器等）觀察被調研者的行為的方法，也是以局外人的身分來進行觀察研究。

（三）訪問調查法

訪問調查法，也稱詢問調查法或問卷調查法，是指按照調查內容事先擬定的調查問卷進行，通過詢問的方式向被調查者瞭解並收集市場行銷情況和信息資料的一種調查方法。訪問調查法是在市場行銷調研活動中運用最為廣泛的一種方法，同時也是獲取一手資料的有效方式。訪問調查法有多種具體的調查方法，根據調研人員和被調研者接觸方式的不同可分為面談調查、電話調查、郵寄調查、留置調查法和網上調查法等。

（1）面談調查法是指調研人員通過面對面地詢問和觀察被調查者以獲取信息資料的方法，通常採用個人面談、小組面談和集體面談等多種形式。

（2）電話調查法是指通過電話向被調查者詢問有關問題以獲取信息資料的方法。使用這種方法進行調查，首先應該確定一個有效的樣本，設計一份結構嚴謹、易於理解並且按照一定的邏輯順序排列問題的調查問卷；其次，需要對電話訪問員進行專業訓練以確保他們能夠和被訪者進行有效溝通，同時能夠清楚和準確地記錄問題答案。一般來說，電話調查法分為傳統電話調查和計算機輔助電話調查兩種形式。

（3）郵寄調查法是指調研者將製作好的調查問卷或調查表格，通過郵寄方式送達給選定的被調研者，由被調研者按要求填寫完整後，在規定的時間內寄回的一種調查方法。採用郵寄調查法，首先要確定好郵寄的被調研對象，其次要努力提高調查問卷的回收率。

（4）留置調查法是指調研人員將調查問卷或調查表格當面交給被調研者，並詳細說明調研問題和填寫要求，然後留下問卷，由被調研者自行填寫，再由調研人員定期收回問卷或表格的一種調研方法。

（5）網上調查法是指通過網絡發布調研信息，並在互聯網上收集、記錄、整理和分析信息的調查方法，是傳統調查方法在網絡上的應用和發展。網上市場調查有兩種方式：一種是網上直接調查法，是收集一手資料的方法，如網頁問卷調查、E-mail 問卷調查、遠程專家訪談、電話調查法等；另一種是網上間接調查法，是收集二手資料

的方法，如報紙、雜志、電臺、調查報告等現成資料。

（四）實驗調查法

實驗調查法是指市場調研者有目的、有計劃、有意識地改變或控制一個或多個影響市場行銷的因素，來觀察在這些因素變動或不變動的情況下，對市場行銷活動產生的影響以及評價這些行銷的效果，從而獲得一手資料的調查方法。常用的實驗調查方法有：實驗組前後對比實驗、實驗組與對照組對比實驗、實驗組與對照組前後對比實驗以及新產品試銷實驗法。

1. 實驗組前後對比實驗法

實驗組前後對比實驗是指將實驗對象在實驗活動前後的情況進行對比，得出實驗結果。這是實驗調查法中最為簡單的一種方法，同時也是市場行銷調研中經常採用的實驗調查法。

2. 實驗組與對照組對比實驗法

實驗組與對照組對比實驗是指在同一時期內，把兩組情況相似的實驗對象中的一組確定為實驗組，另一組確定為對照組，並使實驗組與對照組置於相同的實驗環境之中；實驗者只對實驗組進行實驗活動，對對照組不進行實驗活動，然後將實驗組與對照組進行對比，得出實驗結論。

3. 實驗組與對照組前後對比實驗法

實驗組與對照組前後對比實驗是對實驗組和對照組都進行實驗前後對比，再將實驗組與對照組進行對比的一種雙重對比實驗法，它集合了實驗組前後對比實驗和實驗組與對照組對比實驗兩種方法的優點，同時彌補了這兩種方法的不足。

4. 新產品試銷實驗法

新產品試銷實驗法是在新產品開發時確定產品的款式、顏色、規格、型號時使用的一種小規模市場實驗的方法。通過小規模市場實驗來進行新產品試銷，在銷售客戶和使用對象中聽取意見和建議，瞭解需求，再根據所收集到的市場信息資料，來對新產品進行調整和完善，保證新產品在未來的順利銷售。

四、市場調研的原則

市場調查是通過收集、分類、篩選資料，為企業生產經營提供正確依據的活動，它需要遵循以下原則。

（一）時效性原則

市場信息具有一定的時效性，一份好的市場行銷調查資料應該是最及時的。因為只有最及時的調查資料，才能真實反應市場的最新情況。在市場調研工作開始進行之後，在規定的調研期限內，盡可能多地收集所需的信息資料。市場環境的變化十分迅速，這要求信息資料的處理與分析最好能與之相同步。如果調研工作超出了期限規定的時間，不僅會增加費用支出，而且有可能出現信息資料滯後的現象，不能滿足市場調研的需要。

(二) 準確性原則

市場行銷調研獲取的所有信息資料，都需要通過調研人員對這些資料進行篩選、整理和分析後得出結論，為市場預測及行銷決策提供依據。這就要求信息資料必須真實地、準確地反應客觀的市場情況；同時對信息資料的分析處理也必須實事求是，這樣，得出的調研結果才真實、可靠，市場行銷調研工作才具有意義。

(三) 全面性原則

在市場行銷調研中，要做到盡量全面、系統地收集與調研問題相關的信息資料。市場調查收集的信息資料越全面，市場預測和行銷決策的依據就越充分。企業的行銷活動既受宏觀環境、微觀環境等不可控制因素的影響，也受產品、價格、渠道和促銷等可控因素的影響。就某一次市場行銷調研來說，企業的市場調研人員要根據此次調研的問題，盡可能考慮到多個因素的影響，全面地確定市場調查的內容。

(四) 經濟性原則

市場行銷調研是一種商業性活動，在保證調研質量的同時，還要考慮到經濟效益，即考慮調研的投入和產出之間的對比關係。因為市場調研需要一定量的時間、人力、物資，所以要根據調研問題，結合企業自身和市場行銷環境的實際情況，選擇適當的調研手段和方法，盡可能地用較少的資源消耗獲取較多的優質信息資料。

(五) 科學性原則

科學性原則要求對市場行銷調研的過程和所需要收集、整理的信息資料進行科學規劃，因為企業的行銷決策需要大量的、準確的信息資料作為依據。當市場調研人員對市場調研實施過程進行科學安排時，需要把市場調研按照順序分為幾個階段，規定每個階段要完成的工作；當市場調研人員對所需要收集的信息資料進行科學規劃時，需要根據調研問題確定調研內容、調研對象、調研方法等。

(六) 保密性原則

保密性原則是指調研過程和調研結論既要保護企業自身的一些商業機密，也需要調研對象的信息保密。企業自身信息保密，是因為在激烈的市場競爭中，如果洩露了企業的商業機密，將造成企業自身利益的損害，得不償失；同時，調研對象信息保密，是因為市場行銷調研需要調研對象的全力配合，如果調研對象一旦發現自身所供的信息被暴露出來，可能會造成一定的傷害，也會失去調研對象的信任，不利於企業的行銷活動和調研活動的進行。因此，調研活動應該嚴格遵守保密原則，妥善保管所有調研資料。

第三節　市場預測

　　市場預測是在市場行銷調研獲得的市場信息資料和分析結果的基礎上，運用邏輯學和數學方法，對決策者關心的市場變量的未來變化趨勢及其可能水準做出估計與測算，是為決策提供依據的活動。市場預測與市場行銷調研的區別在於，市場預則是企業對市場行銷活動未來的認識，市場行銷調研是企業對市場行銷活動的過去和現在的認識。如今，科學技術日新月異，市場競爭愈加激烈，市場預測已成為企業生存和發展的關鍵。市場預測能夠讓企業把握住經濟發展或未來市場變化的有關動態，幫助企業決策者制定適應市場的行銷戰略，使企業在市場競爭中處於主動地位。

一、市場預測的含義及作用

（一）市場預測的含義

　　市場預測是指根據過去和現在市場發展變化的信息資料，運用科學的預測方法，研究市場現象發展變化的客觀規律，並據此規律對市場現象的未來發展趨勢做出估計和判斷的活動和過程。市場預測以市場行銷調研為前提和基礎，是預測學理論與方法在市場體系中的運用，是適應市場經濟發展變化的需要而逐漸發展和成熟起來的一門科學。要準確和全面地理解市場預測的含義，要注意以下四個要點：

　　第一，市場預測是探索市場未來發展變化趨勢的活動；

　　第二，市場行銷調研是市場預測的前提和基礎，市場預測是市場行銷調研的延伸和深化；

　　第三，市場預測必須運用科學的預測方法，包括定性預測法和定量預測法；

　　第四，市場預測是為行銷決策服務，市場預測的結果是科學決策和行銷行為執行的依據。

（二）市場預測的作用

　　市場預測是為行銷決策服務的。企業通過市場預測可以提高行銷活動管理的科學水準，減少決策的主觀性和盲目性；可以把握經濟發展或未來市場變化的動態情況，減少未來的不確定性，降低行銷決策可能遇到的風險，使市場行銷目標得以順利實現。因此，市場預測對於企業市場行銷活動有著重要的意義，主要體現在以下四個方面。

　　1. 是企業經濟活動的起點和行銷決策的前提

　　企業要有效地開展市場行銷活動，就要充分掌握和利用市場信息，分析市場的現狀並預測未來，增強企業面對動態環境的應變能力。如果企業通過市場預測，對市場行銷環境的變化趨勢和消費潛力有很大程度的瞭解，在此基礎上制定行銷策略和行銷計劃，就能真正實現以需定產，解決產需脫節和滯銷積壓等問題，提高行銷活動的經濟效益。如果企業能夠及時地預測行銷環境的變化，就更有可能適應環境、利用環境和改造環境，並適時地抓住機會，迎接挑戰。

2. 有利於企業更好地滿足消費者的需要

企業通過市場預測，能夠預見在未來一段時期內，消費者對各類商品的市場需求量、消費需求傾向變化趨勢和消費心理變化趨勢。因此，企業可以根據自身的經營條件，確定未來一段時期內的經營方向，選擇和確定目標市場，在市場變化中避免盲目經營，不斷地滿足市場中消費者的現實需求和潛在需求。

3. 有利於企業利用市場調節，合理配置資源

市場調節是市場經濟條件下資源配置的一種形式，它是按市場價格波動調節社會勞動力和生產資料在各個企業之間的分配，使企業的生產經營與市場直接聯繫起來，促進市場競爭。市場預測能向企業決策者反應市場供需情況的變化趨勢、市場價格的波動趨勢，幫助企業通過市場調節信號，掌握市場對各種商品的需求量變化，指導企業選擇和調整行銷活動策略，合理組織人、財、物的比例和流向，減少資源在使用中的浪費，促進企業資源的合理配置和利用。

4. 有利於企業提高市場競爭力

現代競爭觀念與傳統競爭觀念對於企業的市場競爭力有著不同的定義，傳統競爭觀念認為一個企業是否具有很強的市場競爭力，關鍵看企業所擁有的技術和人才的實力；現代競爭觀念認為，決定企業市場競爭力的關鍵是看企業對信息資源獲取的能力。在如今激烈的市場競爭中，誰先佔有信息資源的優勢誰就更有主動權。如果一個企業技術先進、人才資源雄厚，但沒有通過市場預測及時認清和掌握市場化，就會因缺乏預見和判斷能力，致使企業的有利因素得不到充分發揮，削弱企業在市場中的競爭力；相反，如果一個企業的技術能力和人才儲備條件相對較差，卻通過市場預測準確地掌握市場動向，並採取有效的行銷對策，就會在市場競爭中由弱變強。

二、市場預測的基本原理及分類

(一) 市場預測的基本原理

市場預測的基本原理是以預測學科的理論和方法為基礎，以市場現象為分析研究對象，闡明企業運用各種預測方法對市場行銷中的各種市場現象的未來發展趨勢做出預測的根本道理。市場預測的基本原理也是市場預測方法的依據，在市場預測中所應用的原理有以下五個。

1. 可知性原理

可知性原理是指市場預測對象的未來發展趨勢是可知的，企業可以對這些現象進行分析研究，發現和掌握這些現象內在的變化特徵，揭示其發展變化的規律，以此來認識和判斷其未來的變化趨勢。如果市場現象的發展規律是不可知的，那麼市場預測將無意義，所以可知性原理是市場預測的理論基礎。

2. 系統性原理

系統性原理是將市場預測對象視為一個系統，它與市場中的其他事物存在普遍的聯繫，因此企業可以應用系統論原理來指導市場預測活動。根據系統性原理，市場預測無論其預測內容的範圍的大小、多少都不是孤立的、封閉的。一方面，需要將預測

對象放在社會、經濟、自然的大系統中加以研究，將市場預測與人口預測、工業預測、科技預測、國際市場預測、能源預測等有機地結合起來分析；另一方面，還須把預測對象與企業內部的各系統聯繫起來進行分析，例如企業的財務、銷售、研發情況等，這樣，市場預測的結果才能更為客觀、科學、有效。

3. 延續性原理

延續性原理是指市場現象和事物發展具有一定的延續性，未來的市場行銷狀況是在過去和今天變化的基礎上發展起來的，是今天的延續。因此，企業可以根據市場的過去和現在預測市場的未來。在市場預測中運用延續性原理時，應注意兩點：第一，預測對象的歷史發展數據所顯示的變化趨勢應具有明顯的規律性；第二，預測對象所處的客觀條件必須保持不變，否則該規律的作用將隨條件的變化而中斷，使延續性失效。

4. 類推性原理

類推性原理是指市場不同現象之間存在著某種類似的結構或發展模式，企業可以根據已知現象的發展過程類推到預測對象上，對預測對象的未來做出預測。一般來說，越相似的市場現象，其市場類推預測的效果越好。例如同類商品之間的類推預測，國外市場類推國內市場的預測等。

5. 相關性原理

相關性原理，也稱因果性原理，是指市場中許多現象和事物彼此相關聯（因果關係），利用這種關聯性，可以進行市場預測。例如嬰兒食品的需求和嬰兒的人數有很強的關聯性，若掌握了未來嬰兒出生數，就可以預測嬰兒食品的需求量，這就是市場預測的相關性原理。相關性在市場和經濟現象中普遍存在，發現市場預測對象與其他市場因素之間的相關性，並利用這種相關性進行市場預測是一種可靠的預測方法。

(二) 市場預測的分類

市場預測的類型根據其分類不同有很多種類，常用的分類包括：按照預測活動的範圍劃分、按照預測時間長短劃分、按照預測方法劃分、按照預測地理空間劃分等。

1. 按照預測活動的範圍劃分

（1）宏觀市場預測。宏觀市場預測是指針對世界、國家、地區政治經濟社會環境發展變化趨勢而開展的各種預測行為，如政治形勢、國民經濟發展速度、對外貿易政策、居民收入支出變化、科學技術發展等，進行宏觀預測是為了能夠瞭解未來市場的供需變化情況，掌握未來市場的具體運行狀況。

（2）微觀市場預測。微觀市場預測是指在宏觀預測的指導下，企業針對自身產品或者服務、市場佔有率變化、商品銷售趨勢變化、競爭對手行銷策略變化等對市場發展情況加以預測以及評估等，從而為企業的經營決策制定提供更加可靠的參考。

2. 按照預測時間的長短劃分

（1）近期市場預測。近期市場預測一般是指以周或月為預測週期的市場預測，其可以用來編製月份或季度的行銷計劃，同時其預測結果必須是對各種市場各種現象及時、準確的敏感反應。

（2）短期市場預測。短期市場預測一般是指一年以內的市場預測，其可以用來編製年度、季度和月份的行銷計劃工作，也是企業制定經營決策過程中的重要依據。

（3）中期市場預測。中期市場預測一般是指一年以上、五年以下為預測週期的市場預測，是制訂年度計劃和修訂長期計劃的依據。在國內市場，普遍的企業或產品的生命週期較短，因此中期市場預測顯得更加貼切和重要。

（4）長期市場預測。長期市場預測一般是指五年或五年以上為預測週期的市場預測，其適合於對市場的長期趨勢進行分析來規劃行銷工作，以明確企業發展的方向和具體目標。

3. 按照預測方法劃分

（1）定性市場預測。定性市場預測是預測者根據自身對市場有關情況的瞭解和經驗分析，主觀地對市場現象的未來發展變化趨勢進行預測。

（2）定量市場預測。定量市場預測是根據大量的歷史數據資料，運用數理統計的方法建立數學模型，客觀地對市場現象的未來發展變化趨勢進行估計。

4. 按照預測的地理空間劃分

（1）國際性市場預測。國際性市場預測是對國外的某一地區或某幾個地區的市場未來變化的趨勢進行預測。

（2）全國性市場預測。全國性市場預測是對全國的市場未來變化的趨勢進行預測。

（3）地區性市場預測。地區性市場預測是對某個特定地區的市場未來變化的趨勢進行預測。

（4）當地市場預測。當地市場預測是對企業所在的地區的市場未來變化的趨勢進行預測。

總之，市場預測的種類多樣，企業在進行選擇時，要根據研究對象的特點，選擇合適的市場預測類型，以滿足企業自身的需要。

三、市場預測的內容及過程

（一）市場預測的內容

市場是各種商品關係的總和，也是國民經濟的綜合反應。市場變化涉及社會生產、需求、供應、價格、政治形勢和社會風尚等各個方面。因此，市場預測所涉及的範圍非常廣泛，同整個國民經濟的預測密切相關。但從企業角度進行市場預測，則主要是根據已獲得的信息資料預測企業所處的市場未來發展變化趨勢，以便企業及時調整經營發展方向，制定正確的行銷戰略，在激烈的競爭環境中生存和發展。由於各個預測主體對市場進行預測的目的和要求不同，其預測內容的側重點也會有所不同。從企業的角度介紹通常進行的預測內容有：市場需求預測、市場供給預測、市場行銷環境預測、市場商品銷售預測。

1. 市場需求預測

市場需求預測是在一定時期和市場範圍內，關於消費者和社會團隊對特定商品現實和潛在的需求量。市場需求受到多種因素的影響，有市場主體的外部因素，如政治、

經濟、文化、技術等外部因素；也有市場主體的內部因素，如目標市場的選擇、銷售價格的制定、促銷手段的選擇等。市場需求預測就是要在全面、客觀地考察這些因素的前提下，對市場需求進行估計和推斷。

市場需求預測的主要內容有：消費者調查與分析預測、市場需求趨勢預測、消費需求傾向變化趨勢預測和消費心理變化趨勢分析預測。消費者調查與分析預測主要包括誰是商品的需求者，並根據消費需求的不同將需求者分成若干顧客群；還包括顧客群的數量、分佈地區、購買動機、收入來源、支出構成等。市場需求趨勢預測是在一定時期內和特定市場環境下，消費者的市場需求受多種因素的影響，如收入水準、教育程度和心理活動等，而企業需要對消費者市場需求趨勢做出預測。消費需求傾向變化趨勢預測，是針對不同年齡階段、不同收入的消費者在基本需求方面消費基礎上，預測哪類商品需求量大，每一類商品中哪些商品是暢銷款、哪些是滯銷款、哪些是需要更新改良款。消費心理變化趨勢分析預測是對消費者心理對市場影響的預測，消費者購買商品的心理受多種因素影響，如時節、天氣、攀比心理和歸屬心理等，對購買行為的影響越大就越直接影響市場需求。

2. 市場供給預測

市場供給預測是指對進入市場的商品資源總量和構成以及各種商品在市場上的可供量的變化趨勢預測。這些商品資源可以來自國內生產、進口、國家儲備、商業企業儲備或社會潛在物質。市場供給預測包括對市場可供給商品資源的預測、對商品的生產能力預測、對同類商品生產能力和競爭能力的預測、對國家進出口商品變動趨勢預測等。它同市場需求結合起來，將會使企業對市場供求未來的變化趨勢有一定的預估。

3. 市場行銷環境預測

市場行銷活動受政治、經濟、社會、科技、文化等各種因素的影響，對企業而言，企業的市場行銷環境主要受制於市場環境。因此，市場環境預測主要是市場政治環境、市場經濟環境、市場技術環境等因素影響。市場政治環境預測主要受預測政府政策和法律條款對市場行銷活動的影響，如國家的產業政策、政府的行政法規等，企業要能夠注意各類新政策和新法規頒布的徵兆，並進行預測、分析和判斷，以此來做出行銷政策的回應調整。市場經濟環境預測主要是指國家經濟政策對企業市場行銷活動的影響，包括對國家或地區已頒布的經濟政策將會給企業帶來的機會和威脅進行預測，還包括對國家或地區未來的經濟政策調整變化趨勢和程度對企業市場行銷活動的影響進行預測。市場技術環境預測是對企業產品有關的材料、工藝和設備等有關的科學技術發展方向、發展水準等方面進行預測，為企業制定科學技術決策和產品長遠發展規劃提供依據。

4. 市場商品銷售預測

市場商品銷售預測是指對市場商品的價格與銷售量、市場佔有率、商品在市場上的生命週期以及其變動趨勢的預測。商品價格預測是對商品價格的未來水準和變動趨勢進行預測，分析商品價格變動是否合理，以及商品價格變動對市場需求量的影響進行預測；商品銷量預測是對商品未來一定時期內的銷量進行預測；市場佔有率預測是在一定時期內，對企業市場佔有變動趨勢進行估計；商品在市場上的生命週期以及其

變動趨勢的預測是對商品進入市場到退出市場的過程中，其處在不同階段的發展前景做出估計和推斷。

(二) 市場預測的過程

企業在進行市場預測時，可能存在著預測的目的、內容、方法、條件等的不同。但為了確保市場預測工作更具有科學價值，同時提高預測工作的質量和效率，有效地為企業行銷決策服務，因此市場預測應採用科學、合理、嚴謹的工作流程，主要分為以下五個步驟。

1. 確定預測目標，擬訂預測計劃

確定市場預測目標就是要確定預測的內容、範圍、要求、預算和期限等，預測目標是整個預測工作的主題和前提，同時保證確定的預測目標清晰、準確和具體。比如是對市場需求的預測還是產品銷售預測；是長期預測還是短期預測；是對一種產品預測還是幾種產品進行預測等。

為了保證預測目標的順利實現和預測工作的圓滿完成，還需要制定詳細、可行的預測計劃。企業應根據預測目標，規定預測的對象、內容、範圍、要求、期限、經費、人員，編製完成預算計劃，為全面落實預測工作做好準備。

2. 搜集和分析信息資料

市場預測是在市場行銷調研的基礎上開展的，因此必須重視市場行銷調研工作，重視其收集到的一手、二手集資以及其分析研究得到的二手資料。市場預測中使用的一手或二手信息資料主要是有關的所有歷史和現實資料的集合，歷史資料是指市場現象的歷史統計資料，反應了市場或影響市場的各種重要因素的歷史狀況和發展變化規律；現實資料是指直接對預測對象進行行銷調研獲得的資料。同時，市場預測並不是全盤地接受這些資料，而是要經過篩選、分析，這樣才能保證預測結果的質量和可靠性。

3. 選擇預測方法，建立預測模型

市場預測方法的選擇需要根據兩方面來，一方面是根據市場預測的目標、內容、期限、經費等要求，另一方面是根據所收集獲得的信息資料類型、量度和質量等。預測方法的選擇不同，結果也會有所不同，預測方法可分為定性預測法和定量預測法。企業如果是想預測出一個發展趨勢，可選擇定性預測方法；如果是想預測出一個具體的數據，則必須使用定量預測法。在實際的市場預測活動中，一般是盡可能地將定性預測法和定量預測法相結合，以取得比較準確的預測結果。

對於預測模型的建立，一般來講，採用定性預測法可以建立邏輯思維模型；採用定量預測法，則需要建立數學模型來計算預測值。

4. 確定預測結果，進行分析評價

根據預測方法和預測模型，輸入有關的數據資料，經過運算得到初步的預測結果，然後把初步預測結果的可靠性和精確度進行驗證，如果初步預測值和測算值的相差較小，在允許的誤差範圍內，則預測效果較好，此方法和模型可以採用，否則要經過分析和評價，修正初步預測值，得到最終的預測結果。

5. 提出預測結果報告

對預測結果進行檢驗後，要及時拿出預測結果報告。預測結果報告應該結合歷史和現狀進行分析比較，多採用統計圖表及數學方法進行準確表述，做到數據真實、結果準確可靠、建議切實可行。預測結果報告的主要內容包括：預測目標、預測內容、預測方法、預測結論及評價建議等。

四、市場預測的方法

市場預測方法的正確選擇有助於預測目標的有效實現，通常將市場預測的方法歸為兩類，一是定性預測法，二是定量預測法。

（一）定性預測法

定性預測法是憑藉預測者的個人知識、經驗和綜合能力，通過針對有關資料進行分析和推斷，對未來市場發展變化趨勢進行預測的方法。由於這種預測方法主要依靠預測者的主觀和直覺判斷，會存在一定的主觀性和片面性，故也稱判斷預測法。在實際市場行銷活動中，由於缺乏歷史資料或準確的數據，或者影響市場發展的因素錯綜複雜，難以數量化，有時甚至根本不可能用數量指標表示時，在這種情況下進行市場預測，一般都採用定性預測方法。

定性預測法的優點在於：方法簡單、靈活、易於掌握，用時少、成本低、適用範圍廣，注重事物發展性質方面的分析預測，易於發揮人的主觀能動性；其缺點在於受預測者自身知識、經驗和能力的限制，易受主觀因素的影響。在市場預測中，常用的定性預測法有經驗估計法、德爾菲法、生命週期預測法和顧客意見法等。

1. 經驗估計法

經驗估計法根據參與人員的數量又可分為個體判斷法和集體判斷法。個體判斷法是預測者根據所收集的信息資料，憑藉個人的知識和市場行銷活動獲得的經驗，來對預測目標做出符合客觀實際的估計和判斷；集體判斷法是由企業組織有關人員根據市場行銷調研獲得的信息資料，運用科學思想和數學手段對預測目標進行討論、分析和判斷其未來發展變化趨勢的方法。

2. 德爾菲法

德爾菲法又稱專家預測法，由美國蘭德公司於1964年發明。它是通過匿名函詢的方式針對已定的預測目標向專家們徵求意見，然後將專家們的意見加以綜合、梳理和歸納，再反饋給各個專家供他們進行新一輪的判斷，如此往復多次，直到專家們的預測意見趨於一致，最後預測者將這個意見進行統計處理後，給出預測結果。

3. 生命週期預測法

生命週期預測法是根據事物從產生、成長、成熟到衰亡隨時間動態演變的過程，來預測某產品處在不同時期階段以及未來變化的趨勢，確定企業應該採取怎麼的定價、促銷等市場行銷策略，以延長產品的生命週期，為企業制定行銷戰略提供有力的參考依據。屬於生命週期階段預測法的具體方法有曲線圖判斷預測法、增長率判斷預測法、類推判斷預測法、增量比率判斷預測法和市場普及率預測法。

4. 顧客意見法

顧客意見法是在企業對使用本企業產品的消費者購買意向和能力進行市場行銷調研的基礎上，對消費者需求變化進行預測，從而預測顧客的需求變化趨勢。由於顧客購買意向受到多種因素的影響，所以該方法多用於對需求穩定市場的發展變化進行預測。

(二) 定量預測法

定量預測法是運用一定的統計和數學方法，通過建立數學模型來描述預測目標的發展變化規律，並依此規律對預測目標的未來進行預測。定量預測法較之定性預測法最大的區別在於：定量預測法通過對所搜集的信息資料建立數學模型來進行預測，故又稱數學模型預測法。

定量預測法的優點在於：其直接採用了數理統計的理論和方法，具有較強的科學性，所以整個預測過程較為嚴謹，預測效率較高，預測結果較為精確。缺點在於：其對數據資料的要求較高，高質量的數據資料是有效運用定量預測法的基本前提，實際上有些市場因素是很難量化並帶入模型中進行計算，而且其對預測者的個人能力和技術水準要求較高。定量預測法有多種類型，常按其建立數學模型的思路不同分為時間序列預測法和因果分析預測法兩大類。

1. 時間序列預測法

時間序列預測法是指市場現象或特徵按照時間順序排列而構成的一組數據，通過分析研究，揭示現象或特徵的發展變化過程、特點、趨勢和規律，然後加以延伸，並通過一定的計算方法來預測未來的變化趨勢和發展前景。時間序列預測法的主要優點在於：只需要利用歷史統計資料，就能進行預測，因而簡便易行，節約成本。缺點在於：一方面，僅分析研究預測目標與時間的關係，而忽視了其他因素的影響，有一定局限性；另一方面，預測目標的未來發展趨勢是在過去變化模式的基礎上進行推斷而來的，沒有充分考慮未來市場將發生的變化，因而不夠準確。但是在進行時間序列預測時，可以適當地加大近期數據的權重，使預測結果更符合實際情況以彌補其缺點。時間序列預測法的具體方法包括各種移動平均數法、指數平滑數法、週期波動預測法、季節變動預測法和時間數列自迴歸預測法等。

2. 因果分析預測法

因果分析預測法是研究預測對象和影響因素之間的關係，分析研究自變量和因變量間的數量關係，找出規律性，根據已知的自變量來推算未知的因變量的方法。市場的變化受到多種因素的影響，同時各種市場變量之間客觀上存在著錯綜複雜的因果關係，利用因果分析預測法預測市場的變化趨勢，更貼合市場現象的實際發展變化。因果預測法的優點在於：是從現市場對象之間的因果關係出發，預測結果有根有據，可靠性比較強，預測精度較高。其缺點在於：在模型的估計與檢驗時，計算工作量較大；模型研究所描述的市場現象關係不能完全等同於未來的市場現象關係，故模型的應變性較差。因果分析預測法主要包括迴歸分析預測法、計量經濟模型預測法、多元統計分析預測技術和投入產出法等，其中迴歸分析預測法是一種尤為重要和常用的因果分

析預測法。

　　企業在市場預測的實踐中，往往將定性分析法和定量分析法相結合、應用，更能增加企業市場預測的靈活性、準確性和有效性。定性預測法和定量預測法都有各自的優缺點，並具備一定程度的科學性。但單獨採用它們進行市場預測時，往往會因為它們自身的缺點而受到限制。因此，如果將定性分析法和定量分析法相結合，充分發揮各自的優點，相互補充，來對市場進行細緻的分析研究，有利於同時提高市場預測的主觀能動性和精確度。

第四節　市場行銷調研和市場預測的關係

一、兩者的相關關係

　　從市場預測的角度分析，市場行銷調研的必要性也是顯而易見的，市場行銷調研是市場預測的基礎和前提；從市場行銷調研的角度分析，市場預測也是市場行銷調研的延續和深化。因此兩者存在一定的相關關係，主要體現在以下四個方面。

(一) 市場行銷調研可以為市場預測目標的確定提供方向

　　企業在市場行銷管理過程中，需要面對和解決的市場現象和問題較多，通過市場行銷調研，能夠發現市場現象和問題的癥結所在，同時也為市場預測目標的確定指明了方向。企業結合市場行銷調研和市場預測，能夠發現市場現象的問題、機會和威脅，同時預測這些現象的未來發展變化，從而制定、調整企業的行銷戰略。

(二) 市場行銷調研可以為市場預測提供必要的信息資料

　　企業進行市場預測時，為保證預測結果的準確性，就必須對市場信息資料進行科學收集、整理、分析和判斷，從中找出規律性。而市場行銷調研獲得的大量信息資料正是市場預測的資料來源，這些資料為市場預測數學模型的建立與求解提供了大量歷史數據和現實數據，有助於取得較準確、科學、有效的預測結果。

(三) 市場行銷調研方法豐富和充實了市場預測技術

　　市場行銷調研方法大都具有簡便、實用、靈活、易操作的特點。市場預測的許多方法正是在市場行銷調研方法基礎上形成和發展而來。如用於市場預測的定性預測法——德爾菲法（專家意見法），就是充分吸取了市場行銷調研的方法，經過反覆實踐演化而成，既簡便實用，又避免了結果的不確定性和離散性。還有些簡單的市場行銷調研方法，如訪問調查法、觀察調查法等，若在調研內容中加入預測項目，同樣可得到簡明的預測結果。

(四) 市場預測的結論要依靠市場行銷調研來驗證和修訂

　　市場預測是對市場未來的發展變化趨勢進行估計和判斷，市場預測的結果是否正確、符合市場實際發展，還需要由市場行銷活動來檢查。因此，市場行銷調研不僅能

夠檢驗前一段的預測結果，還能分析、論證預測成功或失誤的原因，總結經驗教訓，不斷提高市場預測的水準。另外，在做出預測後，也可以通過市場行銷調研獲得新的信息，對預測結果進行修正。

二、兩者的共同點

（一）發起的主體相同

市場行銷調研和市場預測活動的發起主體均為對市場信息資料有需求的個人、組織或團體，主要是企業。

（二）面對的客體相同

市場行銷調研和市場預測活動所面對的客體主要是市場或市場相關部分。

（三）實現的作用相同

市場行銷調研和市場預測活動都是為科學地確定市場行銷戰略、行銷計劃和行銷策略提供依據和支撐。

（四）本質屬性相同

市場行銷調研和市場預測活動的本質屬性均屬於市場信息工作的範疇，為企業的決策工作服務。

三、兩者的差異

市場行銷調研與市場預測之間雖然存在著密切的聯繫，但二者也存在著很大的不同，它們之間的主要區別在於以下三點。

（一）研究側重點不同

市場行銷調研和市場預測雖然都研究各種市場現象以及影響因素，但市場行銷調研側重於對市場現狀和歷史的調查研究，這是一種客觀的描述性研究，是為了認識和瞭解市場現象的發展變化特點和規律；市場預測則側重於對市場現象未來發展變化的研究，這是一種預測性研究，著重探討市場現象的發展趨勢及各種影響此趨勢變化的因素，是為了認識未來，掌握市場未來的發展變化趨勢。

（二）研究結果不同

進行市場行銷調研和市場預測工作，其最終目的都是為企業的各種決策提供依據。但市場行銷調研所獲得的結果是市場的各種信息資料和調查報告，是對市場現狀的客觀反應；而市場預測所獲得的結果是關於未來市場發展變化的預測報告，是一種帶有一定科學根據的假定，主要為確定行銷戰略、行銷計劃和行銷決策服務。

（三）研究過程和研究方法也不完全相同

在市場行銷活動中，市場行銷調研一般根源於企業對市場缺乏全面瞭解，需要通過調研來初步瞭解市場；而市場預測出現在市場行銷調研的基礎上，對市場未來發展

進行推斷，確定企業未來市場行銷的實現。從研究方法來看，市場行銷調研的方法多屬於瞭解市場情況、認識市場現象、捕捉信息資料的定性研究，而市場預測的方法則多是建立在定性分析基礎上的定量測算，很多方面都採用統計方法和數學模型。

案例分析

「狀元紅」瓶酒二進大上海

「狀元紅」酒是歷史名酒，從明末清初至今，享譽300多年，其生產廠家是河南上蔡酒廠。這種酒不但紅潤晶瑩、醇香可口，而且是調血補氣的好酒。自從上蔡酒廠在1980年獲得「狀元紅」的河南省優質產品證書後，在北方十分暢銷。於是，上蔡廠決定向上海推銷狀元紅名酒，首批狀元紅酒運至上海試銷，結果很少有人買。

有古老名酒的牌子，又按古配方生產，為什麼在上海遭受冷遇？在北方供不應求的暢銷貨，為什麼進軍上海後全軍覆沒？上蔡廠進行了市場調查，發現有以下幾個原因造成「狀元紅」不暢銷。首先，目標市場不明，不知道哪些消費者會購買酒，消費者喜歡什麼樣的酒。其次，誤認為憑「狀元紅」的名聲，在上海也能旗開得勝。其實錯了，因為「狀元紅」在北方享有盛名，在上海知名度卻很低。

消費者一看「狀元紅」的顏色，誤以為是藥酒，年輕人就不來購買，老年人、中年人也不圖「狀元」的名聲，因此「狀元紅」不能滿足顧客需求。其次，商標與裝潢陳舊。「狀元紅」剛進上海時，正值上海瓶酒市場商品琳琅滿目，該產品在陳列架上其貌不揚、包裝陳舊，因此不能喚起購買者的強烈購買慾。此外，銷售渠道單一，只在上海特約經銷單位銷售，宣傳面較窄，不易產生明顯的效果。「狀元紅」酒廠面對此現象，仔細研究，根據調查得知其最大的消費者是青年人，他們購買的目的一是作為禮品，二是作為裝飾。在各種價格的瓶酒中，中檔商品銷量最好。同時，酒廠分析了本廠產品的劣勢，即其外觀質量欠佳，「狀元紅」見光保存半年以上，酒色易褪；出廠前密封時間過短，酒味稍辣；存放久了易產生沉澱，影響外觀；包裝沉悶，缺乏吸引力，「狀元紅」商標圖案呆板；標籤用漿糊粘貼，易霉變而脫落；酒瓶造型不美，易破損，5.5千克裝酒瓶過高，無法放入酒櫃陳列，外包裝不牢，破損率高，影響經銷商店的利益。加之廣告促銷不利、銷售渠道窄、售價不適宜等，致使「狀元紅」難在上海「紅」起來。

為了再進入上海市場，上蔡廠聯合起特約經銷單位對5家大酒店進行了購買者調查，結果如下：

（1）購買者年齡百分比：老年8%，中年28%，青年64%。

（2）購買目的：自用37%，送禮52%，外流11%。

（3）購買檔次：(分價格檔次購買人數比重) 2元以下32%，2至5元40%，5至8元26%，8元以上2%。

從以上典型調查發現，消費者主要是青年，用於送禮或自備「裝飾」。於是，上蔡廠將狀元紅的消費者針對年輕人細分市場，並在禮酒、裝飾酒上做文章。既然是年輕人用作送禮、裝飾，則包裝要新，決定爭取三新（產品新、樣式新、商標新）。因此將

原來 0.5 千克裝的改成 0.5 千克裝與 0.75 千克裝兩個瓶裝式樣，在瓶子外邊用一個精緻的盒子包裝，外有呢絨絲網套，具有美觀、便利的特性，零售時附有說明書，說明歷史名酒及功能，加強顧客的信任感及其促銷作用。對於銷售渠道，也一改過去的單一渠道，在上海南京路各食品店全面投放「狀元紅」，再加上報紙廣播的廣告宣傳，消息一傳出，即引來爭相購買的顧客。1982 年春節前，「狀元紅」酒二進上海，第一批近 5,000 瓶的「狀元紅」在幾小時內被「一掃而空」，據南京路各零售店的粗略統計，這年春節期間，「狀元紅」酒的銷售量占總瓶酒銷售量的 11%，而其銷售額還占瓶酒總銷售額的 60.7% 呢！

思考討論題：

1. 「狀元紅」酒二進上海市場，成功的主要因素是哪些？
2. 「狀元紅」酒今後能否在上海市場長期走紅？

課後練習題

1. 市場行銷調查的含義是什麼？
2. 試從企業市場行銷的角度談一談市場行銷調查的作用與意義。
3. 市場行銷調研的內容包括哪幾個方面？
4. 分析市場需求調研的有關內容及其意義？
5. 簡述市場行銷調查的過程。
6. 獲取第一手資料的方法有哪些？它們各有何特點？
7. 什麼是訪問調查法？它的具體方法有哪些？
8. 比較三種實驗調查法，分析哪一種最科學？並指出理由。
9. 簡述市場行銷調研應遵循的原則。
10. 怎樣理解市場預測的含義？它的作用是什麼？
11. 市場預測中所用到的基本原理有哪些？
12. 簡述市場預測的基本內容。
13. 市場預測應遵循的過程有哪幾步？
14. 如何選擇市場行銷的方法？
15. 市場行銷調研和市場預測的相關關係表現在哪些方面？
16. 市場行銷調研和市場預測的差異主要體現在哪幾點？

第七章　市場行銷計劃、組織、執行與控制

學習目的

　　通過本節學習，基本掌握行銷管理過程中的不同環節之間的區別和聯繫；瞭解市場行銷計劃的內容與實施環節；瞭解市場行銷組織的歷史演變、組織形式，理解市場行銷組織設計的原則，瞭解市場行銷控制的過程和內容；在能力上應初步具有市場行銷戰略管理能力、組織設計能力和行銷控制能力，並掌握市場行銷計劃編製方法、行銷組織設計技術和管銷控制方法和技巧。

本章要點與難點

　　本章要點：市場行銷計劃的概念與分類；市場行銷計劃的內容；市場行銷組織的演變；市場行銷的執行過程；市場行銷控制的理解；

　　本章難點：市場行銷組織的形式；市場行銷控制的程序；市場行銷控制的內容。

引導案例

　　俞敏洪說過：「面對什麼時代、什麼要求，就要做出什麼樣的改變，我覺得這是企業家血液中間應該有的東西。」

　　在如今「90後」「95後」的時代，只給予他們抽成是遠遠不夠的，只有將員工變成企業真正的合夥人，才能充分調動他們的自我驅動力，讓他們發揮出最大的積極性和戰鬥力。因此，裂變式創業正在成為未來企業的普遍協作方式。大企業由很多小團隊組成，小團隊專注於核心項目，讓企業的構建更趨向於阿米巴模式，保留大公司的體量優勢，兼備小公司的靈活性，從而達到員工與企業的雙贏。從這方面來說，新東方是個非常優秀的稅收籌劃案例。

　　從家族式到合夥人，到中國國內股份公司，到國際股份公司，再到國際上市公司，新東方一直在順應潮流。現在新東方又做了新的結構調整，將大公司打散，形成獨立、創新的公司機制，凡是新的項目都獨立出去做，由新東方控股。讓優秀員工成為合夥人參與經營，這樣既能留住人才，又能發揮他們最大的戰鬥力。

　　裂變式創業這個概念對於我們的中小企業和高淨值收入人群節稅有非常好的借鑑意義。捷稅寶通過對各類稅收籌劃案例的分析比對，在為企業、個人設計稅收籌劃方案時，其實就引入了類似的理念，通過商業模式的調整，讓企業適用的稅收優惠範圍擴大，適用的稅率大幅降低。通過增加、拆分或改變企業結構，把企業的部門或個人

設立成獨立的團隊，打破企業和員工的緊密型的勞務雇傭模式，轉而成為大企業與小團隊之間的服務合作模式。

第一節　市場行銷計劃

任何的工作都開始於計劃，企業的市場行銷工作也是如此。著名的市場行銷專家菲利普‧科特勒教授曾說過，行銷戰略的正確性往往比它的盈利性更為重要，而行銷戰略始於企業的行銷計劃。由此不難看出，行銷計劃對市場行銷活動的重要性。

一、市場行銷計劃的概念和分類

(一) 市場行銷計劃的概念

市場行銷計劃是指企業為實現既定的行銷目標，對企業未來的行銷活動進行計劃、組織和安排的過程。行銷計劃的制訂，將為企業如何利用自身優劣勢來面對外部的機會和威脅提供了一個分析框架，也為市場行銷組織的工作提供了指導，同時也對市場行銷活動進行了規劃和協調。

(二) 市場行銷計劃的分類

1. 按計劃時期長短劃分，可將市場行銷計劃分為長期計劃、中期計劃和短期計劃

長期計劃的期限通常為 5 年以上，有的長達 20 年甚至更長。長期計劃是確定企業未來發展方向和奮鬥目標的綱領性計劃。

中期計劃介於長期計劃和短期計劃之間，期限通常為 1 年以上 5 年以下，在長期計劃和短期計劃兩者之間起到承上啓下的作用。

短期計劃的期限通常為 1 年，其主要內容是分析當前的行銷形勢、環境威脅和機會、年度的行銷目標和策略、行動方案和預算。

2. 按計劃的程度劃分，可將市場行銷計劃分為戰略計劃、戰術計劃和作業計劃

戰略計劃是對企業將在未來市場佔有的地位及所要採取的市場行銷活動的規劃，具有全局性和長遠性，其期限一般較長，影響面也較廣，是企業其他各種行銷計劃的總綱。

戰術計劃是對企業行銷活動某一方面所做的策劃，帶有局部的性質。

作業計劃是企業各項行銷活動的具體執行計劃，其特點是細緻、具體，如某個新產品上市活動計劃，對活動所涉及的時間、內容、地點、活動形式、組織人員、活動對象等，均有詳盡的規定和說明。

3. 按計劃涉及的範圍劃分，可將市場行銷計劃分為總體行銷計劃和專項行銷計劃

總體行銷計劃是企業行銷活動的全面性和綜合性的計劃，它反應企業的總體行銷目標，以及實現總體目標所必須採取的策略和行動方案。

專項行銷計劃是針對某一特殊問題或銷售某一特定產品而制訂的計劃。如品牌計

劃、渠道計劃、定價計劃、營業推廣計劃、公關計劃、廣告計劃、促銷計劃。要注意的是，專項計劃應與總體行銷計劃相協調，在總體行銷計劃的指導下制訂，否則可能出現專項計劃之間發生衝撞或與總體計劃相違背的現象。

二、市場行銷計劃的作用

市場行銷計劃規定了企業各種行銷活動的目標、任務、策略、政策、具體指標和措施。它是對市場行銷活動方案的具體描述，能夠使企業按照既定計劃目標有條不紊地開展市場行銷工作，避免行銷活動中的盲目性和雜亂性。總的來說，市場行銷計劃對於企業的作用主要表現為以下四個方面：

（一）有助於明確行銷目標

市場行銷計劃在制訂時，最為重要和基礎的一步就是制定市場行銷的目標，清晰的目標有助於企業更好的完整行銷任務，實現企業的經濟效益。所以市場行銷計劃的制訂，為企業現在和未來的行銷活動指明了方向，明確了奮鬥目標。

（二）有助於預估行銷效果

在市場行銷計劃中，對未來可以達到的經濟效果進行了詳細的說明。企業就可以根據市場行銷計劃，推斷企業既定計劃期末時，本企業的發展狀況。市場行銷計劃為企業明確了行銷發展的目標，避免了行銷活動的盲目性，使整個計劃在執行期中根據既定目標，不斷調整行動方案，採取相應措施，力爭達到預期的行銷效果。

（三）有助於明確行銷職責

市場行銷計劃詳細地制定了企業將要進行的市場行銷活動、參與人員、活動形式等，企業便可根據活動要求，明確劃分各個部分、小組和有關人員的職責，使他們有目標、有步驟地完成或超額完成自己所承擔的職責。

（四）有助於降低行銷成本

市場行銷計劃清晰地計算了實現計劃目標所需的資源、人員和時間期限，企業便可事先預知這些資源、人員和時間的需要量，並據此判斷企業所要承擔的成本費用，有利於企業做好經費預算規劃，精打細算，節約市場行銷成本。

（五）有助於實施行銷控制

市場行銷計劃是監控各種市場行銷活動的行動和效果的依據，有利於企業對各種行銷活動的執行進行有效控制，協調各部門、各環節的關係。保證企業市場行銷目標的順利實現，使企業在市場競爭中得以鞏固和發展。

綜上所述，市場行銷計劃是生產經營企業實現經營目標與利潤的基礎和關鍵，它為企業指明了發展方向，指出了實現行銷目標的途徑，還制定了相應的政策與措施，只有按照市場行銷計劃進行各種行銷活動，才能保證企業行銷目標的完成或超額完成。

三、市場行銷計劃的內容

市場行銷計劃是企業生產活動的中心環節，為了合理、有效地組織行銷活動，實

現預期的經營目標，企業必須編製詳細、可行的市場行銷計劃。市場行銷計劃的正確編製，可以為生產計劃和財務計劃的編製提供可靠依據，還可以保證企業滿足社會需要，提高企業的經濟效益。不同的企業在制訂市場行銷計劃時的詳略程度和重點選擇會有所不同，但多數企業在進行市場行銷計劃編製時，主要包括以下 8 個方面的內容。

（一）計劃概要

計劃概要是市場行銷計劃的開頭部門，是有關於本計劃的主要目標和建議事項的簡要說明。編寫計劃概要的目的主要是提交給上級主管或相關專業人員審查和評定，使他們能在有限的時間內瞭解和掌握本計劃的概況和核心內容；如果主管或專業人員還需要詳細地瞭解本計劃的內容，則繼續查閱計劃的詳細部分。

（二）市場行銷現狀分析

市場行銷現狀分析是提供企業所處的市場環境有關的背景資料，主要包括宏觀環境、市場情況、產品情況、競爭情況和分銷情況等。對市場行銷現狀進行分析和研究是制訂市場行銷計劃的邏輯起點，所以顯得尤為重要。

（1）宏觀環境。宏觀環境主要是對宏觀環境的現狀和未來發展趨勢做簡要的分析，主要包括人口環境、政治法律環境、經濟環境、社會文化環境和技術環境等，從這些環境分析中，找出他們與某產品或服務行銷的關係。

（2）市場情況。市場情況主要是介紹目前的市場規模與增長情況、顧客需求和購買行為特點、目標市場的銷售情況等，分析這些項目的歷史數據資料，得出目前市場情況的結論。

（3）產品情況。產品情況是列出產品組合中每種產品近幾年來的銷售量、銷售價格、銷售成本、利潤、市場佔有率等方面的數據資料。

（4）競爭情況。競爭情況是識別和總結出企業面對的主要競爭者，並列舉出競爭者們的規模、市場份額、產品價格、產品銷量、行銷策略等有關信息資料，以此來瞭解競爭者的發展目標、行銷行為和未來變化趨勢等情況。

（5）分銷情況。分銷情況主要是介紹企業目前的分銷渠道和各個渠道的運行情況及某些變化，這些變化有可能是分銷商或經銷商銷售能力的變化，也有可能是激勵分銷商和經銷商銷售熱情的交易條件變化。

（三）機會與威脅、優勢與劣勢分析

在市場行銷現狀分析的基礎上，接下來需要對企業或產品所面臨的機會和威脅、企業或產品自身的優勢和劣勢進行系統性的分析，即 SWOT 矩陣分析法。根據企業或產品自身的優劣勢條件，對所有的機會和威脅做出應對策略。行銷人員應該根據上述分析結果，確定在計劃中企業需要注意的主要問題，圖 7.1 為 SWOT 的分析框架。

SWOT 分析	優勢（S）	劣勢（W）
機會（O）	SO：增長戰略 利用優勢 抓住機會	WO：扭轉戰略 完善條件 抓住機會
威脅（T）	ST：多元戰略 利用優勢 減少威脅	WT：防禦戰略 完善條件 防禦威脅

圖 7.1　SWOT 分析框架圖

1. 機會和威脅分析

通過機會和威脅分析，闡述決定企業發展的外部因素有哪些，將產生怎樣的影響等，以便及時採取行動，掌握主動權。對於機會和威脅，要按照時間順序，分出輕重緩急，因此那些更緊急、更重要的機會或威脅應該受到重點關注，採取必要的行動抓住機會、消除威脅。

2. 優勢和劣勢分析

機會與威脅主要針對企業行銷的外部因素，而優勢與劣勢則是內在因素。優勢是指企業成功利用機會和對付威脅所具備的內在要素，如高質量的產品、出色的服務、極富吸引力的廣告等；劣勢是指企業應加以改正或提高的內部因素，如定價偏高、行銷人員素質不高、推廣較弱等。

3. 問題總結

企業根據機會和威脅、優勢和劣勢的分析結果，總結出計劃中必須突出和強調的主要問題，從而對這些問題的決策產生出企業市場行銷的戰略、計劃和目標。

(四) 市場預測

以上的兩個步驟分析，瞭解了企業過去和現在的市場行銷情況，而市場預測則是為了掌握企業未來所處的市場行銷情況。市場預測是在企業市場行銷現狀和 SWOT 分析的基礎上，運用科學的方法和手段對市場的規模、需求變化、供求變化規律和發展趨勢等進行分析預測，具體包括商品價格變化的預測、市場需求預測、市場供給預測、市場競爭形勢的預測等。市場預測是企業制定行銷目標的前提和依據，正確的市場預測有助於企業對市場中的各種機會做出合理選擇。

(五) 確定計劃目標

計劃目標是市場行銷計劃的核心，是制定行銷策略和執行方案的基礎，是開展各種行銷活動的指導。常見的計劃目標分為兩類：一類是財務目標，主要包括利潤率、投資報酬率、淨資產收益率等；另一類是行銷目標，主要包括銷售量、銷售收入銷售增長率、市場佔有率、廣告效果、品牌知名度等的具體目標。財務目標和行銷目標都應以定量的形式表達，並具有一致性和可行性。

(六) 制定行銷策略

計劃中的目標可以有多種實現途徑，因此行銷管理人員需要對企業行銷策略組合

做出決策,並在計劃書中清晰、明確地羅列出來,以保證計劃目標以最有效的方式實現。其中行銷策略的內容主要包括:目標市場策略、產品策略、定價策略、渠道策略、促銷策略、研究與開發策略、公關策略等。面對上述行銷策略的選擇,企業行銷管理人員應多方考慮,權衡利弊後做出最優的選擇;同時在制定行銷策略組合時,應注意各個行銷策略之間的協調與配合。

(七) 制定行銷方案

計劃目標與行銷策略需要通過具體的行銷方案來實現。行銷方案表明企業管理人員為達到計劃目標而將開展的具體內容和詳細的行動方案,即闡明這些問題:具體做要什麼、什麼時間做、如何做、誰參與做等,按時間順序列成表,以此編製各部門的作業計劃,如招聘計劃、銷售計劃、廣告計劃及資金籌措計劃等。使得整個行銷計劃落實於行動,並按照方案循序漸進地貫徹和執行。

(八) 編製行銷預算

行銷預算表明市場行銷計劃經濟上的可行性,所以應根據行銷方案編製相應的行銷預算,即表現為盈虧平衡表。收入方為銷售收入,即預估的產品銷售量和平均價格的乘積;支出方包括生產、銷售、廣告、分銷、推廣、市場行銷調研等項的費用;收支之差即為預估的利潤。如果預算過高,超過了企業的財力可承受能力,則應加以調整和修改。編製的行銷預算應由企業領導者審批,一旦審批通過,該行銷預算便成為各種行銷活動經費安排的依據。

(九) 行銷控制

行銷控制是市場行銷計劃的最後一個環節,是對整個行銷計劃的執行過程和進度進行管理。行銷控制的內容主要包括:年度計劃控制、盈利控制、效率控制和戰略控制。在本章的第四小節會有詳細的介紹。

四、市場行銷計劃的方法

市場行銷計劃的方法能夠幫助企業行銷管理人員認清當前的行銷形勢,以便得到各種不同的行銷計劃方案,並從中挑選最佳行銷計劃,常用到的行銷方法有兩種。

(一) 目標利潤計劃法 (Target Profit Planning)

目標利潤計劃法的主要步驟分為三步:首先,預估產品在的市場規模總量。根據企業現年所占市場份額和企業的市場增長計劃,計算出企業在下一個銷售年度的總銷售量;按照現年的單位產品銷售價格乘以銷售量計算出總銷售收入。其次,根據現年市場勞動力和原材料價格預估在下一個銷售年可能的上漲幅度,計算出單位產品的固定成本和變動成本,同時根據第一步已計算出的銷售收入得到利潤和行銷費用在內的貢獻毛收益,用貢獻毛收益減去固定成本及目標利潤,餘下的即為行銷活動費用,即行銷費用。最後,將行銷費用預算分配到各項行銷活動中。方法是:在現年分配比例的基礎上,根據實際情況的變化進行調整,制訂出下一個銷售年的行銷費用分配方案。

（二）最大利潤計劃法（Profit Optimization Planning）

最大利潤計劃法是要求企業管理人員通過一定方法來確定銷售量與行銷組合各因素之間的關係，通常用銷售－反應函數（Sales-Response Function）來表示這種關係。所謂銷售－反應函數，是指在一定時間內行銷組合中一種或多種因素的變化與銷售量變化之間的關係。企業管理人員可用統計法、實驗法或判斷法來預測銷售－反應函數，然後將行銷支出以外所有的費用從銷售－反應函數中扣除，得出毛利函數曲線。再計算出行銷支出函數曲線，將行銷支出函數曲線從毛利曲線中扣除，可得到淨利函數曲線，淨利函數曲線最大值即利潤最大點，函數值為正值時，其行銷支出為合理值。

第二節　市場行銷組織

企業所制訂的行銷計劃及計劃裡所策劃的行銷活動均需要由組織中的行銷管理人員和行銷人員來完成，因此市場行銷的管理工作自然離不開特定的組織結構。企業需要確定或建立某種行銷組織結構並由行銷管理人員來經營，而組織結構的營運則需要依靠每位行銷人員。一個合理、有效的市場行銷組織結構應當有利於市場行銷管理人員和行銷人員相互配合和協調工作，也應當有利於企業行銷計劃目標的實現。

一、市場行銷組織的概念

行銷組織是企業組織的一個部分，是為實現企業經營目標和行銷計劃目標，通過職能的分配和人員的分工，並授予權力和劃分職責而進行的合理協調行銷活動的有機體，是行銷管理的基礎和重要保證。理解市場行銷組織的概念要注意以下兩點。

（一）並非所有的市場行銷活動都發生在同一個組織崗位

企業的市場行銷活動需要企業內部不同組織崗位相互配合才能完成。例如，在擁有很多產品線的大公司中，每個產品經理下面都有一支銷售隊伍，而運輸則由一位生產經理集中管轄。不僅如此，有些活動甚至還發生在不同的國家或地區，但它們都屬於市場行銷組織。同時，即使企業在組織結構中設有市場行銷部門，企業的所有市場行銷活動也不一定全是由該部門來完成。

（二）不同企業對其市場行銷活動的劃分也不同

企業對其市場行銷活動的劃分與其所處的行業和面對的市場有密切關係。例如，信貸對放貸企業來說就是市場行銷活動，而對一般行銷企業而言則可能是會計活動。因此，對市場行銷組織的範圍很難有明確界定。

二、市場行銷組織的演變

從企業經營管理考慮，需要設置相應的市場行銷部門來執行企業的行銷戰略和行銷計劃。當企業剛成立或很小的時候，也許一個人或幾個人就能完成包括市場行銷調

研、銷售、推廣、促銷等市場行銷工作；而當企業發展壯大時，僅憑一人或幾人之力已經很難完成這些工作，則需要成立專門的市場行銷部門來策劃、組織和執行這些市場行銷工作。企業的行銷組織形式並不是自然形成的，而是受三方面因素的制約：一是宏觀經濟環境和經濟體制，二是企業經營戰略，三是企業自身的發展階段、經營範圍和業務特點等內在因素。企業的市場行銷部門從處於企業組織的無足輕重位置發展至今，處於企業組織的核心位置，大致經歷了五個階段的發展和變化。

(一) 第一階段，簡單的銷售部門

在20世紀30年代以前，西方的企業多數以生產觀念作為經營指導思想。一般的企業都僅具備五個簡單的基本功能：生產功能、財務功能、銷售功能、行政功能和會計功能。在這個階段，企業通常以生產作為經營管理的重點。銷售部門通常由一位銷售副總經理負責，管理若干推銷人員，只負責銷售生產部門所產出的產品，企業生產什麼產品就銷售什麼產品，企業生產多少產品就銷售多少產品。這一階段的市場行銷組織結構如圖7.2所示。

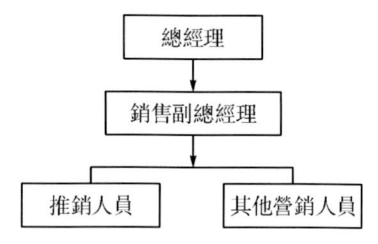

圖7.2　第一階段市場行銷組織結構圖

(二) 第二階段，具有行銷職能的銷售部門

經歷了20世紀30年代的經濟大蕭條後，經濟開始復甦，市場競爭愈加激烈。大多數企業的經營思想由生產觀念轉變為推銷觀念。隨著企業規模的擴大、市場競爭的激烈，企業需要經常進行市場行銷調研、廣告宣傳、促銷以及其他行銷活動，這些工作也逐漸演變成為銷售部門的職能。此時，銷售副總經理可向外部聘用一名市場行銷主管，來負責那些非推銷職能的行銷工作。這一階段的市場行銷組織結構如圖7.3所示。

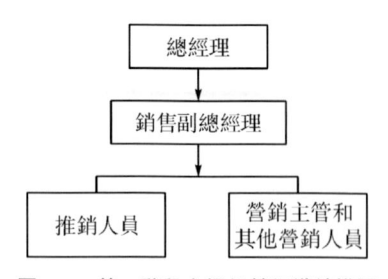

圖7.3　第二階段市場行銷組織結構圖

(三) 第三階段，獨立的市場行銷部門

隨著企業規模和業務範圍的進一步擴大，作為輔助性工作的市場行銷調研、廣告

宣傳、促銷和客戶服務等行銷職能的重要性日益增強，企業意識到市場行銷部門應發展成為一個相對獨立的職能部門的必要性。這個階段，市場行銷部門和銷售部門是企業兩個獨立、並行的部門，作為市場行銷部門負責人的行銷副總經理同銷售副總經理一樣，直接接受總經理的領導，兩個部門相互配合進行工作。這一階段的市場行銷組織結構如圖7.4所示。

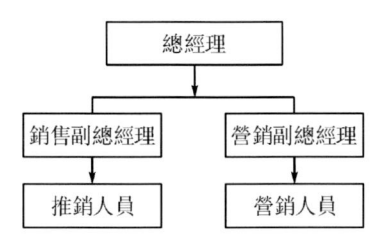

```
                    總經理
                      │
         ┌────────────┴────────────┐
         ▼                         ▼
     銷售副總經理              營銷副總經理
         │                         │
         ▼                         ▼
      推銷人員                  營銷人員
```

圖7.4　第三階段市場行銷組織結構圖

(四) 第四階段，現代市場行銷部門

儘管銷售部門和市場行銷部門是平行和獨立的關係，在工作上應該需要相互配合和協調，但實際上兩個部門由於立場和利益的不同，常使他們之間的關係處於彼此對立、相互不信任的狀態，因此在工作中常常矛盾不斷。銷售部門傾向於追求短期目標，並注重完成近期銷售任務；而市場行銷部門傾向於長期目標，致力於從滿足消費者需求出發來確定行銷戰略、行銷計劃和行銷策略。由於銷售部門和市場行銷部門之間存在太多的矛盾和衝突，企業最終決定將兩個部門合成一個部門，並由市場行銷副總經理來負責部門管理，下設有市場行銷職能部門和銷售部門。這一階段的市場行銷組織結構如圖7.5所示。

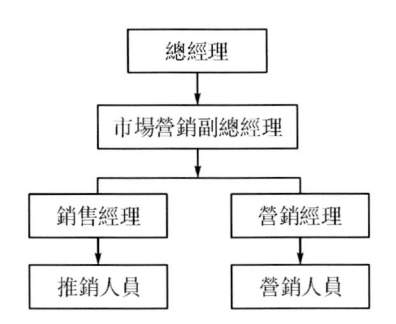

```
                    總經理
                      │
                      ▼
              市場營銷副總經理
                      │
         ┌────────────┴────────────┐
         ▼                         ▼
      銷售經理                  營銷經理
         │                         │
         ▼                         ▼
      推銷人員                  營銷人員
```

圖7.5　第四階段市場行銷組織結構圖

(五) 第五階段，現代市場行銷企業

擁有現市場代行銷部門的企業，並不一定就是一個現代行銷企業。因為如果企業不重視市場行銷部門，不以市場行銷觀念作為經營指導思想，那麼這樣的企業不能稱為現代市場行銷企業。因此，只有當企業各級管理人員和部門員工都認識到企業的一切工作都是「為顧客服務」，此時「市場行銷」不僅僅是一個部門或職能，而是一個企業的經營哲學的時候，企業才能被稱為「以顧客為中心」的現代市場行銷企業。

根據市場行銷組織結構的演變歷程，我們也可以得到一些啟示：有什麼樣的外部環境、什麼樣的經營思想，就會設立什麼樣的行銷組織結構。反之，通過企業的行銷組織結構也能看出一個企業所具有的經營思想。就中國的國有企業和私有企業來說，只有少數企業市場行銷組織結構真正達到了第五階段，這也與中國的市場經濟環境和市場競爭格局有關。因此，中國企業的市場行銷組織應該更加主動地適應環境，以顧客為中心，積極尋求行銷變革，才能在未來激烈的競爭市場中立於不敗之地。

三、市場行銷組織的形式

行銷部門的組織形式多種多樣，為了有效地實現企業市場行銷計劃目標，企業必須選擇合適的市場行銷組織型。總的來說，市場行銷組織可分為專業化組織和結構性組織兩種類別。

(一) 專業化組織

專業化組織的基本形式有四種：職能型組織、地域型組織、產品型組織和市場型組織。

1. 職能型組織

職能型組織是最古老、最常見的組織形式。這種行銷組織由各種行銷職能經理組成，如行銷經理、廣告促銷經理、銷售經理、市場行銷調研經理及新產品經理等，他們分別由行銷副總經理管理。其組織機構如圖 7.6 所示。當企業只有一種或幾種產品，或者企業產品的市場行銷方式大體相同時，按照市場行銷職能設置組織結構會讓企業經營有效，但隨著產品品種的增多和市場不斷擴大時，這種組織形式就出現發展不平衡和難以協調的問題。

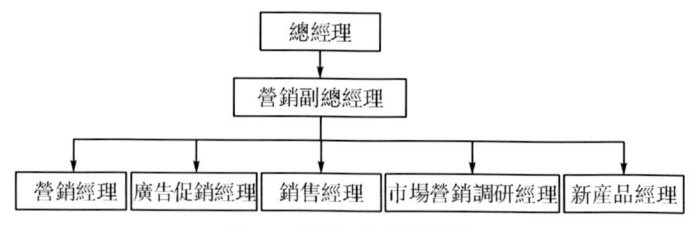

圖 7.6　職能型組織結構圖

2. 地域型組織

當企業規模發展較大時，可能會存在廣泛的地域性市場，此時企業就會按照地域來安排和組織其市場銷售活動。這類企業通常按地域範圍大小來分層設置區域經理，比如大區銷售經理、區域銷售經理、地區銷售經理等，層層負責。其組織結構如圖 7.7 所示。其中所有行銷職能均有行銷副總經理統一領導，然後銷售業務設置大區銷售經理 6 名、區域銷售經理 18 名、地區銷售經理 164 名、銷售業務人員 1,226 名。從上到下所管轄的下屬人員（即管理幅度）逐步擴大，銷售網絡也自上而下逐步擴大，形成嚴密的組織管理。

```
                    ┌──────────┐
                    │  總經理   │
                    └────┬─────┘
                         │
                ┌────────┴────────┐
                │ 營銷副總經理     │
                └────────┬────────┘
   ┌──────────┬──────────┼──────────────┬──────────────┐
┌──┴──┐  ┌────┴─────┐ ┌──┴───┐  ┌──────┴──────┐  ┌────┴─────┐
│營銷 │  │廣告促銷  │ │銷售  │  │市場營銷調研 │  │新産品經理│
│經理 │  │經理      │ │經理  │  │經理         │  │          │
└─────┘  └──────────┘ └──┬───┘  └─────────────┘  └──────────┘
                         │
             ┌───────────┴───────────┐
             │ 大區銷售經理(6名)      │
             │ 區域銷售經理(18名)     │
             │ 地區銷售經理(164名)    │
             │ 銷售業務人員(1 226名)  │
             └───────────────────────┘
```

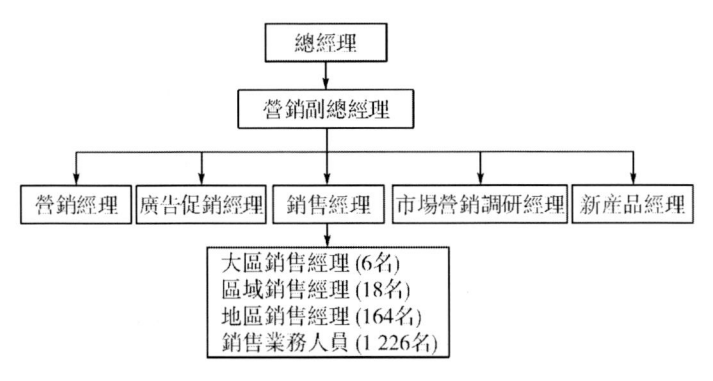

圖 7.7　地域型組織結構圖

3. 產品型組織

當企業所生產的產品種類繁多且差異較大時，按照傳統的職能設置市場行銷組織已無法滿足行銷的需求，企業則需要建立起產品型組織，這種組織並不是替代職能型組織，而是在職能型組織的基礎上增設一個產品管理的層次。其基本做法是增設一個產品行銷經理，下設幾個產品線經理；產品線經理之下再設置幾個具體的產品經理，層層管理。其組織結構如圖 7.8 所示。

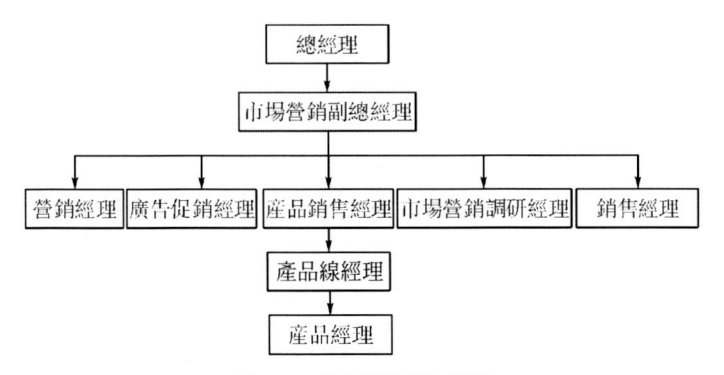

```
                        ┌──────────┐
                        │  總經理   │
                        └────┬─────┘
                ┌────────────┴────────────┐
                │ 市場營銷副總經理         │
                └────────────┬────────────┘
   ┌──────────┬──────────┬──┴───────┬──────────────┬──────────┐
┌──┴──┐ ┌────┴─────┐ ┌──┴──────┐ ┌─┴──────────┐ ┌─┴────┐
│營銷 │ │廣告促銷  │ │產品銷售 │ │市場營銷調研│ │銷售  │
│經理 │ │經理      │ │經理     │ │經理        │ │經理  │
└─────┘ └──────────┘ └────┬────┘ └────────────┘ └──────┘
                          │
                    ┌─────┴──────┐
                    │ 產品線經理 │
                    └─────┬──────┘
                          │
                    ┌─────┴──────┐
                    │  產品經理  │
                    └────────────┘
```

圖 7.8　產品型組織結構圖

4. 市場型組織結構

如果企業擁有單一的產品線，需要面向各種各樣的市場銷售其系列產品，擁有不同的分銷渠道，則採用市場管理型組織進行市場行銷將會非常有效。它把企業的所有用戶，按照不同偏好和消費群體劃分成在不同的市場哪裡，然後按照各個市場的特點對產品進行銷售。其組織結構如圖 7.9 所示。市場型組織結構類似於產品型組織結構，由總市場經理管轄若干個細分市場經理，各市場經理負責自己所管轄市場的年度銷售利潤計劃和長期銷售利潤計劃等。

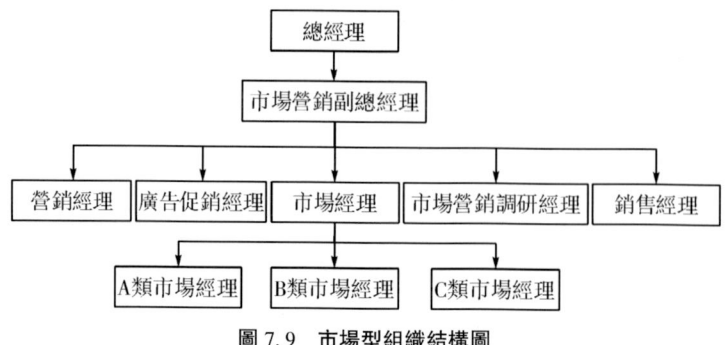

```
                    ┌──────────┐
                    │  總經理   │
                    └────┬─────┘
                ┌────────┴────────┐
                │市場營銷副總經理 │
                └────────┬────────┘
  ┌──────────┬──────────┼──────────┬──────────┐
┌────┐  ┌──────────┐ ┌──────┐ ┌──────────┐ ┌──────┐
│營銷│  │廣告促銷  │ │市場  │ │市場營銷  │ │銷售  │
│經理│  │經理      │ │經理  │ │調研經理  │ │經理  │
└────┘  └──────────┘ └──┬───┘ └──────────┘ └──────┘
              ┌──────────┼──────────┐
         ┌─────────┐┌─────────┐┌─────────┐
         │A類市場  ││B類市場  ││C類市場  │
         │經理     ││經理     ││經理     │
         └─────────┘└─────────┘└─────────┘
```

圖 7.9　市場型組織結構圖

（二）結構型組織

結構型組織是指企業根據其內部不同的行銷組織結構和職位之間的關係，而形成的不同形式的行銷組織。結構型組織主要有金字塔型組織和矩陣型組織。

　　1. 金字塔型組織

金字塔型組織是一種常見的組織結構形式，它是由市場行銷副總經理到行銷業務人員自上而下建立起來的垂直領導關係，管理幅度逐步加寬，下級只由主管自己的上級直接負責。企業按照職能專業化設置的組織結構大都是金字塔型組織結構，其特點是上、下級權責明晰，溝通迅速，從而企業行銷管理效率較高。

　　2. 矩陣型組織

矩陣型組織生又稱產品/市場型組織，是產品型組織和市場型組織的結合產物，即同時設置產品經理和市場經理，形成矩陣型組織結構。在矩陣式組織結構中，產品經理負責產品的銷售和利潤計劃，為產品尋找新的用途；市場經理負責開發現有的和潛在的市場。這種組織模式對於產品多角化程度高、產品技術層次高，以及有多個行銷據點的巨型企業較適宜採用。

四、市場行銷組織設計的原則

　　一般來說，企業在進行市場行銷組織設計時，應堅持如下八條原則。

（一）組織與環境相適應原則

　　企業的行銷組織結構應該與企業市場環境相適應，才能更好地提高企業的應變能力和適應能力，從而提高市場競爭力。相比企業的其他組織結構，市場行銷組織與企業市場環境具有更為緊密的關係，所以企業在設計和建立市場行銷組織時，首先要考慮其與環境的適應性的問題。

（二）目標原則

　　市場行銷組織的設計和建立，要有利於企業市場行銷戰略和行銷計劃目標的實現。一方面，要使企業行銷組織與行銷目標一致，即企業市場行銷組織結構的設置要與其所承擔的任務和目標一致；另一方面，要使企業行銷組織與企業總目標以及其他職能部門目標相協調，使得企業組織機構設置合理。

(三) 指揮統一原則

無論企業的行銷組織由多少個部門和環節組成，它必須是一個統一的有機整體，需要堅持局部服從整體的原則，服從統一指揮。因為在企業進行行銷活動時，局部效益最優，並不一定會帶來行銷整體效益最優。所以，企業行銷組織的整體性要通過領導統一指揮來維護，來協調好局部利益和整體利益的關係。

(四) 權、責、利統一原則

權是指管理職位所具有的發號施令的一種權力；責是指對應職權應承擔的相應責任，利是指該職位會帶來的利益。企業在行銷組織設置過程中，需要確定其職權與職責範圍，明確其擁有的權力和承擔的責任，並允諾任務或目標達成時應得到的利益，實現責、權、利三者的統一，促使行銷組織更加積極、主動地去完成各項行銷任務。

(五) 管理幅度適當原則

市場行銷組織的設置必然涉及管理層級多少和管理幅度大小的問題。而管理層級與管理幅度是呈反比關係，即管理層級越多則管理幅度越窄，管理層級越少則管理幅度越寬。企業行銷組織的設置，要根據行銷業務發展與管理要求進行合理劃分管理層級，若管理層級過多則會導致控制困難，若管理層級過少則會出現信息溝通不暢。

(六) 靈活性原則

市場行銷組織應具有一定的靈活性。這個靈活性表現為兩方面，一方面是，當企業處在不利市場環境時，企業的行銷規模與範圍應有所減小，此時行銷組織具有收縮能力，以幫助企業生存下去；另一方面是，隨著市場活躍與發展，企業處於有利市場環境時，企業行銷規模和範圍應有所擴大，此時行銷組織要有擴張能力，以便於企業迅速抓住利機會，增加市場佔有率。當然，這個靈活性也是相對的，因為企業行銷組織結構一旦建立，都應具有相對穩定性。

(七) 效率原則

市場形勢瞬息萬變，市場行銷活動也應隨之進行調整，行銷組織對市場變化的反應決定著企業的生死存亡。因此，這就要求企業做到行銷組織設置合理，信息傳遞暢通，作業流程規範，提高行銷組織運行效率。

(八) 注重人才發現與培養

人、機構、程序是構成組織的三大要素。行銷組織能否有效運行，與其組織內部行銷人員素質和能力有很大關係。為了使行銷組織有效運行，應保證組織的不同管理層次和不同部門擁有不同素質和能力的人才。因此，人才的發現與培養，對行銷組織來說是至關重要。

第三節　市場行銷執行

　　市場行銷執行是將市場行銷計劃轉化為行動方案，並保證此方案的完成，以實現既定行銷計劃目標的過程。美國的一項研究表明，90%被調查的管理人員認為，他們制定的計劃目標之所以未能實現，是因為計劃沒有得到有效實施；而行銷人員則認為，是因為管理人員常常難以診斷市場行銷工作執行中的實際問題，所以是計劃本身的缺陷導致計劃的失敗。因此，市場行銷計劃失敗的原因可能是由於計劃本身的問題，也可能是由於正確的計劃沒有得到有效的執行，企業應該找準問題所在，保證市場行銷計劃的順利執行和行銷目標的有效實現。

一、市場行銷執行中存在問題分析

　　企業在市場行銷執行的過程中，可能存在或出現的問題有如下幾個。

（一）制定者和執行者的矛盾

　　企業管理人員在確定行銷戰略和行銷計劃時，通常從總體戰略出發而容易忽視執行中的細節，也因不瞭解執行過程中的具體問題導致制訂的計劃脫離實際，結果使得行銷計劃過於籠統和流於形式；而行銷計劃的執行則要依靠行銷人員，行銷人員根據自身的工作經驗判斷籠統的行銷計劃不符合實際，則不會好好執行。因此，管理人員在制訂行銷計劃時，一定要根據實際情況制訂出合理、可行的行銷計劃，並在計劃執行時，保持和行銷人員的良好溝通和協調，避免計劃得不到有效的執行。

（二）長期目標與短期目標相衝突

　　行銷戰略通常著眼於企業的長期發展目標，包括企業未來5年左右的行銷活動。而行銷戰略的具體落實則需要通過短期計劃來實現，通常情況下行銷人員更注重短期目標，如銷售量、市場佔有率和利潤等，則會有可能因為追逐短期利益而導致短期目標與長期目標衝突。此時，企業則需要採取適當的措施來協調兩者，克服長期目標和短期目標的衝突。

（三）缺乏具體明確的執行方案

　　部分行銷計劃的失敗，是由計劃制定者沒有給出具體明確、詳細可行的實施方案而導致的。企業的決策者和行銷管理人員必須制訂詳盡且具操作性和可行性的實施方案，規定和協調各部門的活動，編製詳細且符合實際的執行時間表，明確各部門經理的職責。因此，具體明確的執行方案是企業的行銷計劃得以落實的有力保障。

（四）循規守舊的惰性

　　企業的市場行銷計劃是為了實現企業既定的市場行銷目標，如果當企業管理者制定的新市場行銷計劃不符合企業的傳統和習慣，就會遭到企業行銷人員抵制和排斥。新舊行銷計劃之間的差異越大，實施新計劃可能遇到的阻力也就越大。要想實施與舊

行銷計劃截然不同的新計劃，常常需要打破企業傳統的組織結構，破除掉行銷人員循規守舊的惰性才行。

二、市場行銷的執行過程

市場行銷執行是一個艱鉅而複雜的過程，是通過制訂行動方案、建立組織結構、開發人力資源管理等來解決企業市場行銷「由誰去做」「在什麼時候做」和「怎樣做」的問題。其具體的執行過程包括以下五個步驟。

(一) 制定行動方案

為了使市場行銷戰略和行銷計劃更有效執行，企業的行銷管理人員必須制訂出詳細、可行的行動方案。方案應當明確行銷戰略和行銷計劃執行的環境、任務、措施和參與人員，並將執行任務和措施的責任落實到具體的部門、小組或個人，還應包括具體執行期限，定出每個任務或行動的開始和結束時間。

(二) 建立組織結構

在行銷戰略和行銷計劃的執行過程中，企業的正式組織起著決定性的作用，組織將戰略執行的任務分配給具體的部門、小組或個人，劃分明確的職責權限和信息溝通渠道，協調企業內部的各項決策和行動。企業應根據不同戰略，建立與之相適應的組織結構。美國學者托馬斯‧彼得斯和羅伯特‧沃特曼合著的《成功之路》一書中，研究總結了美國43家卓越企業成功的共同經驗，指出有效實施企業行銷戰略和行銷計劃的組織結構的特點有三點：第一，高度的非正式溝通；第二；組織的分權化管理；第三；精兵簡政。

(三) 建立規章制度

要保證行銷戰略和行銷計劃的落到實處，就必須明確有關的崗位和人員的職權、劃分責任，明確執行的要求與獎懲措施，通過建立清晰的規章制度來對行銷戰略和計劃的執行進行約束和管理。例如，企業獎勵如果是以短期的營利為標準的話，那麼行銷人員的行為必定趨於短期利益化，就不會有為實現長期戰略目標而努力的動力和積極性。

(四) 開發人力資源

行銷戰略和行銷計劃的執行最終是由企業內部人員來完成，因此，開發人力資源也是至關重要的步驟。企業應該根據行銷戰略和計劃執行要求，通過招聘、選拔、考核、培訓和激勵等來為戰略和計劃的執行提供人才保障。此外，企業還應注意行政管理人員、業務管理人員和一線業務人員的比例。如在美國，許多企業就削減了公司各級行政管理人員的數量，來減少管理費用，提高工作效率。

(五) 建設企業文化和管理風格

企業文化是一個企業內部全體人員共同持有和遵循的價值標準、基本信念和行為準則。企業文化體現了集體榮譽感和集體責任感，它對職工的工作態度起著決定性的

作用，它是企業把行銷人員團結在一起的「黏合劑」。管理風格是指企業中管理人員不成文的習慣或工作的方式，也展現了企業內部的一種人際關係和工作氛氛。有的企業的管理者屬於專制型，習慣於發號施令，嚴格控制，卻極少溝通，工作氛圍嚴肅、壓抑；有的管理者屬於民主型，給予下屬一定自由度和權利，鼓勵參與和溝通。不管何種管理風格，都應有利於行銷戰略和行銷計劃的執行。市場行銷的執行過程如圖 7.10 所示。

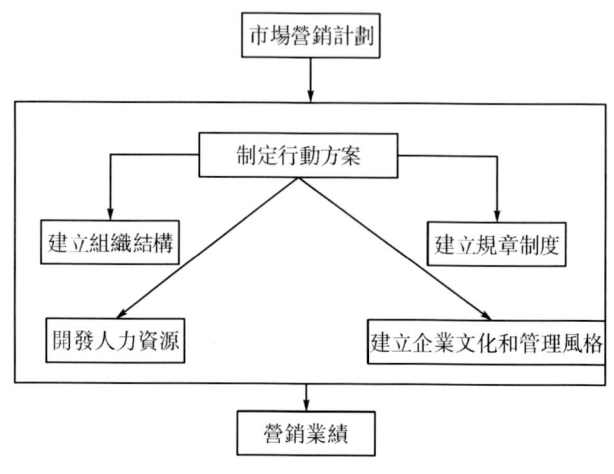

圖 7.10　市場行銷的執行過程

第四節　市場行銷控制

市場行銷控制，是指市場行銷管理人員通過檢查市場行銷計劃的實際執行情況，比較計劃的執行與計劃既定的目標是否一致。如果不一致，則找出偏差，分析原因所在，並採取恰當的糾偏措施，以保證市場行銷計劃的順利完成。

一、市場行銷控制的理解

市場行銷控制是市場行銷計劃的一個重要部分，因為市場行銷計劃在執行過程中總會發生許多預料不到的事件，因此市場行銷部門需要對市場行銷活動進行控制，才可以避免和糾正發生的各種偏差，使行銷活動按著既定的目標進行。

關於市場行銷控制的理解，有四層含義：第一，市場行銷控制的中心是市場行銷計劃的目標管理，是監控任何偏離計劃目標的情況出現；第二，市場行銷控制必須監控市場行銷計劃的執行全過程；第三，通過市場行銷控制，企業可以及時發現偏離計劃的情況並分析其產生的原因；第四，市場行銷控制人員根據偏差要及時採取改進措施，使行銷活動歸入正軌，必要時可能需要改變行動方案。

二、市場行銷控制的程序

市場行銷控制的程序主要包括以下五個步驟

（一）確定控制對象

企業要對市場行銷進行控制，首先就要確定控制對象，即確定對哪些市場行銷活動進行控制，它可能涉及行銷活動的各個方面，包括人員、策略、廣告、促銷等。通常，企業在不同的時期會有不同的行銷目標，因此行銷控制的對象也會有所不同。

（二）確定控制的衡量標準

市場行銷控制的衡量標準是以某種衡量尺度來表示控制對象的預期活動範圍或可接受的活動範圍，其制定應當盡可能地量化和切實可行。如企業銷售量、利潤、市場佔有率、顧客滿意度等指標均可作為控制的衡量標準。

（三）依照標準檢查執行績效

確立了控制標準後，就根據控制標準對實際執行結果進檢查，檢的方法有很多種，如直接問卷調查法、觀察法、訪問法、統計法等，具體採用哪種方法則需根據實際情況進行選擇。在檢查的時候就會發現，計劃的實際執行情況和既定目標之間不可能完全吻合，一定存在著某種差異，如果這個差異在計劃允許的範圍內，則計劃執行有效；如果這個差異超出了既定的界限，則需要對其進行原因分析和糾偏。

（四）分析偏差出現的原因

導致執行結果與計劃既定目標發生偏差的原因有兩種：一種是執行過程中的問題，這種偏差較容易發現和分析；另一種是計劃本身的問題。而通常這兩種原因都是交織在一起的，大大地加大了問題的複雜性和難度。所以，企業要採取有效的行動來分析偏差產生的真實原因。

（五）採取糾偏措施

設置市場行銷控制的主要目的就是要糾正偏差。一般來講，糾正偏差可以從兩個方面入手：一是在發現執行實際情況和標準之間發生偏差時，及時地修改衡量標準；二是堅持現有衡量標準，採取適當措施對執行情況做出調整。一般情況下，衡量標準一旦設立是不允許輕易改動的，所以企業通常從後者入手來糾正偏差，保證行銷計劃的順利執行。

三、市場行銷控制的內容

對於市場行銷活動進行控制，一是要控制市場行銷活動本身；二是要控制行銷活動的結果。市場行銷控制的主要內容包括：年度計劃控制、盈利能力控制、效率控制和戰略控制四個方面，具體如表7.1所示。

表 7.1　　　　　　　　　　　　市場行銷控制的內容

控制類型	主要負責人	控制目的	方法
年度計劃控制	高層管理人員 中層管理人員	評估計劃目標是否實現	銷售分析、市場佔有率分析、市場行銷費用率分析、財務分析、顧客態度追蹤分析
盈利能力控制	行銷主管	評估公司盈虧情況	盈利情況：產品、地區、顧客群、細分市場、分銷渠道
效率控制	行銷主管	評價和提高行銷工作效率及效果	效率：銷售人員、廣告、促銷、分銷渠道
戰略控制	高層管理人員 行銷審計人員 外部審計公司	檢查企業是否正在市場、產品和渠道等方面尋找最佳機會	行銷效率等級評價、行銷審計、公司道德與社會責任評價

（一）年度計劃控制

年度計劃控制屬於一種短期的即時控制，是指企業行銷管理人員檢查年度內實際績效與計劃既定目標之間是否存在偏差，並採取改進措施，以保證市場行銷計劃的順利實現與完成。年度計劃控制的主要目的在於：第一，有效地監督市場行銷各部門的工作，促進年度計劃的執行；第二，及時發現企業行銷活動存在的問題並採取恰當的措施予以解決；第三，檢查的結果可以作為年終績效考核和評估、獎懲的依據。

1. 年度計劃控制的步驟

年度計劃控制主要包括以下四個步驟：

（1）細化目標，即企業行銷管理人員應該在年度計劃基礎上，細分確定月份或季度目標；

（2）監督檢查，即行銷管理人員需要跟蹤、監督計劃在市場上的執行情況；

（3）偏差分析，即行銷管理人員需要對任何嚴重的偏離行銷計劃的情況進行分析，並找出其真實發生的原因；

（4）改正措施，即採取必要的調整措施或補救措施，糾正偏差，縮小實際執行情況與計劃之間的差距。

2. 年度計劃控制的內容

企業管理人員可以採用以下五種績效分析工具，對年度計劃目標的執行情況進行考核。

（1）銷售分析。銷售分析主要用來衡量和評估行銷管理人員所制訂的計劃銷售目標與實際銷售業績之間的關係。這種關係的衡量和評估常用兩種方法：一是銷售差異分析，運用衡量各個不同的因素對銷售業績的作用，如銷售數量、銷售價格等；二是微觀銷售分析，從特定產品或地區入手來分析未能達到計劃銷售額原因。

（2）市場佔有率分析。單純考察企業的銷售業績並不能全面反應其行銷的實際情況，還需要與其競爭對手進行比較，真實反應企業的市場行銷狀況。如果企業市場佔有率提高了，表示它較其競爭者的業績情況更好；下降了，則說明其較於競爭者而言

業績更差。通常，衡量市場佔有率主要有三種度量方法：一是全部市場佔有率，是指企業的銷售額佔行業總銷售額的百分比；二是服務市場佔有率，是指企業的銷售額佔企業所服務的市場總銷售額的百分比；三是相對市場佔有率，是指企業銷售額與最大的三個主要競爭者銷售額總和的百分比。

（3）市場行銷費用率分析。市場行銷費用率是指行銷費用與銷售額的比率，是衡量年度計劃執行情況的一種主要方法和重要指標，以確定企業在實現銷售目標時的費用支出情況。其主要包括行銷活動涉及的各種費用與銷售額的比率，如銷售人員費用佔銷售額的比率、廣告費用佔銷售額的比率、促銷費用佔銷售額的比率等。

（4）財務分析。行銷管理人員應就不同行銷活動的費用對銷售額比率進行全面的財務分析，以決定企業應該怎麼開展行銷活動，確保企業在市場行銷活動中獲利更多。特別要利用財務分析，對影響企業淨資產收益率的各種因素進行判別。

（5）顧客態度追蹤分析。人們常說「顧客是上帝」，因此可以看出顧客對於企業的重要性。顧客態度追蹤是企業通過設置顧客意見和抱怨反饋系統、建立固定的顧客樣本或通過顧客調查等方式，來瞭解和掌握顧客對本企業和產品的態度變化情況，並進行分析、評估和衡量。如果發現顧客對本企業和產品的態度發生了變化，企業管理人員就能盡早地採取行動，爭取主動權，有效防止顧客的流失。

（二）盈利能力控制

盈利能力控制是指企業通過財務會計中的一些方法，衡量和評估不同產品、不同銷售地區、不同顧客群體、不同分銷渠道以及不同訂貨批量的盈利能力，為行銷管理人員決定哪些產品或者行銷活動是否應該擴大、收縮、取消或改進提供依據。盈利率分析的目的在於找出妨礙獲利的因素，並採取相應措施減弱或消除這些不利因素的影響。

1. 盈利能力控制的步驟

（1）確定功能性費用，如銷售、推廣、運輸、儲存等活動引起的各項費用；

（2）將功能性費用按產品、市場、地區、分銷渠道進行分配；

（3）根據收入及費用編製損益表，如產品損益表、地區損益表、市場損益表和渠道損益表等，並對各表進行分析。

2. 盈利能力控制的內容

（1）市場行銷成本。市場行銷成本直接影響企業的利潤，包括：銷售人員工資、推廣費用、促銷費用、運輸費用、倉儲費用及其他行銷費用等。這些成本連同企業的生產成本構成了企業的總成本，與企業的經濟效益直接相關。

（2）盈利能力的考察指標。企業盈利能力常常受到市場行銷管理人員的高度重視，因而盈利能力控制在行銷管理中佔有十分重要的地位。在對行銷成本進行分析之後，還需要考察的盈利能力指標主要包括利潤率、資產收益率、淨資產收益率、資產管理效率等。

（三）效率控制

假設通過盈利分析揭示了企業在某產品、地區或市場的盈利情況較差時，管理人

員就需要考慮是否存在更加有效的方法，來對與這些行銷工作相聯繫的銷售隊伍、廣告、促銷和分銷渠道等環節進行管理。效率控制就是指運用一系列指標來對各項市場行銷工作進行管理和控制，其所涉及的指標包括：

（1）銷售人員的效率控制指標；

（2）廣告效率控制指標；

（3）促銷效率控制指標；

（4）分銷渠道效率評價指標。

（四）戰略控制

市場行銷的環境變化，往往會引起企業所制定的戰略失效。因此，戰略控制存在於市場行銷戰略和行銷計劃的執行過程中。戰略控制是指市場行銷管理人員採取一系列行動，使實際中市場行銷工作與計劃盡可能一致，在控制中通過不斷檢查和信息反饋，對戰略進行調整和修正。在進行戰略控制時，必要的時候需要根據最新的情況重新制定行銷戰略，因而其控制難度也就相對比較大。目前，國外越來越多的企業採用市場行銷審計來進行戰略控制，因此市場行銷審計也成了戰略控制的重要工具。

1. 市場行銷審計的含義

市場行銷審計是對企業或某業務部門的行銷目標、戰略、環境和行銷活動等方面所進行的全面、系統、獨立和定期的檢查，其目的在於發現問題和發展機遇，提出可行的解決方案來提高企業的行銷業績的一種控制方法。市場行銷審計通常是由企業管理人員和行銷審計機構共同完成。

2. 市場行銷審計步驟

（1）確定審計的目標和範圍；

（2）收集審計所需要的數據信息；

（3）發現審計中的問題；

（4）提出改進建議；

（5）提交市場行銷審計報告。

3. 市場行銷審計內容

（1）市場行銷環境審計。市場行銷環境主要包括兩個部分：一是宏觀環境審計，如人口、經濟、政治、文化、技術等企業無法控制的因素；二是微觀環境審計，如市場、消費者、競爭對手、供應商和經銷商等與企業相互影響的因素。

（2）市場行銷戰略審計。市場行銷戰略審計主要考察企業行銷目標、戰略對當前和未來行銷環境相適應的程度。

（3）市場行銷組織審計。市場行銷組織審計主要是檢查企業行銷組織結構、行銷職能部門和責權利配置等對環境變化的適應能力和企業戰略實施的能力。

（4）市場行銷系統審計。市場行銷系統審計是審查企業的市場行銷計劃系統、市場行銷控制系統、市場行銷信息系統和新產品開發系統運行的有效性，以及它們各系統之間的協調性和對行銷環境變化反應的靈敏性。

（5）市場行銷職能審計。市場行銷職能審計是對企業的市場行銷組合因素進行評

估和審查，這些因素包括產品、價格、分銷、促銷、推廣等。

（6）市場行銷效率審計。市場行銷效率審計是檢查企業各類行銷活動具有的獲利能力，促進資源在企業內部的最優化配置，它主要包括成本效益分析、盈利能力分析等。

案例分析

美華公司

美華公司總裁在最近的一次全公司工作會議上，指出了企業近年來的行銷組織幾大病症，竟是典型的「國企病」，明明是一個民營企業，為什麼會有「國企病」呢？

美華集團創建伊始，子公司的定位就是集團的外派職能部門，不屬於利潤中心。管理採取高度中央集權，形同國家的行政管理。子公司不必自己找市場，不用考慮價格，集團總部統一計劃，劃撥產品和廣告費。這種行銷組織的好處是保證了集團公司利益最大化，使資金快速週轉，減少管理職能的重疊。

但隨著集團的快速發展，子公司內不講效率、不問效益、盲目投資的現象越來越嚴重。因此，美華不得不實行轉軌，進行組織體制改革，把子公司由執行者變成經營者，進行獨立核算。但習慣聽命於集團指令性計劃的子公司卻像籠中之鳥，被關的時間長了，失去了飛翔的能力，無法適應市場要求。

在組織結構上，已經成為大企業的美華，同時染上了國有大企業那種可怕的「肥胖症」——機構臃腫，部門林立，等級森嚴，程序複雜，官僚主義，對市場信號反應嚴重遲鈍。集團內各個部門之間溝通嚴重不暢，原來不足 160 人的集團公司機關一下子增至 1,800 人，子公司如法炮製。對此，美華總裁說：「2005 年年底，各個子公司已變成了小機關，子公司主管都被養得白白胖胖，沒人工作，整個美華公司的工作大多是由臨時工完成，執行經理以上的人員基本上不搞直接銷售。由於管理不善，虧損巨大，最後導致整個公司全面虧損。在這個關鍵的時刻，如果我們組織機構不改革，那麼這種情況就會拖死我們，企業不賺錢，還能走多遠呢？」

激勵機制本來應該是民營企業的強項，但美華集團卻出現了國企「大鍋飯」才有的現象——「干著不如坐著，坐著不如躺著，躺著不如睡大覺」；管理人員終身制，能上不能下，一個地方干得不好，過幾天又到另外一個地方任職去了。

認識到行銷組織的弊端以後，美華公司自上而下地進行了一系列整頓，砍掉子公司中的冗餘人員，減員增效，公司在 2006 年由 1,800 人縮編至 1,000 人，縮編的人員或「下崗」或轉入第一線，從而增強了子公司自負盈虧的能力。

案例思考題
1. 從美華公司市場行銷組織存在的問題來看整個公司的未來發展，你有哪些思考？
2. 企業應如何調整市場行銷組織？

課後練習題

1. 市場行銷計劃的分類和作用有哪些？
2. 市場行銷計劃主要有哪些內容？
3. 企業的市場行銷組織大體經歷了哪幾種典型形式？
4. 怎樣理解「市場行銷組織」的概念？
5. 列舉市場行銷組織的各種形式。
6. 如何設計市場行銷組織結構？其設計原則有哪些？
7. 闡述市場行銷執行中可能存在的問題有哪些。
8. 市場行銷執行的步驟主要有哪些？
9. 怎樣理解市場行銷控制？
10. 市場行銷控制的內容包括哪些？如何實施市場行銷控制？
11. 何為市場行銷審計？其基本內容是什麼？

第八章　競爭者戰略

學習目的

通過本章的學習，你應該學會從不同角度識別和分析競爭者，弄清楚競爭者屬於哪一類型，以及其基本特點。根據不同的競爭目標，採用不同的競爭戰略。還要學會用相關原理分析現有行業的競爭者類型和競爭戰略，將理論付諸實踐。

本章要點與難點

本章重點：競爭者分析的重要性；競爭者的幾種類型。
本章難點：市場競爭者的分析方法；不同的市場競爭戰略。

引導案例

兩敗俱傷！王老吉和加多寶利潤跌至冰點，但故事仍在繼續

廣藥集團與加多寶集團關於涼茶招牌「紅罐包裝」歸屬權的糾紛開始於 2012 年。彼時廣藥集團與加多寶集團分別向法院提起訴訟，均主張享有「紅罐王老吉涼茶」知名商品特有包裝裝潢的權益。

2017 年，最高人民法院二審宣判，廣藥集團與加多寶集團共同享有紅罐包裝權益。隨後，廣藥集團提交再次審理申請。而此次該申請被駁回，也代表著這場進行了數年之久的包裝紛爭告一段落。「紅罐包裝」由加多寶集團、廣藥集團共享。

曾幾何時，王老吉和加多寶友好合作在涼茶市場打下了一片江山。很多小夥伴都是喝著紅罐涼茶長大的。2001 年，看到涼茶市場蓬勃發展前景的鴻道集團董事長陳鴻道跟廣藥集團簽署協議，廣藥集團允許鴻道集團將「紅罐王老吉」的生產經營權延續到 2020 年，每年收取商標使用費約 500 萬元。接下來的十年裡，王老吉發展非常迅速，「怕上火喝王老吉」也差不多成了跟「今天過節不收禮，收禮還收腦白金」同樣的經典廣告詞，已經深入人心。

到了 2010 年的時候，王老吉品牌價值，經北京名牌資產評估有限公司評估為 1,080.15 億元，成為當時全中國評估價值最高的品牌。

這麼高的品牌價值，商標使用費僅為 500 萬元一年，確實太廉價了一點，後來廣藥集團宣布在全球範圍內公開招募新合作夥伴。再後來，中國商標第一案王老吉紅綠之爭就開始了。

但分道揚鑣以後的王老吉和加多寶可以說是兩敗俱傷，最開始的時候加多寶混得還不錯，失去王老吉這個品牌後再度崛起，連續幾年銷量都有所增長，還推出了金罐

涼茶。但到了 2015 年，銷量出現了停滯，2016 年甚至開始倒退。到現在，市場佔有率甚至還不如王老吉，但王老吉混得也不是很好。

由於近年來雙方之間的價格戰，爭奪渠道經銷商，加上多年的官司等，王老吉和加多寶的利潤都已經跌到了冰點，但雙方的競爭仍在繼續。

第一節　競爭者分析

「知己知彼，百戰不殆」，企業要想在激烈的市場環境中站穩腳跟就必須需要清楚地瞭解自己的競爭對手，準確識別競爭對手，還要把握競爭者的反應行為。只有充分瞭解競爭者的優勢、劣勢及反應模式才能有針對性地建立行銷戰略，爭取競爭主動權。

一、識別競爭者

企業不僅需要識別現實的競爭者，還需要識別那些潛在的競爭者。通常企業可以從以下幾個方面全方位地識別競爭者。

(一) 從產品的替代程度識別競爭者

1. 品牌競爭者

若某企業以相近的價格向相同的目標消費者群體提供同種形式的產品或服務，滿足消費者的同一需要，則這樣的企業被認為是品牌競爭者。例如長虹和康佳、海爾、創維、TCL 等之間的品牌戰爭。

2. 行業競爭者

指行業內提供不同規格的產品或服務以滿足目標消費者的同一需求的競爭者。例如生產單門和雙門冰箱的企業之間競爭，長虹把所有生產彩電的製造商都視為行業競爭者。

3. 形式競爭者

該類競爭者主要指滿足同一種需求的各種形式產品或服務的提供者。例如小汽車、自行車和摩托車之間的競爭。

4. 願望競爭者

指滿足同一目標消費者的不同需求並提供不同的產品或服務的企業，即爭取相同消費者的企業被互稱為願望競爭者。例如旅遊與購買家電的競爭。

(二) 從行業競爭者角度識別競爭者

現實中企業經常從行業角度來識別競爭者，所謂行業即指一組提供一種或一類相互密切替代產品的企業。替代產品指相互之間具有高度需求交叉彈性的產品，如一種產品價格的上升會引起對另一種產品的需求增加，則這樣的兩者產品被視為替代品。一般從以下幾個方面描述行業。

1. 銷售商數量和產品差異程度

通常描述一個行業最基本的角度就是該行業領域有多少個銷售商，並且這些銷售

商提供的產品是否是同質，有無差異。基於此，劃分四種行業結構類型；

（1）完全壟斷：若某區域只存在一家企業提供某種產品或服務，則這樣行業機構類型就是完全壟斷。壟斷產生的原因可能是法律法規，也有可能是專利權及許可證等。

（2）寡頭壟斷：指在該市場只存在少數幾個企業給市場提供全部或者部分的產品，每家企業在市場上都佔有一定的市場份額，對市場價格和產量都有很重要的影響。

（3）壟斷競爭：指市場上出現一群企業生產並銷售相近但是並不同質的產品或服務。該市場即具有壟斷的特點又具有競爭的特點。

（4）完全競爭：指市場的買者和賣者規模都相當大，每個人都是價格接受者，都不能輕易影響市場價格的市場競爭狀態。該市場狀態被認為是經濟學中最理想的狀態，能夠實現帕累托最優。

總之，任何市場狀態都有可能隨著時間而變化，並不是一成不變的。

2. 進入與流動障礙

進入各個行業的難易程度差別很大，如開一家餐館與進入汽車行業的難易差別很大。進入某行業的障礙主要包括資本要求、規模經濟、專利和許可證以及材料、原地和分銷商、信譽等。某些進入障礙是該行業本身所固有的，有些障礙即是一些企業採取單獨或聯合行動所設置的。並且當一家企業進入了某行業後，若有進入該行業更具有市場潛力的細分市場，也可能面臨流動障礙。

3. 退出障礙

理論上認為企業能夠隨意推出任何無利潤吸引力的行業，但是事實上也面臨著退出障礙。主要包括：對顧客、債權人和雇傭職工的法律和道德義務；政府和社會壓力限制；資產的再利用性；再選擇機會的多少等。總之，進入和退出障礙共同決定了企業參與行業市場競爭的「自由度」。

4. 成本結構

任何行業都有推動其行動的成本組合，企業集中注意力將其放在最大成本上，希望能夠從戰略方面較少成本。如擁有現代化工廠的企業的肯定比其他鋼鐵企業擁有更多的優勢。

5. 縱向一體化

個別行業中，企業發展後向和發展前向都是很有利的。例如石油行業生產中，主要的石油生產者進行石油勘測、鑽井、提煉，而化工生產也是其經營業務的一部分。可見有時候縱向一體化可以降低成本，還能在其細分市場中控制價格和成本。但是縱向一體化也有劣勢，在某些價值鏈部分環節和缺少靈活性下，維持成本依舊是一筆不小的開支。

(三) 從市場細分角度識別競爭者

識別競爭的最佳方式就是同時從行業和市場兩個角度，結合產品細分和市場細分進行分析。若市場上有5個品牌的某產品，將整個市場可分為10個細分市場，若企業打算進入其他細分市場，就有必要估測各個細分的容量、現有競爭者的市場佔有率以及其實力和行銷目標、戰略等。從市場細分角度出發識別競爭者，可以更具體、更明

確地制定競爭戰略。

【案例 8.1】

自 2002 年開始，中國移動通信市場連續掀起了一場激烈的鬥爭，而鬥爭雙方則是中國通信市場的兩大巨頭——中國移動和中國聯通。中國移動在市場規模以及實力方面都遠遠超過中國聯通，中國移動在中國通信市場的份額超過 80%，規模至少是聯通的 3 倍以上，旗下的全球通品牌擁有手機用戶中 95% 以上的高端用戶；中國聯通只有 130 的號段，並且主要用戶集中於中低端。因此儘管 2002 之前中國通信市場屬於雙寡頭壟斷，而實際上是中國移動一家獨大，中國聯通很難與其平起平坐。2002 年之後，中國聯通推出新的網絡通信技術 CDMA，並大舉進攻移動通信市場，以此提高自己的市場份額，爭奪用戶。而中國移動在短暫觀望之後，準備迎戰。

二、從競爭者的反應行為分析

基於不同的經營理念和指導思想，競爭者的戰略、目標、優勢和劣勢也有不同，因此企業對市場的價格、促銷以及新品等市場變化都有不同的反應行為。因此企業只有清楚競爭者的經營理念和指導思想，才能估測競爭者對不同市場變化的反應，從而為指定針對性的競爭戰略打下基礎。通常，我們將競爭者的反應行為類型分為如圖 8.1 所示的幾種類型。

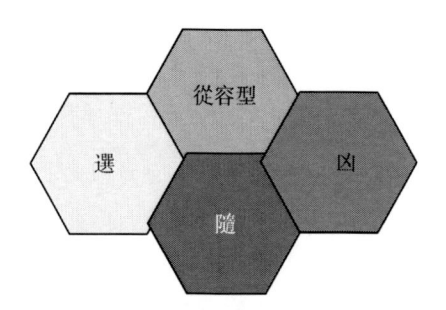

圖 8.1 按反應類型劃分競爭者類型

（一）從容型競爭者

某些企業對市場競爭的反應並不強烈，甚至是遲緩。其產生原因主要來源一是因為由於企業自身資源、經營能力、規模、資金等方面的限制，導致企業無法及時對市場競爭採取相應的措施，另一方面也有可能是企業對自身的經營和市場佔有率保持自信，自認為競爭力很強沒有必要採取反應措施；同時也有可能是該企業沒有及時瞭解市場競爭變化的信息，所以反應遲鈍。

（二）選擇型競爭者

選擇型競爭者指競爭者對不同的市場競爭所表現的反應行為是有差別的，對個別類型的競爭攻擊反應強烈而對其他類型的競爭攻擊無動於衷。比如很多競爭企業對類似於價格降低這種競爭措施反應很激烈，但是對服務提升、廣告策略改進以及強化促銷等非價格競爭措施的重視不夠，不能及時捕捉市場競爭變化的信息。

(三) 凶狠型競爭者

該類競爭者對市場發起的任何競爭攻擊行為反應都非常強烈，一旦接受挑戰就會進行激烈的報復和反擊。通常這樣的競爭者都是市場上的領先者，具有很強的競爭優勢。因此一般企業不會輕易或者不願挑戰該類競爭者，盡力避免與其直接正面交鋒。

【案例 8.2】

早年間，萬家樂和神州之間打起了一場激烈的廣告戰，雙方互不相讓，出手都極為「凶狠」。最開始神州熱水器的宣傳廣告詞為「神州熱水器，安全又省氣」。緊接著，萬家樂看到該則廣告，打出「萬家樂豈止安全又省氣」應戰。之後廣告戰升級，萬家樂邀請香港明星汪明荃作為代言人，大力在中央電視臺宣傳該產品，神州乘機從義大利引進新產品生產線，並用沈殿霞作為廣告代言人，吸引更多的用戶。之後，神州還打出「款款神州，萬家追求」的廣告宣傳，萬家樂為應戰寫出「萬家樂崛起神州，挑戰海外」的廣告詞，予以強烈的反擊。

(四) 隨機型競爭者

該類競爭者對市場競爭的反應措施往往是隨機的，沒有規律和套路可循。有時候，他們會對某些特定的競爭做出反應，也有可能沒有任何反應措施，就算有反應行為也有可能是激烈的，或者是溫柔的。通常，大多數的隨機型競爭者都是小型企業。

第二節　競爭者戰略

一、競爭戰略的類型

競爭戰略指企業通過怎樣的途徑形成相對競爭優勢所採取的戰略計劃。任何企業要想在市場上站穩腳跟，都需要根據自身實力和市場地位制定針對競爭對手的適宜的戰略。策略大師邁克爾·波特（Michael Porter）在著作《競爭戰略》中提出競爭戰略有成本領先戰略、差異競爭戰略和目標集中戰略三種形式，如圖 8.2、圖 8.3 所示。

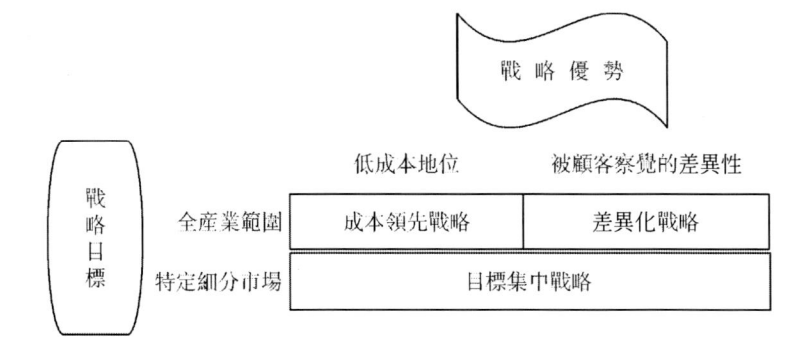

	低成本地位	被顧客察覺的差異性
全產業範圍	成本領先戰略	差異化戰略
特定細分市場	目標集中戰略	

戰略優勢

戰略目標

圖 8.2　不同類型的競爭戰略

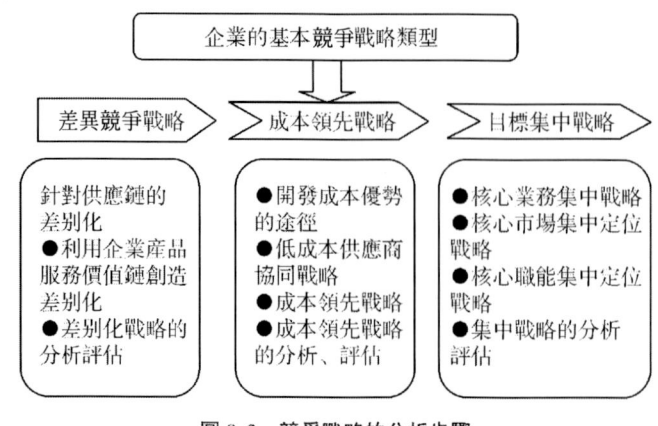

```
                    ┌─────────────────────┐
                    │ 企業的基本競爭戰略類型 │
                    └──────────┬──────────┘
                               │
        ┌──────────────────────┼──────────────────────┐
        ▼                      ▼                      ▼
   差異競爭戰略            成本領先戰略            目標集中戰略
```

┌─────────────┐ ┌─────────────┐ ┌─────────────┐
│●針對供應鏈的│ │●開發成本優勢│ │●核心業務集中戰略│
│ 差別化   │ │ 的途徑   │ │●核心市場集中定位│
│●利用企業產品│ │●低成本供應商│ │ 戰略   │
│ 服務價值鏈創│ │ 協同戰略   │ │●核心職能集中定位│
│ 造差別化   │ │●成本領先戰略│ │ 戰略   │
│●差別化戰略的│ │●成本領先戰略│ │●集中戰略的分析 │
│ 分析評估   │ │ 的分析、評估│ │ 評估   │
└─────────────┘ └─────────────┘ └─────────────┘

圖 8.3　競爭戰略的分析步驟

（一）成本領先戰略

　　成本領先戰略又稱為低成本戰略，指企業以相當於或者低於其他企業的生產成本和經營成本，來取得高經營收益的做法。降低總成本能夠增加企業的競爭優勢，因為降低成本能夠取得比競爭者相對更多的收益，同時能夠增加應對買方討價還價的能力，也可以設置新進入障礙，有助於對付競爭者的替代品。縱觀一個企業是通過成本領先地位取得競爭優勢，但是要使其經濟收益超於同行平均水準，還必須要在產品的基礎上擁有與競爭對手相比價值相等或相似的有利地位。成本領先的秘訣就是企業要一直實施該技能，日復一日。因為成本不會自動下降也不會突然下降，需要企業集中注意力艱苦工作，並持之以恆地控制成本。

　　儘管具有相似的規模或者相似的累計產量以及相似的政策引導，各個企業降低成本能力是有差異的。因此，企業要改善自己的相對成本地位，則必須擁有一些基本條件，包括：一定的組織加工技藝；嚴密的勞動監督機制；研發易製造的產品；擁有低成本的分銷渠道；以及持續的資本投入和獲取資本的來源等；除此之外，企業還需在組織架構上建立相應的基本條件，包括：嚴密的組織架構和責任義務、嚴格的成本控制戰略等。

　　尤為注意的是，成本領先並不簡單等同於價格最低。一旦企業陷入價格最低的戰略誤區，很有可能會將自己推入無休止的價格戰中。因為如果企業輕易降價，競爭對手很有可能跟著降價，並且若競爭對手擁有比自己更低的成本，意味著有更大的降價空間，一旦循環下去，長時間的價格戰不可避免。

【案例 8.3】

　　「沃爾瑪」的創始人沃爾頓就曾說：一件成本 0.8 元的產品，如果標價 1 元的銷售量，則是標價 1.3 元銷售量的 3 倍，儘管我每件產品賺的錢少了，但是銷售量提高，利潤空間就變大了。因此沃爾瑪曾打出宣傳語「銷售的商品總是低的價格」。自此，「沃爾瑪」總是盡各方努力以各種形式降低成本費用，比如進貨渠道、分銷方式、廣告費用、行政管理等方面，以實現顧客買到更實惠的商品的目標。1995 年，「沃爾瑪」每

平方米營業面積銷售額高達 3,304 美元，總銷售額高達 936 億美元，實現了巨大的成功。

(二) 差異競爭戰略

差異競爭戰略又稱為別具一格戰略，是指企業為取得差異化的競爭優勢和獨特的市場地位，提供與其他企業不同的產品或服務。這種戰略的重點就是創造能夠被全行業和市場顧客認可和認同的差異化產品或服務，一般企業可以通過在產品、服務（包括售前、售中、售後）、企業形象中實行差異化。實行差異化戰略有助於培養目標顧客的忠誠度，但是有時候產品或服務差異化會與更大的市場份額相矛盾，企業要對實施這一戰略有排他性的思想準備。因為通常建立差異化的戰略成本總是高昂的，意味著差異化是以成本為代價，儘管全行業的顧客都認可這種差異化的產品或者服務，但並不是所有的顧客都願意或者有足夠的支付能力為這種差異化的產品或服務支付高昂的價格。但是在有些行業差異化戰略與低成本和與競爭對手相近的價格之間可以不發生矛盾。

一旦差異化戰略實施成功，就能成為使企業在同行業中獲取高水準收益的戰略，因為它能夠建立防禦陣地，應對五種競爭力量，儘管其防禦形式與成本領先戰略不同。因此，差異化戰略成為當前行銷活動最主流的競爭方法。但是實施差異化戰略要求企業具有一些基本條件，包括：企業擁有足夠的技能和資源如相當的市場行銷能力、研發能力、不錯的聲譽、有特色的產品工藝；擅長吸收和接納不同行銷技能的特色組合形式；一定的產品分銷渠道和不錯的企業合作等。

但是差異化戰略也會給企業帶來一定的風險，例如減少一部分客戶因為並不是所有的客戶都願意為企業的這種差異化支付高額的資金；當需求變化時可能會忽視這種差異化，該差異化也就不再具有吸引力；還有競爭對手的模仿也會縮小產品之間的差異；有時候過度差異化並不能得到客戶的認同。

【案例 8.4】

火鍋市場向來競爭激烈，而來自四川資陽的一家火鍋店——「海底撈」卻能獨樹一幟。海底撈的差異化主要是通過服務體現的，其服務差異化表現在就餐前、就餐中、就餐後三個環節。就餐前，海底撈提供專門的泊車、擦車服務，還為等待的客戶免費提供點心、水果零食；就餐中，海底撈為小孩提供專門的保姆服務、專業的拉麵表演，甚至不忘為女性提供小皮筋；就餐後，送免費的果盤，若有要求，還可以增加，還有口香糖等零食。正是因為海底撈的精致服務，海底撈這個品牌迅速在全國打響，現在若要到海底撈就餐，一般需要 2~3 天訂餐，若需包間還需提前 2 周預訂。

(三) 目標集中戰略

目標集中戰略又稱為專一化戰略，指企業集中注意力和資源專攻某個特定的消費群體、某一個或幾個細分市場或者某地區，而不是將所有力量投入整個市場上。與低成本戰略和差異化戰略在全產業範圍或者整個市場佈局目標不同，目標集中戰略是緊緊圍繞著某一目標和該中心建立，若採取的任何一項市場活動或者制訂的工作計劃都要圍繞這一中心思想。該戰略實施的基本前提就是企業擁有足夠的業務能力，能夠為

這一目標對象提供高效率、高效果的產品或服務，從而超過更廣範圍的競爭對手。

正如差別化戰略，專一化戰略也有多種形式，波特認為專一化戰略使得企業能夠滿足特殊對象的需求而實現差異化，也在為該對象提供服務的同時實現低成本或者二者都有，從而使得企業能夠擁有超過產品平均水準的盈利能力，有助於保護企業抵禦競爭力量的攻擊。即企業採用的目標集中戰略有兩種形式，一是成本集中化戰略，在細分市場上尋找低成本優勢；二是差異集中化戰略，在細分市場尋找差異化優勢。

目標集中戰略所需要的市場基本條件和組織條件，隨著集中目標的不同而有所差異。但是目標集中戰略也有一定的風險，常常以整體市場份額為代價，因為實施專一化戰略就必然存在有利潤率和銷售額之間互以對方為代價的情況存在，同時，目標集中戰略還容易受到技術創新或替代品顯現的衝擊。

【案例 8.5】

成立於 1921 年的尼西奇公司，原本生產雨衣、泳帽等產品，但是經常出現訂貨不足的現象。後來，尼西奇公司轉變想法，集中生產尿墊產品。此戰略建立的契機來源於一份人口普查報告，推測戰後生育率的提高肯定會擴大對嬰兒尿墊的需求，每年日本都有大約 250 萬嬰兒出生，而尿布是嬰兒必需品。因此該公司放棄多樣化經營，專供嬰兒尿布，不斷研發新產品，設計新款式，還有專門的研發中心和資料室，被譽為「尿墊博覽會」。尼西奇公司通過市場專業化經營，打造「小而精」的戰略，不僅占據日本市場，還開拓了國際市場，產品銷往世界 70 多個國家，最終成為全球最大的尿墊生產專業廠商。

二、競爭者地位分析

只有在清楚地瞭解競爭者情況的時候，結合自己的情況才能更好地與競爭者抗爭。根據企業在市場所處的地位和所發揮的作用可以將其劃分為市場領導者、市場挑戰者、市場追隨者和市場利基者四種類型，如圖 8.4 所示。

市場領導者	市場挑戰者	市場追隨者	市場利基者
40%	30%	20%	10%

圖 8.4　競爭者地位劃分

（一）市場領導者

市場領導者指在相關的產品市場佔有最大的市場份額的企業。一般很多企業都有公認的市場領導者，該企業在價格變化、新品研發、分銷渠道和促銷強度等方面都對同行業的企業起著領導作用，是其他企業爭相挑戰、模仿或者躲避的對象。例如美國汽車市場的通用公司、計算機市場的 IBM 公司、日用品市場的寶潔公司、軟飲料的可

口可樂公司等。這種領導者大部分行業都有，其地位是由競爭形成的，但也可以是變化的。

(二) 市場挑戰者

市場挑戰者的市場佔有率比市場領導者小，在市場上的競爭地位雖然次於領導者企業但是又不限於滿足現狀，習慣採取攻擊型的競爭戰略攻擊市場領導者或者其他企業。

(三) 市場追隨者

市場追隨者指那些在市場上處於次要地位，但盡力保持其市場佔有率不至於下降的企業。這類型的企業處於次要地位，願意與市場領導者、挑戰者「共處」，並喜歡在「共處」環境下盡可能取得更多的利益，成為市場追隨者。這些企業願意追隨的原因一方面可能是其自身資源不足，導致其不能輕易與其他企業發起挑戰、攻擊，一旦失敗，其代價非常大，市場佔有率也會急遽下降。

(四) 市場利基者

市場利基者通常在市場中的選擇權並不大，專注於在某些相關產品市場上大企業並不感興趣的某些細分市場的小企業。這類型的企業通過專業化的生產，經營大企業並不重視的細小部分謀得生存，更好地滿足消費者需求。正是因為這部分企業的查漏補缺，大企業才能更好地集中精力生產主要產品，使這部分企業獲得很好的生存空間、機會。

第三節　競爭戰略的選擇

一、市場領導者戰略

市場領導者必須要取得合法且有盈利空間的壟斷地位，才能有準備地應對來自競爭者無情的挑戰。因此，市場領導者必須要時刻保持警惕，謹防競爭者的攻擊，可通過擴大市場總需求量、增加市場份額、提高市場佔有率等行動保持企業位於市場第一位的優勢。

(一) 擴大市場總需求量

當市場總需求量增加時，處於市場領先地位的企業因市場佔有率高而獲益最大。通常可以採取以下幾種途徑增加總體產品需求數量：

1. 識別新用戶

某些客戶因不瞭解本企業產品，或價格不合適，抑或產品有缺陷等各種原因，導致一部分客戶未成為本企業的客戶。因此可以通過市場滲透，讓不瞭解本企業或者未購買本企業產品或服務的客戶購買並使用本企業的產品或服務，讓潛在客戶轉為現實的客戶，從而增加更多的客戶群體。例如 20 世紀 60 年代以後，美國的嬰兒出生率下

降，對嬰幼兒市場造成一定的衝擊，莊臣公司的嬰兒洗髮精原本是美國整個洗髮精市場的領導者。因此基於此情況，該企業迅速通過地理擴張，向沒有覆蓋的國家和地區推廣產品。

2. 拓展產品的新用途

企業可通過研發產品的新用途從而增加市場需求量，拓寬新的銷售市場，從而增加市場規模。通常，市場領導者的企業都具有能力和資源，根據市場需求變化，為自己的產品尋找和拓展新的用途。例如美國杜邦公司最早的尼龍產品都是用於戰爭中做降落傘的合成纖維，後來因市場需求量變小，杜邦公司發明並研製尼龍絲襪，隨後又將尼龍用於製造汽車輪胎、工業零件、人造纖維等產品。同時，客戶也是發現產品新用途的重要來源，比如凡士林最開始問世適用於做機器潤滑油，但是客戶在使用過程中發現凡士林還能起著潤膚作用，並研發了潤膚脂、髮蠟等產品。因此，企業需要時刻注意客戶使用產品的情況。

3. 增加產品使用量

通過說服客戶增加產品的使用量是增加產品市場需求量的有效方法。常用的增加產品使用量主要是通過說服客戶增加使用該產品的頻率和每次使用的量。例如洗髮水公司宣傳用用洗髮水洗兩次比洗一次頭的效果更好；每天刷三次牙，牙膏的使用效果更好，這些方法都無形中增加裡產品的使用量，從而擴大市場需求規模。

(二) 增加市場份額

處於市場領先的企業要時刻準備對付競爭對手的挑戰，保護企業陣營。因此企業要不斷創新，不斷突破，提高自身在產品創新、服務水準、分銷渠道等各方面的水準，從而壯大自己的實力，處於真正的市場領先地位。同時，企業還需要抓住競爭對手的弱點，主動進攻。若企業布不具備能力或者沒有打算發動進攻，也應該掌握好某種防禦力量，以應對競爭對手的偷襲。防禦戰略的代價或許很大，但是若不防禦，會失去某細分市場，代價更大，因此企業必須要掌握以下六種防禦戰略，將資源集中於應該用到的地方。

1. 陣地防禦

企業在四周建立一座牢固的守衛工事就是陣地防禦，這是防禦最基本的形式，屬於靜態防禦。處於市場領導地位的企業應該通過各種有效戰略、戰術防止競爭對手打入自己的陣地。但是企業應當權衡是否將企業的所有資源用於建立保衛產品或服務堡壘。

2. 側翼防禦

市場領導者除了要建立自己的防守陣地，還應該建立一些側翼或前沿陣地，增加防禦能力，必要時增加反擊的能力。例如某食品為保持市場領先者的角色，不斷增加零售食品花色品種的組合搭配，迎接新的挑戰。

3. 先發制人防禦

先發制人防禦指在競爭對手未發動進攻之前，企業主動出擊，發動進攻，在競爭中掌握主動地位，是一種比較積極的防禦戰略。但有時候先發制人的攻擊可以通過心

理層面展開，不用採取實際措施。市場領導者發動進攻信號，高速競爭對手謹慎進攻，因為有時候對方擁有更多的市場資源，能夠沉重應對。

4. 反攻防禦

當競爭對手主動發起進攻時，主動反擊競爭者的主要市場場地。可以正面回擊，也可以從「側翼包抄」或者實行「鉗形攻勢」，以斬斷進攻者的退路。

5. 運動防禦

運動防禦指企業不僅要守衛自己的陣地，還需要將自己的勢力擴展到新的領域中，作為未來防禦和進攻的中心。企業可以通過拓寬市場和促進市場多樣化來增加新的勢力範圍。

6. 收縮防禦

企業根據市場變化，逐步放棄那些沒有發展前景或者疲軟的市場，而把力量集中於那些適合企業目標，能夠獲取更高收益的市場。

(三) 提高市場佔有率

提高市場佔有率也是市場領導者的企業增加收益、保持市場第一位的重要方式。據相關研究表明，市場佔有率是影響企業盈利率的重要原因之一，市場佔有率越高，盈利率也就越高。據估測，市場佔有率大於40%的企業的平均盈利率是市場佔有率低於10%企業的平均收益率的3倍，因此大多數企業都將市場佔有率的提高作為經營目標。

需要注意的是，市場佔有率提高，盈利率也就提高，但並不是在任何情況下都適用，有時候提高市場佔有率付出的代價會大於其所獲得收益，因此企業在提高市場佔有率時應該綜合考慮以下三方面因素：

第一，是否會引起反托斯行動的可能性。為維護市場競爭的健康環境，國際上以及很多國家都制定了反壟斷法，當企業的市場佔有率超過一定限度時，可能會引起反壟斷訴訟和制裁。

第二，經濟成本。若市場佔有率在達到某個高度後繼續擴大市場佔有率，盈利能力很有可能會下降。

第三，企業提高市場佔有率所選擇的行銷組合策略是否合適。儘管有些行銷組合策略能提高市場佔有率，但是並不一定會提高企業利潤。只有在特定情況下，提高市場佔有率意味著企業利潤的增加，一是產品或服務的單位成本隨著數量的增加而降低；二是產品或服務價格的增加能夠遠遠覆蓋企業為提供高質量的產品或服務所付出的成本。

【案例8.6】

1994年10月，山東九陽小家電有限公司成立，該公司研發了一款集磨漿、濾漿、煮漿等功能為一體的九陽全自動豆漿機，結束了中國一直用石磨做豆漿的時代。九陽牌豆漿機擁有23項國家專利，年銷售量突破百萬臺，年產值高達幾億元，迅速成為全球最大的豆漿製造商。基於此，全國大大小小的投資者爭相效仿，打入豆漿機市場，其中包括大規模企業，即福建的迪康、廣東的科順、河南田山等。2001年，榮事達也

宣布在 2 年之內成為豆漿機的主導品牌，緊接著美的也斥資 3,000 萬元進入豆漿機領域，並成為豆漿機領域的先鋒，還有海爾、澳柯瑪等宣布進入豆漿機行業。作為豆漿機行業的市場領導者九陽臨危不亂，在技術創新方面成立專門的實驗室，研發「濃香技」專利，推出「小海豚」濃香豆漿機，維持市場佔有率在 80% 以上，銷售量年年位居第一，遠遠甩開對手；在戰略方面迅速調整，決定在研發、製造、銷售三個環節慢慢將製造環節淡化，節約成本；在產品方面，進入電磁爐市場，九陽電磁爐一經銷售，在全國也取得不錯的成績，於 2003 年成為電磁爐行業的主導品牌。

二、市場挑戰者戰略

處於市場次要地位的企業，如果要向自己的競爭對手發起挑戰，首先需要明確自己的戰略目標和競爭對手是誰，然後據此選擇合適的競爭策略。

（一）確定戰略目標和競爭對手

增加市場份額，從而增加企業盈利率。但是企業先要確定目標是什麼、競爭對手是誰，一般企業可以選擇下列幾種攻擊目標。

1. 市場領導者

此種戰略通常是高風險和高收益同存，為了取得更好的成功，企業必須要認真調查、分析市場領導者的戰略、經營策略、優勢和劣勢以及行動特點，發現未滿足的需求市場，然後改進產品或服務，獲取更大的市場份額。也可以在整個細分市場，研發新的產品，超越領導者，以爭奪市場領導地位。

2. 與自己實力相當者

企業還可以攻擊與自己實力相當、規模相近的企業，這些企業目前存在經營不善、財力拮据等問題。通過攻擊這些企業，爭奪他們的市場陣地。

3. 實力較弱企業

對一些經營不善並且財務困難的實力較弱的企業，可以通過吞並、正面攻擊等形式作為挑戰對象，設法爭奪他們的市場陣地。

（二）選擇挑戰策略

明確了自己的戰略目標和競爭對手之後，就需要考慮以怎樣的方式、採取什麼樣的策略作為進攻戰略。一般有以下五種進攻戰略可以選擇。

1. 正面進攻

正面進攻指企業挑戰者集中資源和精力直接進攻競爭對手的主要市場陣地，而不是從其弱點或者側面出發攻擊。但是採取這種進攻方式，企業必須要從產品、服務、行銷、價格等方面遠遠超過對手，即企業擁有充足的自信和能力能夠超越對手，從而使得正面進攻獲得成功。一般可以通過兩種形式發動正面進攻，一是制定比競爭者更低的銷售價格；二是降低生產成本，從而以價格為優勢擊中對手。

2. 側翼進攻

側翼進攻就是企業針對競爭對手的劣勢，集中力量攻擊對方。一般，當企業正面進攻的難度較大時，便可以從側面包圍進攻對手。側翼進攻可以通過兩種方式進行，

一是從地理角度進攻，就是在本國或者某區域範圍內選擇經營不佳的對手進攻；二是從細分角度進攻，就是企業尋找未被發現或者未滿足需求的某細分市場，然後迅速在該市場填補空缺，從而攻擊競爭對手。通常，側翼進攻是一種最有效、最經濟的策略形式，一般比正面進攻擁有更高的成功率。

3. 包圍進攻

包圍進攻是一種全方位、大規模的進攻策略，它在多個角度同時發動攻擊，使得競爭對手在正面、側面和後面同時進行防禦。當企業擁有比競爭對手更好的資源，並且有明確的信心包圍進攻會成功時，才會採取這種進攻方式。例如日本精工表向美國市場提供約 400 種流行款式、2,300 款手錶，幾乎占據了整個鐘表市場，從而取得很大的成功。

4. 迂迴進攻

迂迴進攻是一種間接的進攻方式，企業不直接攻擊競爭對手的主要市場陣地，並且也繞過對手的市場，攻擊更為容易進入的市場，從而擴大自己的市場。迂迴進攻具體有三種做法：一是實行產品或服務多元化經營，增加產品豐富度，拓展一些與現有產品關聯度不是很強的各種產品；二是充分利用現有產品打入新市場，進行市場多元化經營；三是創新新的技術，替代技術過時、落後的產品。這種進攻方式最常被企業用於增加競爭優勢，壯大自己，也是一種成功率較高的進攻戰略。

5. 遊擊進攻

通常一些實力較弱、資金力量不足的小企業對不同陣地發動大小不同、斷斷續續的進攻，主要目的是騷然對方，使之疲於奔命，最終拓寬對手，從而穩固自己的市場陣地。遊擊進攻可以採取多種方法，例如降價、緊密促銷、有選擇的突襲等。雖然遊擊進攻能夠對對方形成一定的衝擊，削弱力量，但是要想擊垮對方還必須採取更大的攻擊戰略。因此企業一般是將遊擊進攻作為發動大進攻之前的準備進攻。

從上述的進攻戰略可以看出挑戰者不可能同時採取所有的進攻策略，但是僅依靠一種策略，也是很難成功的。因此，企業經常根據競爭對手和自身實力，綜合多個進攻戰略組成一個進攻組合，通過該組合該提高自己的市場地位。

【案例 8.7】

美國的百事可樂公司是一個典型的市場挑戰者，於 1950 年至 1960 年向市場領先者可口可樂公司發動了大大小小不間斷的進攻，並取得了很大的成功。首先，市場挑戰者百事可樂採用價格策略發動正面進攻，同時通過市場細分手段向可口可樂公司發動側翼進攻，與此同時，還利用地理性的側翼進攻將戰爭打到全球市場。最終，百事可樂同可口可樂的銷售差距由 1960 年的 2.5：1 縮小到了 1985 年的 1.15：1，可口可樂的市場領導者地位受到巨大威脅，甚至於 1985 年年底百事可樂的銷售額曾一度超過了可口可樂。

三、市場追隨者戰略

一種新產品的創新、研發往往需要大量的成本投入，而產品模仿或者借鑑其他企業會減少研發這種新產品的經費投入，成本減少也更有利潤空間，正如美國市場學學

者李維特教授所說，有時候產品模仿與產品創新同樣有利。位於市場第二或者更次要地位的企業有時候不願意選擇向市場上其他企業發起主動攻擊，他們更希望與市場企業「和平相處」，跟隨市場領先企業，模仿其生產，提供類似的產品或服務，盡力維持自己市場佔有率的穩定性。

但是市場跟隨者並不是簡單的模仿，他們也有自己的戰略目標，根據自身情況採取合適的跟隨戰略，又盡力避免引起競爭性的報復。通常，跟隨策略主要分為以下三類：

1. 緊密跟隨

緊密跟隨指處於市場次要地位的企業盡可能在更多的細分市場或領域發現新的市場機會然後效仿市場領導者的戰略做法提供相似或者相近的產品或者服務。這種跟隨策略與市場挑戰者的策略很相近，但是企業並不是直接從正面向市場領導者企業發起攻擊。這樣的企業往往具有很強的寄生能力，能在市場領導者企業下的庇護下通過努力而贏得市場機會。

2. 距離跟隨

採取距離跟隨的企業不完全依賴於市場領導者的市場而生存，通常會在產品質量、性能、價格、促銷策略、宣傳力度等方面保持與市場領導者企業的差異，即與市場領導者保持一定的距離，而創造屬於自己的產品或服務。這種跟隨的企業也更容易得到市場領導者的認可，願意讓這些企業保持自己的市場份額。這種企業可以通過兼併一些小企業來使自己壯大。

3. 選擇跟隨

在這種策略下，跟隨企業的特點就是跟隨與創新同時存在，即企業會在一些方面跟隨市場領導者的做法，但是又有選擇性地在其他方面有自己的想法。簡言之，這種企業不會盲目跟隨，而是選擇好的並且適合自身企業的跟隨。雖然這類型的企業在很多方面比不上市場領導者，但是它們也有一定的創新能力，盡力避免與市場領導者直接交鋒。一定情況下，這類型的企業會發展成市場挑戰者。

市場上還存在一些強烈的寄生蟲，這種企業往往完全模仿其他企業，提供「假貨」和「冒牌貨」，這種企業的存在強烈地引起了一些國際知名大公司的不適，嚴重污染了市場的健康運行環境。因此有必要採取適宜的對策，嚴厲打擊或消滅這類型企業的存在。

四、市場利基者戰略

市場利基者又稱為市場補缺者。大多數行業中都存在一些小企業或者某企業的個別業務部門專門致力於被大企業忽視或者不感興趣的細分市場，在這些細分市場上用心經營，保持自己的市場份額，獲得盈利。正是因為這些企業提供的產品或服務使得大企業提供的產品或服務更加完善，從各方面滿足目標客戶的多樣化需求。通常，一個理想化的利基市場都具有以下特點：一是該類企業擁有足夠的規模和購買能力；二是有發展空間，能為企業帶來盈利；三是被大企業所忽視或者大企業不感興趣；四是這類企業有一定的忠實客戶群體，能夠與大企業的進攻抗爭。

但是企業要想取得利基，即有利的市場位置，就必須要專業化，包括市場專業化、客戶專業化、產品專業化甚至渠道專業化，才能提升自己的競爭優勢。

（1）最終使用者專業化。就是企業專門為某一特定類型的最終用戶提供產品或服務。如某計算機專門針對銀行進行行銷；某書店只賣文學、語言學的書。

（2）縱向專業化。指企業為某產業鏈或者生產鏈上的某節點服務，例如石油化工行業中專門負責勘探或者提煉石油的企業。

（3）顧客規模專業化。指企業專門為某一客戶群體提供產品或服務。很多市場利基者專門為容易受大公司忽視的小客戶群服務。

（4）地理區域專業化。企業專門為某一區域提供產品或者服務。這類型的企業往往把市場建立在交通受限的個別地理區域，因為這部分區域中，大企業不願意經營或者乾脆放棄。

（5）產品或產品線專業化。企業致力於經營被大企業所放棄的某一產品線或者某一產品。例如企業只生產紐扣。

（6）定制專業化。指企業專門為某一訂單服務，定制所需的產品。

（7）服務專業化。指企業專門提供其他企業沒有提供或未涉及的一種甚至幾種服務。例如某銀行提供電話貸款業務，並且送貨上門。

（8）分銷渠道專業化。指企業專門為某一分銷渠道服務。例如某企業大容量的軟飲料，並且只在加油站銷售。

市場利基者往往面臨者很大的市場風險，其建立的利基市場可能枯竭亦可能受到攻擊，因此企業利基者不僅要保衛利基，還要創造利基和拓展利基。只有企業建立兩個或者幾個以上的利基市場，不斷發現和創造新的利基市場，才能確保企業的生存空間，實現企業的盈利目標。總之，企業要學會如何經營，並且善於經營，才有可能在更多的市場機會下獲利生存。

案例分析

幾支原始部落都曾活躍於加拿大的原住民地區，都是以狩獵為生。經長時間的生存競爭之後，只剩下一支印第安部落活了下來。而印第安部落生存下來的原因令很多人很驚訝：其他部落在每次狩獵之前總會借鑑過去成功經驗，然後按獵物可能出現的方向攻狩，而唯獨印第安部落卻是焚燒鹿骨，根據鹿骨的紋路確定攻擊方向。很多人肯定會疑惑，為什麼明明看似準備充分的部落卻銷聲匿跡，而通過競爭生存下來的卻是焚燒鹿骨的印第安部落。其實這則故事的重點不是科學與迷信，而是競爭戰略的差異。被淘汰的幾個部落制訂的狩獵計劃很科學，但是終究只是集中於戰術層面，而如果我們從戰略層面分析，發現當整個市場環境的競爭變得很激烈時，企業之間相互模仿的程度會加深加快，從而形成了「戰略同質化」現象。這種現象導致的後果是企業戰略的缺席，即每家企業實質上都沒有戰略可言，所有的競爭對手都只是停留在戰術層面博弈，玩一場並沒有未來的「狩獵遊戲」。

進一步分析所謂的「理性、準備充分」的部落是怎樣淘汰的，這些部落的競爭隨

著時間的推移變得愈加嚴峻，而他們採用同樣的方法得到的每天的狩獵方向趨於一致，從某種角度分析這些部落並沒有制定行之有效的戰略，而是每天完成所謂的任務。最終，這些部落在同樣的狩獵區域生死相搏，拼得魚死網破。

根據被譽為「競爭戰略之父」的哈佛商學院教授邁克爾·波特的競爭戰略可知，所謂的戰略定位就是其營運活動要與其他競爭對手有明顯的差異。雖然上文的故事中，印第安部落採取的競爭戰略在戰術上明顯不可取，但是正是該部落採取的競爭戰略使得它存留下來。其競爭戰略，明顯地優於其他競爭對手。

在日益激烈的市場競爭中，企業都應該為了謀取自身發展而制定針對競爭者的有效戰略，這要求企業必須能準確識別競爭者，分析競爭者的反應行為和所處地位對其採取適宜、有效的競爭戰略，從而增強企業的競爭優勢，擴大市場佔有率。

思考討論題：

分析傳統競爭和現代競爭的差別？

課後練習題

1. 企業的競爭者主要分為哪幾類？
2. 競爭者所處的地位主要有哪幾類？
3. 簡述如何進行競爭戰略選擇。
4. 如果一家企業正處於市場領導者地位，其應採取怎樣的競爭戰略？
5. 市場追隨者戰略主要包括哪幾種類型？

第九章　目標市場行銷戰略

學習目的

　　在現代市場經濟環境中，要在競爭中獲勝，企業必須要學會選擇目標市場，才能有效地開展市場行銷活動。因此通過本章的學習，你應該會利用市場細分依據，將整個市場劃分成若干個子市場，然後選擇適合自己的目標市場。學會市場定位，建立自己在目標市場的特色產品形象，開展適宜的行銷活動，實現企業的行銷目標。

本章要點與難點

　　本章重點：市場細分的依據、方法和步驟；目標市場的定義、模式；市場定位的含義。

　　本章難點：目標市場的選擇方法；市場定位的程序與方法；市場定位的策略。

引導案例

　　一提到瑞士手錶，我們第一反應就是品質高、檔次高、價位高，例如勞力士、梅花、隆奇等一直是高檔手錶市場的佼佼者。然而，隨著客戶對手錶要求的變化，由日本和香港生產的價位中低檔、款式新穎的手錶風靡一時，且深受客戶的喜愛，對定位於技術複雜、品質高檔的瑞士表造成很大衝擊，瑞士表的銷售額逐漸降低。

　　1981年，瑞士最大手錶公司的子公司ETA推出一項全新計劃，向市場提供了一款款式獨特、低價位，但又具有高格調定位的Swatch手錶，迅速風靡全球手錶市場。該手錶的價位從40美元到100元不等，目標客戶主要是追求潮流的年輕人。並且Swatch每年都會不定時推出新產品，很多客戶都將其作為收藏品。

　　雖然定位於低價位，但是Swatch一直保持自己的高格調形象，主要原因在於以下兩個方面：一是Swatch銷售渠道的獨特性。首先Swatch手錶不進入批發市場，最開始只在珠寶店和時尚店銷售，後來高檔貨店也有。並且還在少數的大型百貨商場設立專櫃，帶動輔助品的銷售，例如太陽鏡、眼鏡盒等，使客戶處在Swatch產品的設計氛圍中。二是Swatch採取了限量生產的策略，任何新產品、新款式推出5個月後便停止生產，因此任何一款產品都有收藏價值，因此得到「現代古董」的美譽。隨著外界環境變化，ETA企業的市場定位也在適時調整，因此獲得了巨大成功。

　　人有各種各樣的需求，這些需求集合通過不同形式組成了不同種類的市場。世界上的許多資源都不是無窮無盡的，尤其對於企業來說，所擁有的資源是有限的，必然不能針對所有種類的市場，滿足人的不同需求。可見，對市場進行細分，找準哪些市

場符合自己的要求。同時，企業還需對自己有清晰、客觀的認識，明確自己的位置，即定位。正確的定位有助於企業在市場行銷中迅速找到有利於自己發展的位置，明確企業目標的服務對象和服務內容，是企業制定市場行銷戰略的首要步驟也是基本出發點。目標市場行銷戰略是現代行銷戰略的核心，一般來說主要包括以下三個步驟：市場細分（Segmenting）、目標市場選擇（Targeting）、市場定位（Positioning），因此又稱為STP戰略。

第一節　市場細分

一、市場細分及作用

（一）市場細分的內涵

　　總體來說市場是一個複雜的概念，因為每個人的需求都包含在其中。但是對於企業來說，市場是一個明確的概念，因為企業不能滿足所有人的需求，因此其面對的市場只是整個市場的一部分，這部分滿足企業的經營要求，通常把企業將市場按照不同的標準劃分成若干個部分的過程稱為市場細分（Market Segmentation），每部分存在不同的顧客群，並且每個顧客群的需求又有差別。就是說，市場細分指企業根據市場調研結果分析得到的顧客的需求特點、消費習慣等方面的差異，將所有顧客群的整個市場劃分為若干個種類的子市場。市場細分是目標市場的選擇基礎，通過市場細分，企業才能區分找到符合自己經營的目標市場。

　　市場細分的概念由美國學者溫德爾‧史密斯通過總結企業的市場行銷經驗，於1956年提出的。該概念一經提出，就迅速得到了眾多學者和企業家的認可、贊同，稱之為創造性的新概念。企業在異質市場中找到需求一致的顧客群，目標就是在需求不同的市場中把需求相同的顧客集合在一起。異質市場上，消費者的需求複雜、多元，但我們依舊可以按照消費者對商品特性的偏好程度，將其分為如下三種類型：

　　（1）同質型偏好：顧名思義，同質型偏好指這些消費者的特定商品的特性要求、偏好大致相似，比較集中，差別甚小。比如消費者對跑鞋的質量、性能等的要求差別不大，相對一致，差別性的要求不是很明細。在該情況下，企業的生產、行銷必須既要考慮質量又要考慮性能。

　　（2）異質型偏好：消費者對市場上的某種商品要求不一致，各有各的看法，要求不一致，呈分散狀態，即為消費者的異質型偏好。比如部分消費者注重跑鞋質量，部分消費者注重跑鞋款式，甚至有消費者對款式、質量都重視。在這種情況下，有企業負責滿足消費者對款式的要求，有企業滿足消費者對質量的需求，也有企業對兩者需求都滿足，不同企業都各自找到了自己的目標市場。

　　（3）群組型偏好：市場上對某種商品的特性有不同要求和偏好的消費者自然地形成了一個群組，比如一群注重質量的消費者，一群重視款式的消費者。這些不同偏好

的消費者群組就組成了不同的細分市場，如圖9.1所示。

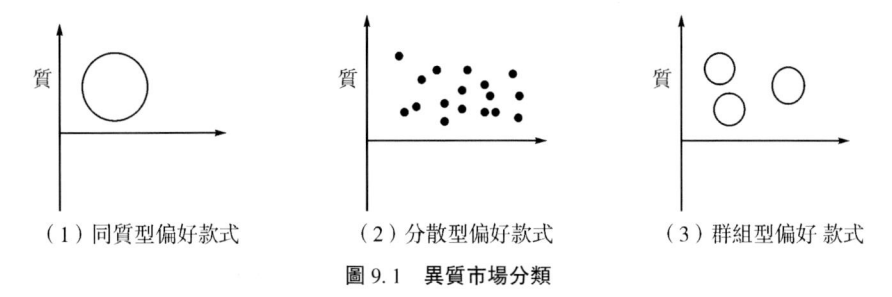

（1）同質型偏好款式　　　　（2）分散型偏好款式　　　　（3）群組型偏好款式

圖9.1　**異質市場分類**

（二）市場細分的基礎

市場細分的客觀基礎是消費需求的絕對異質性和相對同質性以及企業資源的有限性。

1. 消費需求的絕對異質性

顧客消費需求的差異性指不同顧客有不同的消費需求，通常根據消費需求的差異性將其分為「同質性」需求和「異質性」需求。「同質性」需求指消費者需求的差異性很小甚至可以忽略不計，此時不需要市場細分。反之，由於經濟水準、社會環境、地理環境以及自身心理差別，市場上的顧客各種各樣，這些顧客追求不同的利益，有不同的需求特點和消費習慣，因此對產品的外觀、品類、價格以及購買環境、時間等的要求也是千差萬別。但正如世界上沒有完全相同的片樹葉，這次差異就是絕對的，因此市場上也沒有完全相同的顧客。消費需求的絕對異質性構成了市場細分的基礎。假設因為賣方市場提供商品的局限性阻礙了消費者實現差異和表現差異需求，那麼買方市場使得消費者進入個性消費的時期，在這裡，消費者的需求差異得到尊重和激勵。因此以消費者需求為核心的行銷活動必然要依據這些需求差異做區分。

2. 消費需求的同質性

同意地理環境、社會環境和文化背景下人們往往具有相似的人生觀、價值觀，他們的需求特徵和消費偏好、購買習慣相似。正是因為消費需求在有些方面的相對同質性，才使得市場上有絕對差異的消費者按照一定的標準和原則聚集成不同的群體。有相似需求的顧客群形成了一個子市場。因此，消費需求的絕對異質性是市場細分的必要，而消費需求的相對同質性是促使市場細分實現的可能。

3. 企業資源的有限性

企業的資源是有限的，無法提供滿足所有需求的產品和服務。因此為了參與有效競爭和盈利，企業必須對市場進行細分，選擇最有利可圖的市場，集中企業人力、資金和技術等資源，制定參與競爭的行銷策略，從而增加競爭優勢。

市場細分理論被認為是行銷學中繼消費者為核心理論之後的「第二次革命」，其出現使得行銷學理論更加成熟和完整。

（三）市場細分的作用

多年來企業行銷實踐表明，市場細分是企業開展市場行銷活動的重要手段之一，

也是企業通往成功路上重要的一步。企業進行市場細分的主要作用主要包括以下三個方面：

1. 有助於企業選擇目標市場和制定市場行銷戰略

首先，市場細分化後的子市場比較具體，企業能比較輕鬆地認識到消費者的各種需求，然後企業可以依據自己的經營策略、資源和行銷手段確定服務對象，即目標市場。對子市場需求被滿足的程度和子市場的競爭狀況進行更深層次的分析和研究，從中發現需求未被完全滿足或者未被滿足，然後進一步細分市場，然後根據企業資源滿足這些子市場的需求，制定特殊的市場行銷策略，從而達到企業盈利目的，這對規模有限的企業尤為重要。其次，在細分市場中，信息的溝通機制和反饋會更為及時，企業能迅速掌握顧客的需求變化情況，根據需求變化制定相應的行銷策略，以適應市場需求變化，有助於企業應變能力和競爭能力的增強。並且考慮到小規模的企業資源非常有限，沒有強有力的核心產品，難以與大企業抗爭，因此通過細分市場發現機會，另闢蹊徑，找準自己有能力滿足但需求還未被滿足的子市場。

2. 有助於最大化發揮資源的作用，提高效率

任何企業的資源、人力、財力等都是有限的。若在整個市場或者大規模市場，企業資源發揮的作用和效率都是有限的。通過細分市場，找準企業的目標市場，然後集中人、財、物等資源，充分發揮其作用，提高產品的銷售效率，增強目標市場的競爭優勢，最終佔領該目標市場。

3. 有助於企業調整行銷策略組合

企業通過市場細分，能夠集中力量把握目標市場的需求狀況和變化情況，根據消費者需求改善原有產品的外觀、規格、功能特性，甚至創新產品和服務，增加企業收入。同時，適時調整企業的行銷渠道、流轉方式，降低產品的成本，全面提高企業的經濟效益。

【案例9.1】

某保暖內衣生產企業，對保暖內衣市場進行細分之後，認為城市嬰幼兒市場具有很大的發展空間。因為他們發現大多數城裡的年輕父母都願意為寶寶購買舒適、保暖的內衣，而且不怎麼在意價格，因此得出高檔嬰幼兒保暖內衣具有很大的市場潛力。大多數保暖內衣企業專攻於成人保暖內衣市場而忽視了嬰幼兒保暖內衣市場，因此嬰幼兒市場的競爭者較少。於是該企業將嬰幼兒市場作為自己的目標市場，取得了很大的成功。

二、市場細分的原則

企業通過定位消費者的需求差異進行市場細分，獲取更大的經濟效益。企業可依據單一因素也可根據多因素進行市場細分，總之企業參考的細分標準越多，相應細分出來的子市場也就越多，但每個子市場的容量也會相應縮小。反之，細分標準越少，細分出來的子市場也就越少，市場容量也會增多。因此應選擇合適的細分標準，對市場進行有效細分。一般來說，成功、有效的細分市場都均有以下特徵：

1. 可衡量性原則

可衡量性原則指企業細分出來的子市場應該具有自己的特色，與其他市場有不同的地方，即具有識別性。細分市場的顧客群具有相似的特徵，如相同的購買動機、審美偏好、需求特徵等，因此才能與其他市場區別開來。企業利用細分市場的特徵制定相應的行銷策略，形成獨特的行銷特色。通常來講，細分特徵越顯著，越有助於企業形成自己的特色風格。可衡量性原則還要求能對該市場進行具體衡量，能對其經驗範圍和具體大小做出大致判斷。一些細分標準如「有依賴性」的青少年，在實踐中難以對其進行大致判斷、測量，因此此細分標準的意義就不是很大。

2. 可進入性原則

可進入性原則是企業市場細分中最有效、最重要的原則，要求細分出來的市場能夠使企業進入，並在該市場具備競爭能力，即企業的行銷活動能夠覆蓋細分市場，能使產品進入該市場，並滿足消費者需求。一方面，企業能通過媒體將產品信息傳達給該市場的消費者；另一方面，企業也能通過一定的渠道形式將產品運送給該市場的消費者，若不滿足這些要求，細分的意義就不大。在市場細分中，有時候企業會避開一些行業競爭，但市場競爭終歸不可避免。這些競爭一方面產生於宏觀環境，如貿易壁壘和地區保護；另一方面來源於行業之間的競爭，甚至行業內部同行的競爭。總之，企業必須集中一切資源，掃除細分市場的阻礙，實現企業真正進入市場，形成強有力的競爭優勢。

3. 可盈利性原則

企業作為營利性經濟組織，最終目標都是盈利，不是為了細分市場而細分。企業希望通過市場細分使企業在該市場具有競爭優勢，實現經濟目標。因此細分出來的市場，其容量、規模必須要滿足企業盈利要求，實現盈利目標。進行市場細分時，企業需要將該市場的消費者規模、支付能力和購買頻率等考慮在內。如果細分市場規模很小、容量不足，企業耗費成本多，盈利性小，那麼無需細分。

4. 動態性原則

動態性原則指細分市場的消費者根據不同行銷方案組合的反應也不同。假如各細分市場的消費者對產品的需求差異不大，即需求上的同質性遠大於其異質性，此時企業沒有必要耗費資源對市場進行細分。此外，如果企業針對細分出來的市場無法制定出有特色且獨特的行銷策略或者對細分的幾個市場若採用相同的行銷策略，其反應沒有不同，那麼也不需要進行市場細分。

除此之外，企業在進行市場細分時還應該考慮未來市場是否有發展空間（即發展潛力性），該細分市場能否通過企業的行銷活動將其開發出來變為現實市場，能否長期為企業帶來收益。因此企業在劃分子市場時，需要慎重考慮兩個方面，一是縱然該市場的現實需求很大，但有必要判斷該市場是否在成熟期或衰退期、是否有未來潛力，因為這樣的市場沒有持續發展的空間；二是大致判斷該市場是否有現實需求及其空間、未來是否有市場需求，若該市場現實需求很小，企業又不具備實現近期目標的能力，那麼長期發展的資本更為不可能。可見，細分市場衡量發展潛力性必須以現實需求為基礎。

三、市場細分的可行性標準

由前文分析知，市場細分是根據顧客的不同需求將市場劃分為若干個子市場，而這些不同需求是由多種因素作用而產生的。因此在劃分市場時，一方面可以根據消費者的需求不同作為細分標準，另一方面可以將產生這些需求的因素作為細分標準。企業根據消費者不同的購買需求，將消費者分為若干個具有不同特徵的消費者群體。造成需求差異性的因素多種多樣，並且對消費市場和生產資料市場的購買者需要分別考慮其需求因素，這為企業劃分市場的標準提供了依據。一般情況下，企業應根據產生需求的一系列因素，作為市場細分的標準，選取目標市場。

（一）消費者市場細分的主要標準

細分一個市場可以有多種多樣的標準，但通常將人口因素、地理因素、行為因素和心理因素作為市場細分變量（見表9.1）。

表9.1　　　　　　　　　　消費者市場細分的變量

一級標準	二級標準	典型細分類型
人口因素	年齡	3歲以下、3~6歲、7~12歲、13~17歲、18~21歲、21~30歲、31~40歲、41~50歲、51~60歲、60歲以上
	性別	男、女
	家庭規模	1~2人、3~5人、6~8人、8人以上
	家庭月收入	1,000元以下、1,000~3,000元、3,000~5,500元、5,500~7,500元、7,500~10,000元、10,000元以上
	生命週期	青年，單身；青年，已婚，無子女；青年，已婚，有子女；老年，單身；老年，已婚，無子女；老年，單身，有子女等
	職業	工人、農民、軍人、機關幹部、學生、家庭主婦、服務人員、退休人員、教師、專業技術人員、個體經營者等
	文化程度	小學及以下、初中、高中、專科、本科、碩士、博士
	民族	漢族、回族、滿族、彞族、蒙古族、苗族、壯族等
	宗教	佛教、天主教、印度教、道教、其他、不信教等
	國籍	中國、美國、印度、日本、新加坡、俄羅斯等
地理因素	地區	亞洲東北部、東南亞、西亞等
	城市規模	2萬人以下、2萬~5萬人、5萬~10萬人、10萬~30萬人、30萬~50萬人、50萬~100萬人、100萬人以上等
	氣候	熱帶、亞熱帶、溫帶
	人口密度	城市、郊區、農村

表9.1(續)

一級標準	二級標準	典型細分類型
行為因素	購買時機	淡季、旺季、節假日
	追求的利益	便利、實惠、浪漫
	使用者地位	從未使用者、潛在使用者、偶爾使用者、經常使用者、首次使用者
	使用頻率	不使用、少量使用、中量使用、大量使用
	忠誠度	無、一般、強烈、絕對
	準備階段	不瞭解、有點瞭解、瞭解、熟悉、感興趣等
心理因素	購買類型	衝動型、保守型、進攻型、交際型、自負型等
	敏感因素	質量、服務、價格、廣告、品牌
	社會階層	下層、中層、上層

1. 人口因素

人口是構成消費者市場的基本因素之一，人在哪兒，哪兒就必然有衣食住行，就有消費需求。人口統計量相對比較穩定，因此也就相對容易取得數據資料，所以人口因素就經常作為企業劃分細分市場的常用標準。按人口因素細分市場的具體標準類型主要有年齡、性別、國家、文化、職業、宗教、收入以及家庭規模等一切描述人口特徵的統計變量。根據這些變量將消費者市場劃分成不同群體，即細分市場。

（1）年齡。人一生會經歷不同階段，在不同階段會有不同的消費需求和消費偏好，而且審美習慣也會有所差別。因此可以根據年齡差別將消費者市場細分出不同的市場，如嬰兒市場、兒童市場、少年市場、青年市場、中年市場和老年市場等。

（2）性別。男女在消費需求、購買動機、審美偏好等方面差別很大，女性主要是服裝、美妝、家庭日用品的消費者，而男性主要是體育用品、香菸和酒類的消費者。

（3）家庭規模。家庭人口數的大小對商品容量也會有影響，如家庭人口1~2人、3~4人及5人以上對牙膏等的容量有不同要求。

（4）家庭月收入。家庭經濟情況反應了家庭的購買能力和支付能力，因此對不同價位產品的需求也有不同，特別是對旅遊、汽車、奢侈品等影響比較大

（5）生命週期。生命週期如同年齡的差異，處在不同年齡段的人群對產品的需求不同。

（6）職業。人的職業會直接或間接影響其消費模式，如公務員、教師、工人、演員等，就算是對同一產品也會有不同偏好。並且同處統一職業的消費者還有攀比心理，其消費行為有相似性。

（7）文化水準。個人的受教育程度，在文化思想、生活方式以及價值觀念上都會產生差異，這些都會影響他們的消費行為和消費習慣。

除此之外，還有國籍、宗教、民族等因素也會影響消費者的需求。這些具體人口變量，既可以採用單一因素也可以用多種因素組合作為細分標準來劃分消費者市場。例如，若只以「性別」細分化妝品市場顯然是不夠的，許多企業還以「性別」+「年

齡」+「收入」等組合細分市場，組成了基於不同性別、年齡段和收入的不同種類的子市場。

　　尤為注意的是，由於人口因素的影響複雜多樣且容易變化，因此僅僅依靠人口統計量並不一定能準確把握需求。就年輕人而言，有追求開放、時髦的，也有保守、封建的；老年人有喜歡待在家裡照顧孫子的，有喜歡長年外出旅遊的，也有喜歡社交、娛樂的。奢侈品、名牌等價位高的商品並不全是收入高者購買，也有收入不高的年輕人傾向購買。還比如在美國，最昂貴的彩電的主要購買者也是底層勞動力者，因為相比於看電視、用餐，他們覺得彩電更便宜；還比如高配的凱迪拉克汽車的購買者也有體力勞動者，而普通的雪佛蘭也會被高層人士當作備用車。種種現象表明，行銷人員不能僅根據單一因素做分析，考慮多方面，結合多因素進行分析才能瞄準市場。

　　2. 地理因素

　　根據地理因素細分市場就是根據消費者所處的地理自然環境和條件劃分市場的過程。正如「一方水土養一方人」，不同地區的地理環境、氣候條件、社會風俗、文化灌南等都會造成該地區的消費者往往具有相似的特徵，不同地區的消費者的具體需求和要求也有差異。例如北方氣候寒冷，注重保暖功能，需要大量的棉、毛等製品，而南方氣溫較高，需要輕薄的衣物。湖南和四川喜歡辛辣實物，山西居民喜好醋。地理因素相對來說是一種較為傳統的市場細分變量，並且是靜態的，相對穩定，非常有助於企業開拓市場。一般來說，常用的地理變量如下：

　　（1）地區。中國包括北方、南方、華北、華東、東北、西南、中南、西北等地區，各地在穿著打扮、飲食口味、風俗習慣等方面都有差異，而且各地區人口分佈不均和經濟發展快慢都會形成有不同需求、不同愛好、不同購買力的市場。

　　（2）氣候。包括溫帶和寒帶，潮濕和干燥氣候，對商品性能有不同要求，而且還對商品的運輸和存儲環境有不同要求。

　　（3）人口密度。城市、農村、郊區的人口分佈有差異，也會影響商品的需求量和需求結構，還對行銷活動、廣告和分銷渠道有影響。

　　（4）城市規模。一般來說，城市規模越大，其需求也就越大，規模越小需求也越小，而且人口密度不同的地區，其行銷策略也有差異。

　　除此之外，還有交通運輸環境、通信網絡、地域文化等因素。根據地理因素細分市場，可以清晰地預測該市場的發育空間。比如國際行銷中，可根據產品在不同國家的上市時間的長短，將國際市場分為引入期國家市場（1～5年）、成長期國家市場（6～10年）、成熟期國家市場（11年以上）。這種細分模式，有利於企業根據不同國家採取有差異的行銷方式，制定有針對性的行銷方案。

　　總之，地理因素雖然容易識別，而且大多數變化不大，但是同一地區環境的消費者也會因為其他因素，對商品需求不同，因此應當結合其他因素進一步細分市場。

　　3. 行為因素

　　行為由動機產生，動機來源於需求。因此分析消費者的行為活動，深入掌握消費者行為特點，有助於指導企業有針對性地進行市場行銷活動，推出不同細分市場的產品，許多行銷人員認為行為是進行市場細分的最佳起點。一般來說，行為因素主要包

括購買時機、追求的利益、使用者的地位、使用頻率、忠誠度和準備階段等。

（1）購買時機。根據消費者購買商品和使用商品的時機進行市場細分，如節假日鮮花、禮物等需求量比較大，一些季節性商品適合到季購買。

（2）追求的利益。消費者渴望從商品中得到的利益不同，根據此劃分市場。例如牙膏產品，有的人重視美白功能，有的追求去除口腔異味，有的重視消滅蛀牙，根據消費者對產品追求的利益不同，從而提供能滿足消費者不同利益的產品。

（3）使用者地位。指消費者是否使用過該產品，大致分為從未使用、潛在使用、偶爾使用、經常使用、首次使用五大類型。企業根據自身資源和產品市場佔有率情況，決定採用何種策略吸引相應消費群。

（4）使用頻率。根據消費者使用產品的頻次多少對市場進行細分，大致分為不使用、少量使用、中量使用、大量使用等類型。大量使用者占的比例不大，但是其消費量在所有消費者中的比例最大，因此根據大量使用消費者的習慣制定價格、廣告媒體策略。

（5）忠誠度。根據消費者對某一產品的忠誠度細分市場。絕對的忠誠者，始終堅持購買某品牌的產品；動搖的忠誠者經常在幾個品牌之間搖晃、猶豫；無忠誠度者，購買產品不喜歡考慮品牌因素，任何品牌均可。在化妝品、服裝、家電等類別的市場，品牌有很大影響，企業應該注重提高品牌形象，提升消費者的品牌忠誠度。在絕對忠誠者佔有很大比例的市場上，競爭對手難以進入，就算進入也難以取得很大的市場份額。因此企業應該分析消費者的品牌偏好，分析發現問題，制定針對性措施，爭取市場份額。

（6）準備階段。根據消費者的產品的準備情況進行市場細分，大致分為不瞭解、有點瞭解、瞭解、熟悉、感興趣等類型。根據準備階段的不同，對不同市場採取鞏固、加強、進入或者改善等不同的行銷策略。

4. 心理因素

儘管處於同一年齡段、同一地區，或者行為相似，消費者也有可能有不同的消費習慣和特點，這便是心理因素作用的結果。因此心理因素也是重要的一個市場細分標準，常用的心理標準有生活方式、個人風格、購買動機。

（1）生活方式。個人興趣、觀念和習慣的差異構成了不同的生活方式，並通過吃、穿、用、住、行等不同選擇表現出來。消費者追求的生活方式不同，消費傾向也就不同，對商品的需求也不同，可根據生活方式將其分為傳統型、時髦型、活潑型等。如服裝企業研究女性消費者的生活方式後，根據樸素、時髦、氣質等類型，分別設計、制定不同款式、花樣等服裝，滿足不同生活方式的消費者需求。

（2）個性。消費者的個人風格會間接地影響其消費觀念和購買習慣，有獨立與依賴、自信與自卑、堅強與懦弱等。企業根據個性因素細分市場，可以更好地賦予產品不同風格，以符合消費者的個性要求。

（3）購買動機。消費者有不同的購買動機，比如追求價格實惠、追求美觀、追求新穎、追求名利等心理動機。各種購買動機都可以作為細分市場的重要變量。

（二）生產者市場細分的標準

對消費者市場細分的標準可以用於細分生產市場，但是生產市場由企業組成，有自己的特點，且心理因素的影響相對也沒那麼重要。因此除了上述描述的細分標準，對生產市場劃分還需考慮以下因素（見表9.2）。

表9.2　　　　　　　　　　　　生產者市場細分標準

細分標準	具體細分類型
最終用戶	軍用、民用、商用
用戶規模	企業規模、資金力量、採購能力
地理分佈	地區、交通、氣候、同類企業集中程度
購買利益	質量、價格、服務

1. 最終用戶

不同的最終用戶對同一產品有不同的需求，生產者市場經常使用最終用戶作為市場細分的標準，然後針對不同細分市場制定特定的行銷戰略。例如製造商根據晶體管用途將市場分為軍用市場、民用市場、商用市場。軍用晶體管注重產品質量和可靠度，價格一般不作為影響因素；商用市場除要求產品質量服務，還對價位及交貨時間有要求。

2. 用戶規模

主要指用戶的企業規模大小，可用企業資金力量和購買能力來衡量。一般來說，雖然大客戶數量少，但是購買能力大；小客戶雖然多，但是購買力相對較弱。不同級別的客戶對企業的重要性不同，企業應當用不同的行銷方案區別對待，衡量好不同用戶之間的關係，提升市場佔有率。

3. 地理分佈

不同國家或地區，通常根據資源分佈、氣候條件和歷史文化等形成若干個工業區，相對於消費者市場，生產者市場更為集中。根據購買者的地理位置細分市場，企業將目標放在購買者集中的地區，有利於節約推銷成本，提高銷售效率。同時，也有助於企業合理規劃運輸路線，節約交通成本。

4. 購買利益

在生產市場，不同的最終用戶對同一產品要求也不同，有的看重價格實惠，有的看重售後服務，有的看重產品質量。

與消費者市場類似，企業在細分生產市場通常不會只考慮單一因素，也是通過多個因素組合進行市場細分。

（三）選擇市場細分標準的注意事項

（1）企業選擇細分標準時，應該從企業自身的經營情況出發，從實際問題出發，對不同的產品和服務有不同的標準，且選取標準應該是有效、可行的。

（2）細分標註之間可以有機組合，並不是相互獨立的。企業應該認識到這一點，

在選取細分標準時充分運用組合和交叉的原理，還要考慮交叉變數。

（3）有時候很多細分標準內容是動態的，經常變化，因此企業在調查研究、分析和預測時應該充分瞭解這些標準的變化情況和趨勢，從而據以調整細分市場。

（4）市場並不是越細越好，因此企業在選取細分標準時，應該充分把握好細分的度，細分出來的市場應該有一定的規模，能夠達到企業的目標，滿足企業的盈利要求。

四、市場細分的方法和步驟

（一）市場細分的方法

根據企業經營規模、經營目標、經營產品的不同，採用的市場細分方法也有不同，主要體現在細分因素的內容、細分因素的難易程度、細分因素的數量等方面。一般採用的細分方法主要有單一因素法、綜合因素法、系列因素法。

1. 單一因素法

單一因素法是指只使用單一因素作為市場細分的標準，一般選取最主要的因素或最重要的因素。如自形車市場以性別作為細分標準，分為女性自行車市場和男性自行車市場。單一因素操作起來比較方便、簡單，但是相對粗略，而且很多產品市場僅靠單一因素很難分清楚。

2. 綜合因素法

綜合因素法指將影響消費需求的兩種或兩種以上的因素結合起來，從多個角度細分。例如某服裝市場可以根據年齡、性別、收入因素劃分為 32 個細分市場，如圖 9.2 所示。當消費者需求差別較為複雜，需要從多方面綜合考慮時，應當用綜合因素法。

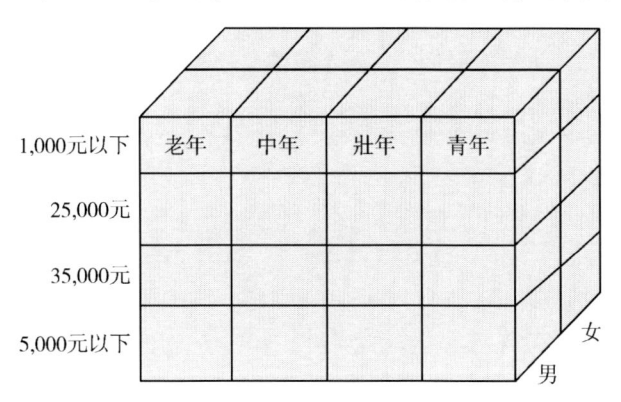

圖 9.2　綜合因素法圖解

3. 系列因素法

將影響消費者需求的兩種或兩種以上的因素按照一定的順序逐次細分市場的方法就是系列因素法。這種方法可以使目標市場更加明確、具體。其基本思路就是從粗到細，將整個市場分為幾個層次，逐層細分，直到不能細分或沒有細分必要為止，企業從最終細分出來的市場選取目標市場，集中精力、資源全力投入。例如，某企業對服裝市場的細分，如表 9.3 所示。

表 9.3　　　　　　　　某企業用系列因素法細分服裝市場

細分因素				
地理因素	人口因素		心理因素	行為因素
城鄉	性別　　年齡　　收入		生活方式	追求利益
大城市 小城鎮 農村	男 女	老年　　高 中年　　中 青年　　低	樸素型 時髦型 中性型	時尚美觀 舒適方便 經濟實惠

(二) 市場細分的步驟

對市場進行細分，大致可以分為以下七個步驟：

1. 明確企業經營方向

企業在進行市場細分之前，應當確定進入什麼行業、提供什麼產品或服務，從而確定自己的經營方向，這是進行市場細分的前提。企業根據自身實力和市場需求狀況，權衡取捨，確定可能的市場範圍。

2. 瞭解潛在用戶的需求

企業根據市場細分標準，通過市場調研、分析，列舉潛在用戶的需求。

3. 初步細分

根據列舉出的潛在用戶的基本需求，進一步分析、掌握，然後再使用合適的細分方法調查潛在用戶的具體需求。如此，基本上初步的市場細分結果就出現了。

4. 篩選細分市場

首先需要對細分結果的不同市場進行評估，評估時應當把握三個要素：一是市場的規模和發展，二是市場的優勢，三是企業的目標和自身資源。在掌握各細分市場的用戶的不同需求特徵後，剔除共同特徵，放棄沒有條件或者沒有必要進入的市場，最終篩選出最能發揮企業優勢的滿足企業經營目標的市場。

5. 為細分市場命名

初步為各細分市場即不同用戶群命名，盡量突出細分市場的特點，應簡單、形象、易記。

6. 進一步分析檢查

再次對各細分市場做更深入的調查分析，進一步分析細分市場的需求和特點，總結其原因，歸納整理，以便決定是否需要再次對各細分市場進一步細分或者合併。

7. 選定目標市場

對整體市場細分之後，大概估計各細分市場的用戶規模、購買頻率，預測潛在盈利，分析其發展前景。

第二節　目標市場策略

一、目標市場概述

（一）目標市場含義

　　目標市場是企業進行市場細分之後，決定要進入並為其服務的市場，企業的一切行銷活動都圍繞該市場進行。企業通過市場細分之後，發現不同慾望的消費群體和還沒被滿足的需求，企業把該部分當作市場機會。值得注意的是，並不是每個細分市場和未被滿足需求都是企業選擇的市場機會，只有那些符合企業經營目標，與企業資源、任務相匹配並且有更大的競爭優勢的才是企業的經營對象，這樣企業基本上確定了目標市場。可見，市場細分是選擇目標市場的前提和基礎，目標市場的選擇是市場細分的目的和歸宿。

　　目標市場與市場細分、細分市場的區別如表 9.4 所示。

表 9.4　　　　　　　　　　各概念的區別

概念	區別
目標市場	根據市場細分的結果，選擇一個或兩個及以上的符合企業資源、任務和目標的細分市場，作為企業服務對象的選擇
市場細分	按照某種細分標準劃分不同市場的過程
細分市場	市場細分之後所形成的一個個相互獨立的消費群體

（二）目標市場的作用和條件

　　1. 選擇目標市場的作用

　　（1）通過選擇目標市場，能夠較為全面地掌握每個細分市場的需求和特徵，從而能更好地找準市場機會。

　　（2）通過選擇目標市場，能夠分析每個細分市場的特性，從而有針對性地制定不同的行銷方案，達到企業目標。

　　（3）通過選擇目標市場，有助於企業管理者根據不同細分市場的發展狀況，建立有效、可行的行銷目標和行銷計劃。

　　2. 選擇目標市場的條件

　　企業面對著若干個細分市場，不知道如何選擇哪一個或哪幾個細分市場作為目標市場。通常來講，企業選擇目標市場應當具備以下基本條件：

　　（1）有一定的規模和廣闊的發展前景。

　　目標市場應當有很多需求沒有被滿足，應該符合企業的經營目標。但是，對企業來說，目標市場規模不應過大，也不應過小。若過大超出自己的能力範圍，反而得不償失；若過小不能滿足企業要求，且開發投入也會不划算。同時，選擇的目標市場還

應當不斷有新的未被滿足的需求出現，這樣企業才有廣闊的發展潛力。

（2）有一定的購買能力和贏利潛力。

有的市場有未被滿足的需求，但是這些市場沒有足夠的購買能力也就不能作為目標市場。目標市場應當具有現實的購買能力，有現實的購買需求，才能滿足企業的盈利目標。

（3）企業有能力經營。

有吸引力的目標市場並不一定是適合企業的，選擇的目標市場應當與企業的生產技術、人力、資金等資源相匹配。簡言之，企業有能力、有信心開拓該市場。如果該市場和企業的目標資源不符合，隨便進入市場會分散企業的精力、浪費資源，最終影響企業目標的實現。

除此之外，企業在選擇目標市場時，還應當將競爭者是否完全控制該市場納入考量。經分析之後，企業決定選擇某市場作為目標市場，但是競爭者幾乎完全控制該市場，這時候，企業應當考慮自己是否有能力趕上甚至超越競爭者，如果可以，那麼企業可以繼續針對該目標市場採取行銷手段和方法，侵占市場，在競爭中獲勝。

二、目標市場選擇模式

企業在市場細分之後，需要選擇一個或者兩個及以上的市場作為目標市場。通常來講，選擇目標市場的模式有以下五種，如圖9.3所示。

（1）產品與市場集中化戰略

（3）市場專業化戰略

（4）選擇專業化戰略

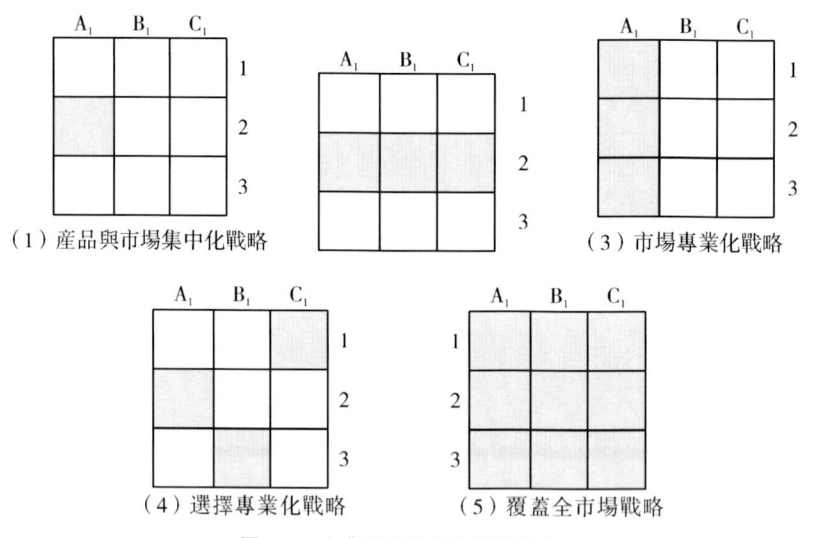

（5）覆蓋全市場戰略

圖9.3　企業選擇目標市場的模式

1. 產品與市場集中化戰略

該模式是最簡單的一種選擇目標市場的模式，即企業的目標市場不論是從產品方面還是市場方面，都集中於同一細分市場。該模式意味著企業指生產一類產品，只滿足一個消費者群體的需求，進行行銷。例如，某服裝企業只生產領帶，滿足男性群體的要求。很多大小型企業初期由於種種原因經常選擇這種模式。

2. 產品專業化戰略

該戰略指企業指生產一種產品，滿足一個消費群體的需求。企業選擇兩個及以上的細分市場，滿足不同市場的消費群。例如生產冰箱的企業同時向家庭、酒店、商店、科研室提供冰箱。

3. 市場專業化戰略

該戰略指企業生產各種各樣的產品，滿足同一個消費群的不同需求。例如生產冰箱的企業生產不同規格、大小的冰箱，只向酒店供應冰箱。

4. 選擇專業化戰略

該戰略指企業有選擇地進入幾個不同細分市場，滿足不同消費群體的需求，這些細分市場之間並無很明顯的聯繫，但是每個細分市場又存在很好的企業機會。例如有的企業既生產冰箱、電視、洗衣機、微波爐等家電產品，又生產手機、電腦等通信產品，向房地產等供應。

5. 覆蓋全部市場戰略

該戰略指企業生產多種產品滿足各種消費群體的需求。通常只有大型企業才具備這樣的實力，選擇該模式。例如美國通用汽車覆蓋全球市場，可口可樂公司涉及全球飲料市場。

三、目標市場選擇方法

選擇目標市場可以從不同角度進行，接下來介紹幾種常用的選擇目標市場的方法。

1. 矩陣法

矩陣法就是利用二維矩陣的形式，對市場中的各因素兩兩分析，從而選擇目標市場的方法。比如，奢侈品企業對國際顧客市場進行細分的結果，如表9.5所示。

表9.5　　　　　某奢侈品企業採用矩陣法對國際市場細分

客戶收入 客源地	高收入	中收入	低收入
德國	1	2	3
韓國	4	5	6
中國港澳地區	7	8	9

由表9.5可知，根據客戶收入和客戶來源地可以將國際奢侈品市場分為9個細分市場。該奢侈品企業根據自身狀況選擇8號單元格作為目標市場，即將港澳地區的中等收入群體作為目標對象。

2. 市場機會指數法

市場機會指數法就是通過某產品在某一細分市場的銷售額占該產品在全部市場的銷售額比例，通過與某企業某產品在該細分市場的銷售額占該企業該產品的全部銷售額百分比的比例進行比較、計算，分析該企業開發該細分市場的可能程度。通常，當市場機會指數大於1，反應該企業的產品在細分市場有相對較大的發展可能性；若市場

機會指數小於 1，則反應產品在該市場的發展可能性比較小。

$$市場機會指數法 = \frac{產品在細分市場的銷售額占產品全部銷售額的比例}{某企業該產品在細分市場的銷售額占該企業該產品全部銷售額比例}$$

3. 市場選擇指數法

對影響目標市場的各項因素進行評價打分，然後按照各因素的所占權重，計算各細分市場的綜合得分的方法就是市場選擇指數法。根據各細分市場的選擇分數大小，進行排序以及其他分析，則可以決定選擇哪一個目標市場。

設 n 為影響因素的個數；

W_j =因素 j 的加權值，有 $\sum_{j=1}^{n} W_j = 1$；

F_{ij} = i 細分市場中因素 j 的得分值；

V_i =i 細分市場的綜合得分，即市場選擇指數，就是 n 個影響因素的加權綜合值；

得到市場選擇指數的計算公式為：

$$V_i = \sum_{j=1}^{n} W_j * F_{ij}$$

4. 市場佔有率增長指數法

根據市場佔有率或銷售量的發展趨勢決定選擇哪一個或兩個及以上的目標市場的方法稱為市場佔有率增長指數法，基本操作程序如下：

(1) 按細分變量將市場細分歸類，如消費者年齡、收入等；
(2) 調查、分析各細分市場的發展現狀；
(3) 預測、分析各細分市場本企業的銷售額和市場佔有率的增長空間；
(4) 分析、比較各細分市場的銷售額和市場佔有率的增長潛力，確定目標市場。

四、進入目標市場的行銷策略

企業確定目標市場之後，就會確定以怎樣的行銷策略進入目標市場。常用的進入目標市場的行銷策略有：無差異化行銷策略、差異化行銷策略、集中化行銷策略。各行銷策略如圖 9.4 所示。

1. 無差異化行銷策略

無差異化行銷策略將整個市場都當作目標市場，不進行市場細分，生產同一種產品滿足消費者需求，且在該市場採用統一的行銷組合策略。該行銷策略強調需求的共同點，忽視需求的不同點。

無差異化行銷策略的優點就是節約成本，企業不用花費大量的研發費用，而且採用統一的市場行銷戰略和宣傳模式，減少了大部分的銷售費用，由於只生產一種產品，重視產品質量的提升。但缺點是產品單一，沒有特色，難以滿足消費者的不同需求特性，同時企業選擇的目標市場還必須是同質市場。並且若同類企業都採用這種策略時，競爭性很強，若市場需求發生巨大變化，企業將面臨巨大的市場風險。

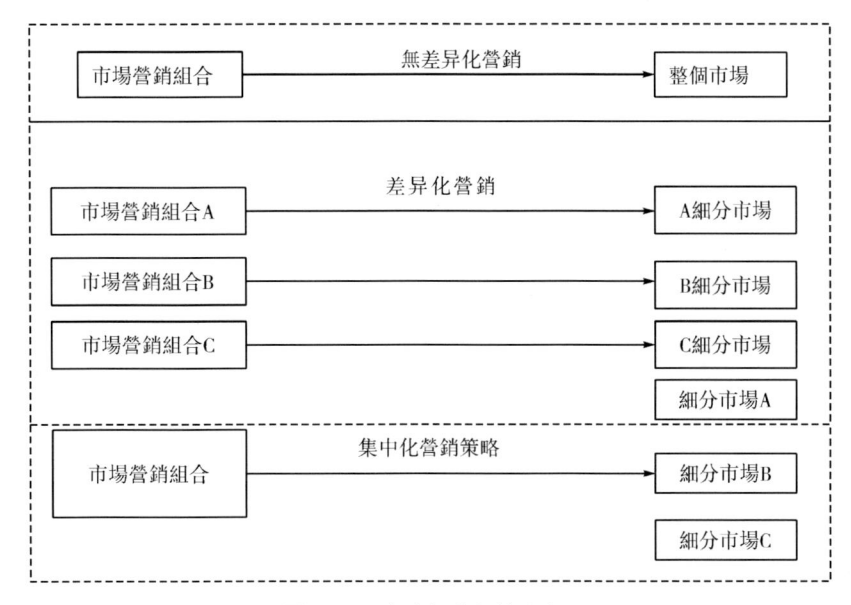

```
┌─────────────────────────────────────────────────────────┐
│  ┌──────────┐      無差異化營銷       ┌────────┐         │
│  │市場營銷組合│─────────────────────→│整個市場│         │
│  └──────────┘                        └────────┘         │
└─────────────────────────────────────────────────────────┘

┌─────────────────────────────────────────────────────────┐
│                        差異化營銷                        │
│  ┌───────────┐                        ┌────────┐        │
│  │市場營銷組合A│──────────────────────→│A細分市場│        │
│  └───────────┘                        └────────┘        │
│  ┌───────────┐                        ┌────────┐        │
│  │市場營銷組合B│──────────────────────→│B細分市場│        │
│  └───────────┘                        └────────┘        │
│  ┌───────────┐                        ┌────────┐        │
│  │市場營銷組合C│──────────────────────→│C細分市場│        │
│  └───────────┘                        └────────┘        │
└─────────────────────────────────────────────────────────┘

┌─────────────────────────────────────────────────────────┐
│                                       ┌────────┐        │
│                                       │細分市場A│        │
│                      集中化營銷策略    └────────┘        │
│  ┌──────────┐                         ┌────────┐        │
│  │市場營銷組合│─────────────────────→ │細分市場B│        │
│  └──────────┘                         └────────┘        │
│                                       ┌────────┐        │
│                                       │細分市場C│        │
│                                       └────────┘        │
└─────────────────────────────────────────────────────────┘
```

圖 9.4　目標市場的行銷戰略

【案例 9.2】

美國的可口可樂公司常年來一直生產一種口味的軟飲料，在全球市場銷售同樣的產品，採用同樣的保障、同樣的行銷渠道和同樣的廣告宣傳方式，滿足全球所有消費者的需求，並且行銷效果很好。

2. 差異化行銷策略

差異化行銷戰略即是指企業根據各細分市場的不同需求特色，有針對性、有目標地提供不同種類、功能、質量、規格的產品，還採用各具特色的行銷策略。

這種策略的優點就是滿足消費者的不同需求，提高產品競爭力和市場佔有率。同時還有助於企業塑造良好的企業品牌和形象，提升消費者對企業的忠誠度，增加信譽。缺點就是加大企業管理的難度，不同產品、不同行銷方式給企業的管理造成很大負擔，並且成本、管理費用、促銷費用也會大大增加。

3. 集中化行銷策略

集中性行銷策略就是在市場細分的基礎上，選擇一個或兩個及以上的細分市場作為目標市場，集中實行企業生產和行銷銷售，集中滿足這些細分市場的消費者需求，採用的行銷策略。採用該策略的企業認為與其在整個細分市場佔有很小的市場，還不如多控制或者佔有一個及以上的細分市場。

這種策略的優點是可以集中企業資源，提供專業化的產品與服務，重視產品和服務的極致，節約經營費用，滿足消費者需求，迅速提高市場佔有率，獲得市場知名度和競爭優勢。缺點就是對企業的抗風險能力要求比較高，一旦市場發生變化，由於企業的資源都集中於一個或幾個市場，難以應對挑戰，造成企業陷入困境。通常來講，資源有限的中小企業習慣採用這種策略。

第三節　市場定位戰略

一、市場定位的概述

(一) 市場定位的內涵

選擇好目標市場之後，企業就需要在目標市場為自己的產品樹立好形象和特色，使企業產品或服務具有辨識度，得到消費者的認同，此時就要進行市場定位。

市場定位就是企業根據市場特性和自身特點，在目標市場塑造與競爭對手不同的形象與標示，形成自己鮮明的特色，從而在顧客心中留下好印象，獲得顧客的偏好，最終實現在目標市場獲得競爭優勢的一個過程。

本質上，市場定位就是迎合目標市場消費者特定需求，讓企業與競爭對手區別開來，而且讓消費者明顯感受到這種差別。市場定位以產品定位為基礎，以自己的產品去迎合目標消費者的特定需求。在產品定位的基礎上，還需結合企業的自身資源和行銷目標，實現品牌定位和企業定位。

(二) 市場定位的作用

市場定位在市場行銷中具有重要的作用，具體體現在以下幾個方面：

①市場定位是實施市場行銷組合策略的前提和基礎。

企業必須對產品進行了準確的市場定位之後，才能對應地採取產品、價格、渠道和促銷等策略組合，讓產品在市場上佔有醒目角色，增加產品和企業辨識度。市場定位為市場實施行銷策略組合指明方向，向目標市場傳達統一的產品訴求，使目標消費者接收到統一的產品信息，強化產品特點，增加與競爭對手的辨識度。

②市場定位有助於企業樹立品牌和產品形象。

如何在同質化、競爭激烈的市場中求同存異，擴大市場佔有率，提升競爭優勢，企業必須要進行市場定位。通過市場定位，企業使產品具有自身鮮明特色，拒絕他人效仿，從各個方面樹立產品和品牌特色，形成自己獨特的市場形象，獲得目標消費者的偏好。

二、市場定位的程序

企業進行市場定位時分為以下三個步驟：

(一) 明確優勢

企業在市場定位時必須明確自身的優勢，滿足消費者需求的優勢以及相比於競爭者的優勢。把握小這些方面的優勢，充分發揮優勢作用，形成企業自身特色形象。主要包括以下內容：

1. 分析消費者對產品的評價

分析消費者對企業產品的評價，研究消費者需要什麼樣的產品，以及影響消費者

購買決策的主要因素。分析消費者重視的產品特色對企業定位具有十分重要的作用。

2. 分析自身資源特點

企業資源的有限性意味著企業只能集中某些方面，因此企業應當充分掌握消費者的需求，重點發揮其自身資源的優勢作用。同時，還應該明確企業資源與其競爭者資源的比較優勢。

3. 分析競爭者的定位特點

一般企業在進行市場定位時都會盡量避免競爭者的定位，避免直接與競爭者交鋒。因此企業應當充分瞭解競爭者的產品特點、市場行銷戰略以及市場定位，找出自己與競爭者相比的優勢和劣勢，找準自己的定位特點。

(二) 選擇時適當的競爭優勢

對企業來講，市場定位並不是利用所有的競爭優勢，也不是利用所有的差異化戰略，通常企業都是從這些競爭優勢抓住最重要、最有效的優勢，並且加以傳播，從而指導自己的市場定位。一般來說，企業選擇合適的競爭優勢應該都會考慮以下因素：

1. 重要性

將對目標消費者最重要的因素納入考慮，提供消費者迫切需要而且符合其態度、信念的產品。所有消費者覺得購買選擇的重要的考慮因素都應用於市場定位。

2. 獨特性

獨特性指企業的產品或服務能夠與競爭對手的產品或服務明顯區分開的重要特點。企業應當認真分析競爭者的市場定位，分析自己產品或服務的獨特性，找出競爭者沒有或者不足夠的獨特性，從而找出自己的產品或服務與眾不同或優於競爭者的特徵。

3. 優越性

優越性指自己的產品或服務比競爭者有明顯優越的地方。市場上能夠滿足消費者需求的產品或服務很多，只有明顯優於其他產品才能獲得消費者青睞。

4. 領先性

領先性指企業在技術、管理和成本控制等方面能不輕易地被模仿和趕超的競爭優勢，這些優勢能用於市場地位。

(三) 顯示獨特的競爭優勢

明確企業的競爭優勢，選擇好適當競爭優勢，接下來就該考慮如何顯示競爭優勢。通常分為三個步驟：

1. 建立符合市場定位的形象

首先，需要讓目標消費者知道、瞭解和熟悉的企業的市場定位。通過各種方式，巧妙地引起消費者的注意、興趣，多與消費者溝通，使他們知道市場定位。市場定位的差異可以經產品、服務、人員、形象等方面表現出來，使自己與競爭對手區別開。其次，企業還需要獲得目標消費者對市場定位的認同、偏好和喜歡。

2. 鞏固與市場定位一致的形象

目標消費者對企業的市場定位和形象的認識是一個由表到裡、由淺入深、由偏到全的變化過程，因此企業需要不斷地強化形象，保持消費者對市場定位的瞭解，穩定

目標消費和對市場定位的態度，還需通過各種方式加深目標消費者對市場定位的感情色彩。

3. 矯正與市場定位不一致的形象

有時候市場定位不一定在所有的目標消費者中得到同樣的認識和瞭解，或者是市場定位之後發現定位過高過低、模糊混亂等容易引起誤會。因此企業必須要對與市場定位不一致的形象不斷矯正、修改。

三、市場定位的方法

進行市場定位的方法有很多，一般常用的主要是以下幾種：

1. 特色定位法

這種方法根據特定的產品屬性來定位，這種定位可以強調與其他同類產品相比的某一特徵，如生產該產品的技術、設備、流程和產品的功能等。

2. 利益定位法

這種方法強調該產品能夠提供給消費者的利益，並且這種利益要能被切實感受到。

【案例9.3】

美國米勒啤酒公司就曾將其「高生」啤酒定位於「啤酒中的香檳」，因此吸引了一大批很少引用啤酒的高收入婦女。之後，該公司發現30%的狂飲者消費了啤酒總銷售量的80%，因此該公司在廣告中一是展示了石油工人鑽井後狂歡的畫面，二是展示了年輕人衝浪之後的暢飲畫面，由此給產品塑造了一個「精力充沛的形象」。並在廣告詞中提出「有空就喝米勒」的口號，成功占領啤酒狂飲者市場10年。採用這種定位方法突出了產品的優勢和特色，展示了對目標客戶的吸引點，能在眾多競爭者突出自己的品牌形象。

3. 用途定位法

根據產品的使用場合和用途來定位的方法即為用途定位法。

【案例9.4】

小蘇打最開始是被用於家庭除臭、刷牙以及烘焙等，後來發現小蘇打還可以當作調味汁和鹵料的配料，甚至還有一家企業發現其對感冒也有作用，因此被用作冬季流行性感冒的飲料。

4. 使用者定位法

由產品使用者對產品的看法來確定產品形象即通過使用者的類型定位的方法稱為使用者定位法。

5. 競爭者定位法

根據競爭者的定位從而定位自己不同的產品的形象的方法。如七喜將自己定位為「非可樂」飲料，因此成為軟飲料的第三大巨頭。

6. 檔次定位法

不同的產品在消費者心中所排列的檔次不一樣。對重視產品質量和價格的消費者而言，選擇突出產品質量和價格是樹立企業形象很重要的方法。例如依雲水比康師傅

更解渴，希爾頓不一定比家裡住著更舒服……其核心就是體現消費者身分、品味的差異。

7. 形狀定位法

根據產品的形式、狀態定位。這些形式、狀態可以是產品的整體，也可以是產品的一部分。如「大大」泡泡糖通過其產品表現的形式作為定位形象贏得了市場青睞。

8. 文化定位法

將文化內涵融入產品之中，從而形成文化上的品牌差異。

【案例 9.5】

「七匹狼」的主要目標客戶群體就是以追求成就、有內涵、敢於挑戰的 30 歲至 40 歲的中年男士，因此「七匹狼」的品牌內涵主要是突出男性精神，從而使得該品牌的文化品質給客戶留下了很深的印象。該企業將旗下的服裝、酒類、茶品等工業緊緊與「男性文化」相融和，並且圍繞這一文化定位對各類產品進行了創新和開發：服裝——自信、穩重；酒類——灑脫、豪放；茶品——冷靜、遙想。這種文化定位使「七匹狼」形成了很大的競爭優勢。

9. 感情定位法

感情定位法指通過產品直接或間接地掀起消費者情感線的定位方法。例如中國的「景泰藍」，注入了民族的情感；無錫的「紅豆」服裝品牌和紹興的「咸亨」酒店注入了中華文化的情感。

10. 附加定位法

完善服務梳理產品品牌形象的方法稱為附加定位法。生產性企業需要以生產實體為基礎，提升產品附加價值；非生產性企業可以直接通過附加定位作為訴求點。

總之，市場定位是一種競爭策略，是企業在市場上尋找機會以獲得競爭優勢的方式之一。因此企業要充分結合企業資源、產品特點以及競爭者和目標市場的情況綜合考慮，將多種方法結合使用。

四、市場定位的戰略

企業要想在市場上取得競爭優勢，應當制定正確的市場定位戰略的決策。

(一) 避強定位

避強定位指企業避免直接與競爭者對抗，將其定位在市場上的某處空白間隙，開發目前市場上還沒有的某種特色產品，開拓新的市場領域。這種戰略可以使得企業迅速在新市場站住腳，先入為主地獲得目標消費者的青睞，贏得市場份額，市場風險相對較小，成功率也比較高。

(二) 迎頭定位

迎頭定位是指企業與市場上有支配地位、實力較強的競爭者正面抗爭，選擇與對方相同的市場位置，彼此爭奪同樣的消費群體。採用這種策略，企業可以模仿競爭者的產品，降低研發成本和宣傳費用，也能迅速使消費者瞭解該產品。但是採用這種方

式必須認真分析、評價競爭者的實力，認真分析、考慮這些問題：能否比競爭者生產出更好的產品、該市場是否能夠容納兩個或以上的競爭者產品、是否比競爭者有更多的資源和實力。這種戰略不一定以打倒對手為目標，能夠平分秋色、站穩腳跟，實現企業盈利目標就是最大的成功了。

（三）並列定位

並列定位就是企業將自己的產品定位選擇競爭者產品附近，努力與競爭者滿足統一細分市場的需求，服務於相似的消費者群體。企業通常不會以取代對手為目標，也不會輕易向競爭者進攻。企業採用這種戰略前應該考慮以下方面：一是該市場是否有還未被滿足的需求，二是自己生產的產品是否能夠與競爭者的產品服務相比較，有自己獨特的定位。

（四）重新定位

重新定位也稱為二次定位，指企業變動產品特色，打破目標消費者對產品原有的印象，重新塑造新的產品形象並獲得目標消費的認識和偏愛的過程。這種定位戰略經常發生在企業剛進入新市場，發現初次定位的產品形象並不合適或者沒有優勢的時候，因此應改變原有的產品形象，重新獲得目標消費者的認同。

案例分析

1970 年至今，維珍集團成為英國最大的私人集團，究其發展歷程發現，維珍集團旗下擁有大大小小 200 多家企業，涉及領域包括航空、金融、媒體、鐵路、飲料、婚紗直至避孕套等多個看似並不相關的行業。在這過程中，維珍集團始終牢牢謹記自己作為市場利基者的角色。維珍總是選擇那些已經發展得相對成熟的企業，然後給消費者提供創新的產品或服務，其並不是所在行業領域的老大或者老二，而是所謂的「跟在大企業後面搶東西吃的小狗」。這種效果也剛好是維珍創始人布蘭森所希望的，他曾經說過：如果有誰願意，度過這樣的一生，喝著維珍的飲料長大，長大後去維珍大賣場買維珍電臺出的唱片，去維珍院線看電影，在 virgin.net 交女朋友，享受維珍假日提供的服務，由維珍安排一場巨大的婚禮，幸福的消費 virgin，拿著維珍養老保險進墳墓。如果不幸福的話，還可以喝維珍提供的伏特加。經過多年發展，維珍在英國的知名度已經高達 96%，在「英國男人知名品牌」中排名第一，在「英國女人知名品牌」中排名第三。維珍將目標客戶定位於「那些反叛、追求潮流的年輕人」，將目標集中於大企業，不屑於其他競爭者沒有涉及的空白市場，然後進行產品或服務創新，補好價值缺口，既避免與市場直接競爭，又與顧客需求相吻合。

思考討論題：

維珍成為「知名品牌」的關鍵因素有哪些？

課後練習題

1. 市場細分的內涵是什麼？
2. 市場細分的作用是什麼？
3. 市場細分的原則有哪些？
4. 選擇目標市場應該考慮哪些因素？
5. 企業如何進行市場定位？

第十章　行銷預算

學習目標

1. 掌握行銷預算的概念和相關內容。
2. 掌握、制定銷售預算的過程、方法。
3. 瞭解銷售預算的基本類型、預算編製要求和預算控制方法。
4. 區分總體行銷預算和分類行銷預算，掌握總體預算的彈性計算法和分類行銷邊際貢獻分配法。
5. 掌握彈性預算的編製方法與優缺點。
6. 瞭解全面預算管理的含義。
7. 瞭解行銷預算在行銷管理和全面預算體系中的地位。

第一節　行銷預算內涵及編製原則

一、行銷預算的內涵

（一）預算及全面預算概述

1. 預算

預算是通過對企業內外部環境的分析，在科學的生產經營預測與決策的基礎上，用價值和實物等多種形態反應企業未來一定時期的投資、生產經營及財務成果等一系列概括性的計劃和規劃。

預算包含的內容不僅僅是預測，它還涉及有計劃地巧妙處理所有變量，這些變量決定著公司未來努力達到某一有利地位的績效。預算（或利潤計劃）可以說是控制範圍最廣的技術，因為它關係到整個組織機構而不僅是其中的幾個部門。

一個預算就是一種定量計劃，用來幫助協調和控制給定時期內資源的獲得、配置和使用。編製預算可以看成是將構成組織機構的各種利益整合成一個各方都同意的計劃，並在試圖達到目標的過程中，說明計劃是可行的。貫穿正式組織機構的預算計劃與控制工作把組織看成是一系列責任中心，並努力把測定績效的一種系數與測定該績效影響效果的其他系數區別開來。

2. 全面預算管理

全面預算是企業根據戰略規劃、經營目標和資源狀況，運用系統的方法編製的企業經營、資本、財務等一系列業務管理標準和行動計劃，據以進行控制、監督和考核、激勵。全面預算一般包括經營預算、資本預算和財務預算三大類。[1]

全面預算是由一系列預算構成的體系，各項預算之間相互聯繫，關係比較複雜，企業應該根據長期市場預測和生產能力，編製長期銷售預算，以此為基礎確定年度的行銷預算，並根據企業財力確定資本支出預算。行銷預算是年度預算的編製起點，按照以銷定產的原則編製生產預算，同時編製銷售費用預算。生產預算的編製，除考慮計劃銷售量外，還要考慮現有存貨和年末存貨。根據生產預算來確定直接材料費用、直接人工費用和製造費用預算以及材料採購預算。產品成本預算和現金流量預算（或現金預算）是有關預算的匯總。利潤預算和財務狀況預算是全面預算的綜合。[2]

行銷預算與全面預算體系關係見圖 10.1。

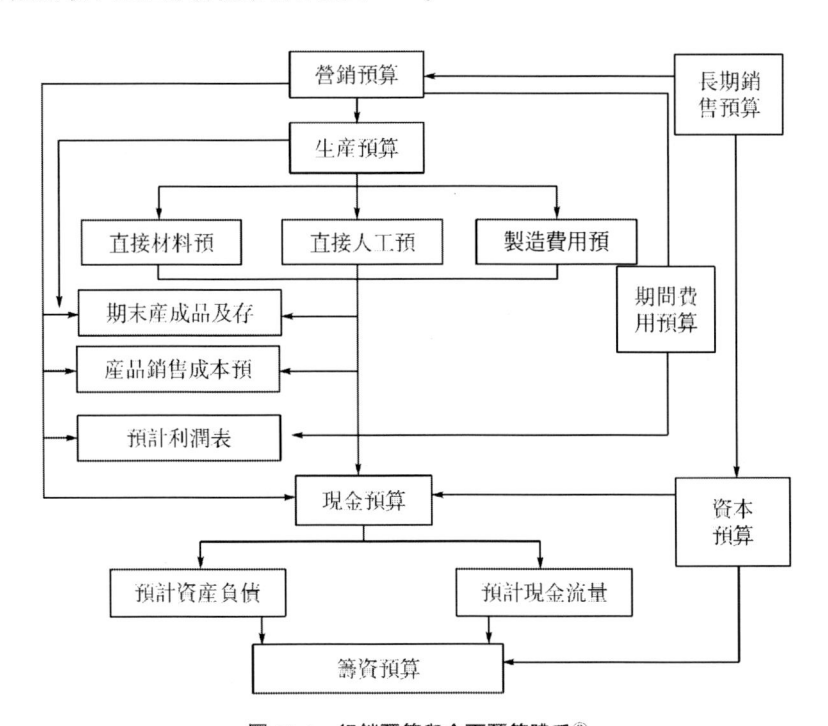

圖 10.1　行銷預算與全面預算體系[3]

---

[1] 荊新. 財務管理學 [M]. 6 版. 北京：中國人民大學出版社，2012.
[2] 荊新. 財務管理學 [M]. 6 版. 北京：中國人民大學出版社，2012.
[3] 胡世強. 財務管理學 [M]. 3 版. 成都：西南財經大學出版社，2013.

(二) 行銷預算的含義、內涵與功能

1. 行銷預算含義

行銷預算（Marketing Budget）是指執行各種市場行銷戰略、政策所需的最適量的預算以及在各個市場行銷環節、各種市場行銷手段之間的預算分配。

從市場行銷活動貫穿企業經營過程的角度看，廣義的行銷預算泛指整個企業生產經營預算，也就是企業的全面預算。狹義的行銷預算專指圍繞銷售環節開展各項活動的預算，是對未來銷售量和獲得這些銷售量的成本費用的財務預算，亦稱作銷售預算。一般使用狹義概念。行銷預算的基礎是銷售預測。

行銷預算是最基本和最關鍵的經營預算，它是銷售預測正式的、詳細的說明。由於行銷預測是計劃的基礎，加之企業主要是靠銷售產品和提供勞務所獲得的收入維持經營費用的支出並獲利，因此行銷預算也就成為預算控制的基礎。

2. 行銷預算內涵

行銷預算通常由銷售收入預算、銷售成本預算、行銷費用預算三個部分組成。

銷售收入的預算是最為關鍵的，也是最不確定的。不同的行業、公司的這種不確定性程度不同。比如波音公司的飛機製造的合同規定的交貨時間早已經排到三年以後了，那麼這樣的業務銷售收入就比較確定，主要與其生產能力有關。有的公司業務與國家政策或者國際經濟環境有關，還有比如經營消費品的公司，其銷售收入受消費者可支配收入、公司競爭形勢等因素影響，往往其銷售收入不確定性很大。但是必須對收入進行盡可能準確的預算，所以在進行預算時往往需要先確定一些基本的原則和條件假設。

銷售成本預算可以由標準的材料和人工成本結合產品銷售數量計算得來，但是對生產部門而言要複雜很多。行銷預算必須列清楚每種產品規格的銷售數量預算，這樣才可以做出銷售成本預算。一般來講，生產環節做出的銷售成本與行銷預算計算出來的銷售成本會有所不同，這主要是由產品的不同庫存狀況造成的。同時，從生產環節來看，組合成產品的各種材料還需要有一定的庫存，這些對成本和現金流都會有較大影響。

行銷費用預算基本上可以分為市場費用預算和行銷行政後勤費用預算兩大類。市場費用是為了取得銷售收入所產生的費用，比如廣告費用、推銷費用、促銷費用、市場研究費用等，而行銷行政後勤費用主要是指訂單處理費用、運輸費用、倉儲費用、顧客投訴處理費用、後勤人員薪酬等。這些行政後勤費用主要與市場行銷有關，因此也被列入行銷費用哪裡。

3. 行銷預算功能[①]

行銷預算具有以下功能，不以人的主觀能動性而轉移。

（1）規劃。使行銷管理階層在制訂經營計劃時更具前瞻性。

（2）溝通和協調。通過行銷預算編製讓各部門的管理者更好地扮演縱向與橫向溝

[①] 財政部會計資格評價中心. 財務管理 [M]. 北京：中國財政經濟出版社，2004.

通的角色。

（3）資源分配。由於企業資源有限，通過行銷預算可將資源分配給獲利能力相對較高的相關部門或項目、產品。

（4）營運控制。預算可被視為一種控制標準，若將實際經營與預算相比較，可讓管理者找出差異，分析原因，改善經營。

（5）績效評估。通過預算建立績效評估體系，可幫助各部門管理者做好績效評估工作。

編製行銷預算是企業行銷管理的一項重要工作。

小卡片：與行銷預算相關的幾個概念

1. 經營預算

經營預算又稱營業預算，是指企業日常營業業務的預算，屬於短期預算。營業預算通常與企業經營業務環節相結合。經營預算一般包括營業收入預算、營業成本預算、期間費用預算等。

2. 資本預算

資本預算是企業長期投資和長期籌資業務的預算，屬於長期預算。資本預算包括長期投資預算和長期籌資預算。

3. 財務預算

財務預算包括企業財務狀況、經營成果和現金流量的預算，屬於短期預算。財務預算是企業的綜合預算。為便與企業財務會計報表相比較，財務預算一般包含現金預算、利潤預算和財務狀況預算等。

（三）行銷預算在行銷管理中的地位與作用

1. 行銷預算在行銷管理中的地位

預算是面向未來的財務計劃，企業目標就是預算的基礎。一個有效的預算體系對於企業的財務管理和財務控制是必須的。企業應當利用預算來適應營運情況和財務狀況的變化。

行銷預算在行銷管理中有著極為重要的地位，如圖10.2所示。

2. 行銷預算的作用

通過企業行銷部門和其他各部門的精心組織編製與實施行銷預算，可以發揮出行銷預算的以下作用：

（1）行銷預算是企業營運的重要控制工具。

行銷預算通常是一個公司最早要確定的預算項目，一般說來，對主要依靠某種產品或者服務取得收入的公司而言，通過行銷預算可以看出公司該年度的預期盈利，每一個項目全部用財務指標來表達，通常一年一次，同時要做好後兩年的滾動預算。後兩年的滾動預算一般並不是很詳細，只要對大致的收入和支出進行粗略的趨勢性預測即可。

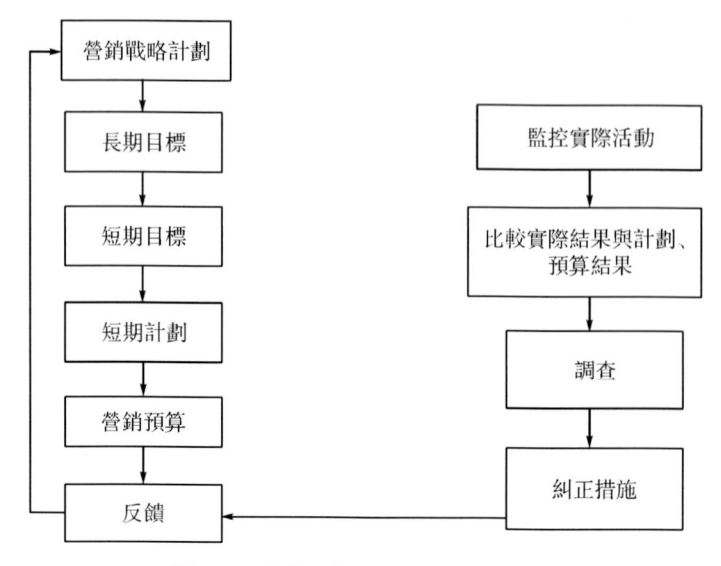

```
營銷戰略計劃 → 長期目標 → 短期目標 → 短期計劃 → 營銷預算 → 反饋
監控實際活動 → 比較實際結果與計劃、預算結果 → 調查 → 糾正措施 → 反饋
```

圖 10.2　行銷預算在行銷管理中的地位①

行銷預算一旦獲準執行，它意味著最高級的行銷主管對該預算承擔直接責任，也是對管理層的承諾，並且一般情況下不會改變，除非更高級別的管理層因為某種特殊的原因需要修改、重新審批，或者在制訂該預算時面臨的環境已經有了巨大的變化，現有的預算不再適用。

（2）行銷預算是執行經營戰略的重要環節。

行銷預算是公司經營戰略的細化，它直接表現出為經營戰略服務的特徵，因此是執行經營戰略的重要環節。比如公司的經營戰略決定公司將繼續在某個產品領域擴大影響，追求更高的市場份額，那麼該年度以及以後的若干年度的行銷預算就應該體現這一特徵，銷售收入要增加，同時用於進一步擴大市場份額所需要的資源也應該增加。

（3）行銷預算是協調各個部門工作的重要工具。

行銷預算的各項重要指標與公司的生產、供應、財務、研發等息息相關。行銷預算中的產品銷售數量預算要求生產部門要配備匹配的資源，供應部門需要滿足生產部門完成生產任務所需的各種包裝、原輔材料和機械設備，財務部門要確保公司的現金流不出現缺口等。一旦相關部門發現與行銷預算存在不協調之處，都必須提交討論並解決。

（4）行銷預算是公司評價行銷部門工作績效的標準和依據。

行銷部門同時會把總體的行銷預算再進行細化，分派到下一級的預算單位，因此它也是行銷部門內部的工作績效評價標準。一般說來，至少每月評估一次，主要是觀察預算指標與實際執行的對比情況，如果存在差異，要對差異進行分析，並找到解決的方案，所以，行銷預算也是一種控制工具。

---

① 胡世強. 財務管理學 [M]. 3 版. 成都：西南財經大學出版社，2013.

二、行銷預算的編製原則

行銷預算作為企業預算管理的重要組成部分，被視為企業行銷活動的現實管理控制，提高執行力的有效方法，也是企業追求穩定及成長，在經營管理上不可缺少的利器。就好比航海時，因任意漂流與航程排定不同，任意漂流可能無法達到希望的目的，而排定航程就能朝著預定的目標前進，雖然不能保證達到目標，但確實能夠使目標更容易達成。因此，行銷人員及財務人員在做相關預算編製時需要注意以下原則。

(一) 市場導向原則

整個預算尤其是行銷預算的編製要面向市場，行銷預算要建立在充分的市場預測和市場分析的基礎上，充分反應企業綜合實力，如銷售預測、銷售費用計劃、市場行銷計劃、採購成本等，立足於樹立競爭優勢。

(二) 量入為出原則

行銷預算目標的確定要與企業的實際情況相符合，編製行銷預算支出時要充分考慮到預算收入和企業的其他支出狀況，盡可能保證收支平衡或者對於收支差額心中有數，預算的編製要適當留有餘地，也就是要充分估計目標實現的可能性，不能把預算指標定得過高或過低。為了應付實際情況的千變萬化，預算又必須具有一定靈活性，以免在意外事項發生時影響目標的實現，預算目標尺度的把握應當既對經營者和各級管理人員具有一定壓力，又可以讓經營者和多數管理人員經過努力完成預算，從而使預算有足夠的激勵性。

(三) 戰略一致原則

行銷預算的編製必須與企業中長期戰略或發展規劃保持一致，避免行銷預算與企業戰略目標相背離的短期行為，行銷預算通過對戰略規劃在年度、季度、月度等時間序列上的明確，通過分析環境的變化和企業自身的強項弱項，有效實現行銷目標，將策略和措施落到實處。

(四) 上下結合原則

行銷預算目標的確定要按照從下到上再從上到下的順序，充分考慮企業各個層面的意見，既保證戰略目標的實現，又兼顧各部門的情況及員工的意見。

(五) 實事求是原則

行銷部門編製的預算要與經營管理情況基本相符，既不能為了求得良好績效按較低的預算目標編製預算，又不能脫離實際編製目標過高的預算。實事求是原則有一個重要的前提，即各類預算表項的計算口徑、計算方法、計算標準必須統一，並且必須通過宣講培訓使企業相關管理人員都清楚地掌握，準確地分類，正確地計算，才能使各部門編製的預算數據具有可比性。

（六）嚴謹可靠原則

行銷預算與有關預算指標之間要互相銜接，關係要明確，以保證整個預算的綜合平衡，預算編製要將預算目標通過數量體系體現出來，並將這些指標層層分解，落實到每個部門和每個員工，使預算的編製與執行達到責、權、利的統一。

第二節　行銷預算的過程及方法

一、行銷預算的過程

編製行銷預算包括以下步驟：

（一）確定公司銷售和利潤目標

公司的銷售和利潤目標通常是由最高管理層決定的。最高管理層向公司所有者承諾公司經營目標。公司的行銷總監和銷售經理的責任就是創造能達到公司最高層的目標的銷售額，但這樣做必須考慮成本和競爭可行性。

（二）銷售預測

銷售預測包括地區銷售預測、產品銷售預測和銷售人員銷售預測等部分。一旦公司銷售和利潤目標已經確定，預測者就必須確定公司的目標市場，評估是否能夠實現這個目標。如果總體銷售目標與預測不一致，就需要重新調整公司銷售目標和利潤目標，甚至公司行銷體系也需要變革。

（三）確定銷售工作範圍

為了達到既定銷售目標，需要確定銷售工作範圍，需要確定潛在顧客和他們的需求，設計產品、生產產品和為產品定價，通過各種方式與顧客溝通，招聘、培訓銷售人員等，開發具有銷售管理潛能的人才非常重要。

（四）確定固定成本與變動成本

在一定銷售額的範圍內，不隨銷售額增減而變化的成本被稱為固定成本；而隨著銷售產品數量增減而同步變化的成本被稱為變動成本。主要的固定成本包括銷售經理和銷售人員的工資、銷售辦公費用、培訓師的工資、例行的展銷費用、保險、一些固定稅收、固定交通費用、固定娛樂費用、平均折舊法下計算的折舊等。變動成本通常包括提成和獎金、郵寄費、運輸費、部分稅收（增值稅）、交通費、廣告和銷售促進費等。

（五）進行本量利分析

當區域銷售部門被分配年度銷售和利潤目標後，該部門必須保持對目標過程的控制。這種控制，最好按月進行。本量利分析法（BEA）是一種有效的分析方法。

盈虧平衡點（BEP）是本量利分析法中最重要的概念。它指為了使收入能夠彌補

成本（包括固定成本和變動成本）的最低銷售量。其計算公司如下：
$$BEP = F_C/(P - V_C)$$
公式中：BEP——盈虧平衡點
F_C——總固定成本
P——單位產品售價
V_C——單位產品的變動成本

（六）根據利潤目標分析價格和費用的變化

行銷部門需要知道各種行動對公司盈虧平衡點的影響。當公司的價格、成本、銷售量處於盈虧平衡點時，銷售收入剛好彌補所有的成本費用，公司處於零利潤的狀態。這只是一個理論上存在的狀態，很少有公司剛好處於這種點上。

當固定成本先下降而後又上升，而價格和變動成本不變時，例如一個銷售人員離開公司，固定成本下降，盈虧平衡點所需的銷售量減少，如果實際銷售量不變，則利潤會增加。相反，行銷經理決定將兩個區域分割為4個，就需要增加2個銷售員，這時固定成本會上升，盈虧平衡點所需的銷售量會增加，如果實際銷售量不變，則利潤將下降。

在第一種情況下，假如銷售經理決定削減交通費用，讓銷售人員更多地用電話溝通代替當面溝通，則單位變動成本會下降。假定銷售量沒有損失，盈虧平衡時銷售量就會下降，利潤會上升。另外，如果銷售經理增加銷售員的交通費用，變動成本會上升，從而盈虧平衡點也會上升，如果銷售量不增加，則利潤會很快下降。通過敏感性分析，試驗各種價格和成本的變化，可以看到其對盈虧平衡點和利潤的影響。

（七）向公司最高管理層提交行銷預算

通過本量利分析，銷售經理要確定為達到最高管理層確定的銷售額和利潤目標所必需的成本費用，應當知道各種變量的變化對利潤的影響，還應該瞭解哪種變化是可行的。

（八）用行銷預算來控制行銷工作

從一定意義上講，本量利分析是一個預測工具，因為它預示了成本費用變化對盈虧平衡點和利潤的影響。這種方法同樣可以用作評估和控制行銷工作的工具。當實際費用發生時，銷售部門也可以根據不同的變量來對目標影響的重要性來分析偏差發生的原因，進行有針對性的調控。

（九）滾動預算

行銷預算不是一成不變的，隨著市場的變化和公司戰略的調整，預算也必須進行適時的調整。一般是按照季度進行調整，本季度各月度按照上季度各月度實際完成率進行適當調整，形成所謂的滾動預算。

二、確定銷售預算水準的方法

銷售經理在確定銷售預算水準時，採用何種方法應根據公司的歷史、產品的特點、

行銷組合的方式和市場的開發程度等多方面因素加以確定，銷售部門可根據實際情況選擇以下方法。

(一) 最大費用法

最大費用法是在公司總費用中減去其他部門的費用，餘下的全部作為銷售預算。這個方法的缺點在於費用偏差太大，在不同的計劃年度裡，銷售預算也不同，不利於銷售部門穩步地開展工作。

(二) 銷售百分比法

銷售百分比法是以穩健經營為導向的預算方法。用這種方法確定銷售預算時，最常用的做法是用上年的費用與銷售百分比，結合預算年度的預測銷售量來確定銷售預算。另外一種做法是把最近幾年費用的銷售百分比進行加權平均，其結果作為預算年度的銷售預算。這種方法，往往忽視了公司的長期目標，不利於開拓新的市場，比較適合銷售市場比較成熟的公司。同時，這種方法不利於公司吸納新的銷售人才，因為從長遠來看，吸引有發展潛力的銷售人員對公司的長期發展是十分有利的，但這種方法促使銷售經理只注重短期目標，而忽視對公司具有戰略意義的人才的培養。

(三) 同等競爭法

同等競爭法是以競爭為導向的預算方法，以行業內主要競爭對手的銷售費用為基礎來制定的。同意用這種方法的銷售部門都認為銷售成果取決於競爭實力。使用這種方法，必須對行業及競爭對手有充分的瞭解，需要及時得到大量的行業及競爭對手的資料，但通常情況下得到的資料是反應以往年度的市場及競爭狀況，因此用這種方法分配銷售預算有時不能達到同等競爭的目的。

(四) 邊際收益法

邊際收益法是以收益為導向的預算方法。這裡的邊際收益指每增加一名銷售人員所獲得的效益。由於銷售潛力是有限的，隨著銷售人員的增加，其收益會越來越少，而每個銷售人員的費用是大致不變的。因此存在一個臨界點，即再增加一個銷售人員，其收益和費用接近，再增加銷售人員費用反而比收益更大。邊際收益法要求銷售人員的邊際收益大於零。邊際收益法也有一個很大的缺點，在銷售水準、競爭狀況和市場其他因素變化的情況下，確定銷售人員的邊際收益是很困難的。

(五) 零基預算法

零基預算法是以效率為導向的預算方法。在一個預算期內，每一項活動都從零開始。銷售經理提出銷售活動必需的費用，並且對這次活動進行投入產出分析，優先選擇那些對組織目標貢獻大的活動。反覆分析，直到把所有的活動按照貢獻大小排序，然後將費用按照這個序列進行分配。需要注意的是，有時貢獻小的項目可能得不到資金支持。另外，使用這種方法需經過反覆論證才能確定所需的預算。

(六) 任務目標法

任務目標法是以目標比例為導向的預算方法。任務目標法是一個非常有用的方法。

它可以有效地分配達成目標的任務。以下舉例說明這種方法。

【例 10.1】如果公司計劃實現銷售額 140,000,000 元時的銷售費用為 5,000,000 元。其中，銷售人員對總任務的貢獻水準為 64%。

由於銷售人員努力獲得的銷售收入為：
140,000,000×64% = 89,600,000 元
則：
費用÷銷售額 = 5,000,000÷89,600,000 = 5.6%
假設廣告費用為 2,000,000，廣告對總任務的貢獻水準為 25.6%。
由於廣告實現銷售收入為 140,000,000×25.6% = 35,840,000，那麼，廣告的費用/銷售額 = 2,000,000/35,840,000 = 5.6%。

這種情況下，兩種活動對任務的貢獻是一致的。

否則，例如廣告的收益低，公司可以考慮減少廣告費用，增加人員銷售費用。

這種方法要求數據充分，因此管理工作量較大，但由於它直觀、易懂，所以很多公司使用這種方法。

（七）投入產出法

投入產出法就是將一定時期內投入與產出的關係建立數學模型，計算消耗係數，並據此進行經濟分析和預測的方法。投入產出法是對任務目標法的改進，任務目標法是一定時間內費用與銷售量的比較，但有時有些費用投入後，其效應在當期顯示不出來，則無法真實地反應費用銷售量比率。投入產出法不強調時間性，而是強調投入與產出的實際關係，因此在一定程度上克服了任務目標法的缺點。

第三節　編製銷售收入、成本費用預算

不同組織的行銷預算過程和方式可能差別很大。有的單位有專門的預算部門協助高級領導人審批下級各部門的預算方案，有的單位則是上面先有一個預算的總設想，高層領導再向下級提出一些預算要求，便於下級在制定預算草案時瞭解預算的可行性。大多數單位都採用從下至上式的預算方式，從基層開始，逐級編製各自的預算，最後形成總預算。最高領導對總預算進行審核，審核其投資回報、市場分佈、人員分佈、階段目標等大指標與公司投資者制定的目標是否符合，如果哪方面有差距，則需要調整預算，由上到下進行重新論證和調整。因此，預算的編製是一個從上到下的目標分解，又是一個從下到上計劃策略支持的過程。

一、編製銷售收入預算

銷售或營業預算是預算期內為執行單位銷售各種產品或者提供各種勞務可能實現的銷售量或者業務量及其收入的預算，主要依據年度目標利潤、預測的市場銷量或者勞務需求、提供的產品結構以及市場價格編製。它是建立在市場預測與銷售預測的基

礎上的，有賴於企業在預算期內銷售收入的合理確定。而銷售收入的確定，不僅應當從企業產品的生產成本角度出發，還必須考慮市場銷售部門的意見。在詳細的市場調查、全面的經濟分析以及以往經驗總結的基礎上，科學地分析競爭對手，有效地進行市場行銷，綜合考慮經營環境，正確預計市場需求，合理制定產品的銷售價格，進而確定銷售收入。

具體的產品價格制定方法主要有以下幾種：

第一種是完全成本定價法。該方法是在產品的完全成本的基礎上再考慮一個加成比例後確定產品銷售價格。計算公式為：

$$單位產品售價 = 單位產品完全成本 \times (1 + 成本加成率)$$

式中：單位產品完全成本是指按現行《企業會計準則》核算的單位產品的生產成本，成本加成應當綜合考慮產品的銷售費用和銷售稅金、企業的管理費用、財務費用的分攤比例以及企業的合理利潤率，在此基礎上確定一個加成百分比作為成本加成率。

第二種是變動成本定價法。按此法制定單位銷售價格的計算公式如下：

$$單位產品售價 = 單位產品變動成本 + 成本份額 + 合理的單位利潤$$

式中，單位產品變動成本是指按照變動成本法計算生產成本，不包括生產過程中的固定製造費用；成本份額包括生產過程中發生的固定成本費用以及期間費用的分攤額；合理的單位利潤是按目標利潤確定的利潤水準。

第三種是目標利潤定價法。它是按照利潤和預計的銷售量確定的目標銷售價格，目標銷售價格就是實現目標利潤所應達到的價格水準，其計算公式如下：

$$目標銷售價格 = \frac{固定成本 + 目標利潤}{預計銷售量} + 單位變動成本$$

（或）

$$= \frac{固定成本 + 單位變動成本 * 預計銷售量}{(1 - 目標利潤率) \times 預計銷售量}$$

除此之外，還有邊際成本定價法等多種定價方法。

產品價格制定之後，企業應當以此為基礎確定產品銷售收入，並編製銷售預算。銷售預算通常是分品種、分月份、分銷售區域來進行編製。

以下用固定預算法編製行銷預算相關的銷售、生產、成本、銷售及管理費用預算。

【例 10.2】紅光公司預計在預算期（2009 年）內銷售甲產品 100,000 臺，各季度預計銷售量和售價如表 10.1 所示。該公司當期所收銷售款為本期銷售收入的 60%，其餘的在下季度中全部收回。另外，上季度應收帳款餘額為 2,000,000 元。請編製銷售預算表、現金收入預算表。

銷售預算表見表 10.1，銷售現金收入預算表見表 10.2。

表 10.1　　　　　　　　　紅光公司銷售預算表　　　　　　　　單位：元

項目	第一季度	第二季度	第三季度	第四季度	全年
預計銷售量（臺）	24,000	16,000	28,000	32,000	100,000
銷售單價	700	700	700	700	700
預計銷售收入	16,800,000	11,200,000	19,600,000	22,400,000	70,000,000

表 10.2　　　　　　　　　　紅光公司銷售現金收入預算表　　　　　　　單位：元

上年	應收帳款	2,000,000				2,000,000
本年各季度現金收入	第一季度	10,080,000	6,720,000			16,800,000
	第二季度		6,720,000	4,480,000		11,200,000
	第三季度			11,760,000	7,840,000	19,600,000
	第四季度				13,440,000	13,440,000
	合計	12,080,000	13,440,000	16,240,000	21,280,000	63,040,000

二、編製銷售成本預算

(一) 生產預算

在銷售預算表編製完成後，根據「以銷定產」的原則來確定生產預算。

生產預算是從事生產的預算執行單位在預算期內所要達到的生產規模及產品結構的預算，主要是在銷售預算的基礎上，依據各種產品的生產能力、各項材料及人工的消耗定額及其物價水準和期末存貨情況編製。

【例 10.3】承接上例，該公司產成品的期末存貨按下一期銷售量的 10% 來確定；各期初的存貨水準與上期期末的存貨水準相同；該預算年度年初的存貨為 2,400 臺；預計期末存貨為 4,000 臺。請編製生產預算表。

紅光公司生產預算表如表 10.3 所示。

表 10.3　　　　　　　　　　紅光公司生產預算表　　　　　　　　　單位：元

項目	第一季度	第二季度	第三季度	第四季度	全年
預計銷售量	24,000	16,000	28,000	32,000	100,000
加：預計期末存貨	1,600	2,800	3,200	4,000	4,000
合計	25,600	18,800	31,200	36,000	104,000
減：預計期初存貨	2,400	1,600	2,800	3,200	2,400
預計生產量	23,200	17,200	28,400	32,800	101,600

註：預計期初存貨量＝下季度預計銷售量×10%
　　預計期初存貨量＝上季度期末存貨量
　　預計生產量＝（預計銷售量＋預計期末存貨量）－預計期初存貨量

(二) 直接材料預算

在生產預算的基礎上，考慮原材料等存貨水準，就可以編製直接材料預算。

【例 10.4】承接上例，該公司的原材料採購款在本季度支付 80%，其餘的 20% 在下季度全部付清；各期期末原材料庫存量為下期生產消耗量的 10%；預計年初原材料庫存量為 20,000 千克，年末原材料庫存量為 26,000 克；原材料的平均單價為 20 元，單位產品消耗定額為 30 千克；上年年末應付材料款為 2,100,000 元。請編製直接材料

預算表和直接材料預算現金支出表。

紅光公司直接材料預算表和直接材料預算現金支出表分別如表 10.4、表 10.5 所示。

表 10.4　　　　　　　　　紅光公司直接材料預算表　　　　　　　單位：千克

項目	第一季度	第二季度	第三季度	第四季度	全年
預計生產量（臺）	23,200	17,200	28,400	32,800	101,600
單位產品消耗	30	30	30	30	30
生產耗用量	696,000	516,000	852,000	984,000	3,048,000
加：預計期末庫存量	51,600	85,200	98,400	26,000	26,000
合計	747,600	601,200	950,400	1,010,000	3,074,000
減：預計期初庫存量	20,000	51,600	85,200	98,400	20,000
預計材料採購量	727,600	549,600	865,200	911,600	3,054,000
單價（元）	20	20	20	20	20
預計採購金額（元）	14,552,000	10,992,000	17,304,000	18,232,000	61,080,000

表 10.5　　　　　　　紅光公司直接材料預算現金支出表　　　　　　　單位：元

		第一季度	第二季度	第三季度	第四季度	合計
上年	應付帳款	2,100,000				2,100,000
本年各季度現金支出	第一季度	11,641,600	2,910,400			14,552,000
	第二季度		8,793,600	2,198,400		10,992,000
	第三季度			13,843,200	3,460,800	17,304,000
	第四季度				14,585,600	14,585,600
	合計	13,741,600	11,704,000	16,041,600	18,046,400	59,533,600

（三）直接人工預算

在生產預算的基礎上，根據預計產量、單位產品工時及小時人工成本就可以編製直接人工預算。

【例 10.5】 承接上例，紅光公司的單位產品直接人工工時為 20 小時，每工時的平均工資為 10 元。編製直接人工預算如表 10.6 所示。

表 10.6　　　　　　　　　紅光公司直接人工預算表

項目	第一季度	第二季度	第三季度	第四季度	全年
預計生產量（臺）	23,200	17,200	28,400	32,800	101,600
單位產品工時（小時）	20	20	20	20	20
人工總工時（小時）	464,000	344,000	568,000	656,000	2,032,000
小時人工成本（元）	10	10	10	10	10
人工總成本（元）	4,640,000	3,440,000	5,680,000	6,560,000	20,320,000

(四) 製造費用預算

以生產預算為基礎，將直接材料、直接人工以外的生產費用匯編成製造費用預算。同時，也應當按變動費用和固定費用加以分類列示。

【例10.6】 承接上例，紅光公司生產的產品單位直接工時耗費變動製造費用為20元，並按照4：6：10（2：3：5）的比例在間接材料、間接人工和其他變動費用三個項目之間進行分攤；固定製造費用中，固定資產折舊費用為非現金支出成本，應在計算現金支出時扣除。請編製公司的製造費用預算表。

該公司的製造費用預算如表10.7所示。

表10.7　　　　　　　　　　紅光公司製造費用預算表　　　　　　　　金額單位：元

項目	第一季度	第二季度	第三季度	第四季度	全年
直接人工工時（小時）	464,000	344,000	568,000	656,000	2,032,000
單位工時變動製造費用	20	20	20	20	20
變動費用總額	9,280,000	6,880,000	11,360,000	13,120,000	40,640,000
其中：間接材料	1,856,000	1,376,000	2,272,000	2,624,000	8,128,000
間接人工	2,784,000	2,064,000	3,408,000	3,936,000	12,192,000
其他變動費用	4,640,000	3,440,000	5,680,000	6,560,000	20,320,000
固定費用總和	348,000	348,000	348,000	348,000	1,392,000
其中：折舊費用	120,000	120,000	120,000	120,000	480,000
管理人員工資	80,000	80,000	80,000	80,000	320,000
保險費	40,000	40,000	40,000	40,000	160,000
其他固定費用	108,000	108,000	108,000	108,000	432,000
單位工時固定費用	0.21	0.21	0.21	0.21	0.21
製造費用總額	9,628,000	7,228,000	11,708,000	13,468,000	42,032,000
減：折舊費用	120,000	120,000	120,000	120,000	480,000
現金支出的費用	9,508,000	7,108,000	11,588,000	13,348,000	41,552,000

(五) 產品生產及銷售成本預算

在直接材料預算、直接人工預算和製造費用預算的基礎上，根據生產預算和銷售預算，就可以編製產品的生產及銷售預算。

【例10.7】 承接上例，該公司編製產品生產及銷售成本預算如表10.8所示。

表10.8　　　　　　　紅光公司產品生產及銷售成本預算表　　　　　　　單位：元

| | 單位成本 ||| 期初存貨 | 生產成本 | 期末存貨 | 銷售成本 |
	用量	單價	小計	(2,400臺)	(101,600臺)	(4,000臺)	(100,000臺)
直接材料	30	20	600	1,440,000	60,960,000	2,400,000	60,000,000
直接人工	20	10	200	480,000	20,320,000	800,000	20,000,000
變動製造費用	20	20	400	960,000	40,640,000	1,600,000	40,000,000
固定製造費用	20	0.21	4.2	10,080	426,720	16,800	420,000
合計			1,204.2	2,531,520	107,167,680	4,219,200	105,480,000

三、編製銷售及管理費用預算

管理費用預算是針對企業日常生產經營中所必須開支的費用編製的預算。管理費用多數屬於固定費用，故編製時應以過去的實際開支為基礎，並考慮預算期可變的客觀因素，按照節約開支的原則確定預算數。

銷售費用預算是針對為實現銷售而發生的費用所編製的預算，因此必須以銷售預算為基礎，同時綜合考慮收入、費用與利潤的相互關係，利用本量利的規律編製。編製時應當考察各項費用在歷史上的發生情況以及未來發生的可能性，並且與銷售預算相配合，按品種、地區、用途具體確定預算數額。（由於銷售費用預算是行銷預算的重要內容，詳細內容見本章第四節。）

【例 10.8】承接上例，紅光公司編製的銷售費用及管理費用預算如表 10.9 所示。

表 10.9　　　　　　　紅光公司銷售費用及管理費用預算表　　　　　　單位：元

項目	第一季度	第二季度	第三季度	第四季度	全年
銷售費用	444,000	176,000	478,000	312,000	1,410,000
其中：銷售人員工資	96,000	64,000	112,000	128,000	400,000
廣告費	200,000	0	200,000	0	400,000
包裝費	24,000	16,000	28,000	32,000	100,000
運雜費	48,000	32,000	56,000	64,000	200,000
保管費	36,000	24,000	42,000	48,000	150,000
差旅費	20,000	20,000	20,000	20,000	80,000
其他	20,000	20,000	20,000	20,000	80,000
管理費用	600,000	600,000	600,000	600,000	2,400,000
其中：管理人員工資	300,000	300,000	300,000	300,000	1,200,000
廣告費	160,000	160,000	160,000	160,000	640,000
包裝費	40,000	40,000	40,000	40,000	160,000
運雜費	20,000	20,000	20,000	20,000	80,000
保管費	60,000	60,000	60,000	60,000	240,000
其他	20,000	20,000	20,000	20,000	80,000
合計	1,044,000	776,000	1,078,000	912,000	3,810,000
減非付現項目：					
折舊費	160,000	160,000	160,000	160,000	640,000
其他項目中的非付現額	100,000	100,000	100,000	100,000	400,000
小計	260,000	260,000	260,000	260,000	1,040,000
需要支付現金額	784,000	516,000	818,000	652,000	2,770,000

第四節　編製行銷費用預算

行銷費用預算是行銷預算的重要組成，是企業或外部行銷策劃者根據一定時期行銷活動的開展，事先確定內容、銷售成本及相關費用的概算。它既是行銷決策的具體內容，又是行銷控制的依據。

同其他預算一樣，行銷費用預算按涉及的時間長短可分為短期預算和長期預算。短期預算是指年度預算或季度預算、月度預算。預算期在一年以上的，被稱為長期預算，長期預算一般是戰略性的，預算編製比較粗略。根據制定行銷預算的方法，還可分為定量預算和定性預算。定量預算是在企業的各項統計指標基礎上制定的預算，它的精確度更高，更具有理論依據。定性預算則是種主觀的估算，它與預算制定者的經驗有關，在某些特殊情況下，如統計指標無法獲得時，就需要用定性的方法來確定預算額。行銷預算也可按預算編製的方法分類，分為固定預算和彈性預算。固定預算是根據一個確定目標和環境而進行預算的編製，當環境發生變動時，預算並不隨之調整。彈性預算則根據預測的行銷水準和市場環境的變化而調整相關費用構成及水準，能較靈活地適應實際情況變化。

一、行銷費用總體行銷預算的確定

(一) 行銷費用總體行銷預算的制定基礎

總體行銷預算的確定涉及企業可利用資源，容易受多種因素制約，行銷預算因此可以在多種基礎上進行制定。總體行銷預算是企業為執行行銷計劃而需要的總費用的概算。行銷費用總體行銷預算的制定基礎要從企業行銷目標、資源、市場及市場競爭等不同維度考量。

1. 以企業行銷目標、行銷活動內容為依據

這是根據企業行銷工作制定的目標。首先預測要達到該目標需採用的行銷措施和行銷手段，然後根據實施這些行銷措施所需要的行銷費用來確定總行銷費用。這樣制定行銷預算要求對投入項目做認真的分析，確定合理的目標。同時，對行銷措施要提前進行細緻的安排，還需要做好市場調研以減少市場的不確定性帶來的風險。

2. 以企業的資源限度為依據

由於企業資源的有限性，在很多情況下，企業只能根據其承受能力安排行銷費用預算。企業資源的限制制約了行銷預算的總量額度，企業行銷預算的限制又使企業行銷工作受到影響。以資源為依據制定行銷預算在企業資源偏緊的情況下，關鍵是做好預算結構的優化工作，以在預算限度下取得盡可能好的收益。理論上說，這種預算制定方法是不合理的，因為它與行銷費用的最終目的脫節，並且容易出現行銷預算與實際需要相反的情況。在業績良好時，企業的行銷資源豐富，但此時卻不需要太多的預算；而業績不佳，需要加大行銷力度時，卻由於行銷資源不足，拿不出太多的行銷費用。

3. 以市場為依據

在企業實際工作中，在企業行銷比較穩定和市場環境變化不大的情況下，企業花費在廣告、促銷和其他行銷活動中的費用一般有一個大致的比例。可以根據企業行銷目標確定的銷售額，以一個平均的比例安排行銷費用預算，使行銷費用和行銷工作的實績相聯繫，方法簡單且比較穩妥。這種預算方法的前提是市場環境變動不大，當市場出現較大變化時，行銷預算的分配可能會與實際的需要發生偏離。

4. 以競爭導向為依據

企業的市場競爭對手在競爭中的行銷投入體現了競爭的力量和競爭的程度。企業可以參照競爭對手的行銷費用水準確定自己的行銷預算。企業的行銷投入可以與競爭對手相當，或根據競爭需要調整，以保持企業在市場競爭中的實力。這種預算需要知道競爭對手的行銷投入的水準。但是，競爭對手的投入水準在一般情況下是很難識別的，這要求企業有較強的收集競爭情報的能力。

(二) 總體行銷費用預算的類型

行銷費用總體行銷預算大體上可分為兩類，一是銷售費用，二是銷售管理費用。銷售費用包括銷售人員工資、廣告費、包裝費、運輸費、保管費等。銷售管理費用包括行銷管理人員的工資、福利費、保險費、辦公費等。這兩類費用的用途、性質不同，在核算上可使用不同的方法。

銷售費用是為了實現銷售收入所需支付的費用。進行銷售費用預算應該以銷售收入為基礎，分析銷售收入、利潤和銷售費用的關係，以實現銷售費用的有效配置。銷售管理費用是必須支付的費用，即使不進行銷售活動，銷售管理費用仍然要支付。進行銷售管理費用預算，要分析管理工作與行銷業績的關係。銷售管理費用多屬於固定成本，一般以過去實際開支為基礎。按預算期的可預見變化進行調整，注意提高費用效率。

(三) 行銷費用總體預算的彈性計算法

根據預算的不同制定基礎，最簡單的方法就是制定靜態預算或固定預算。即預算制定之後就不再調整。例如預算制定的目標利潤法，就是用預期的收入扣除目標利潤，剩餘的按一定比率提取就可作為行銷預算。實際上，行銷活動往往受到市場條件變化的影響。在條件變化的情況下，固定預算作為行銷工作計劃、預算控制手段的作用就會下降。為了適應市場環境的變化，就要編製彈性預算。

彈性預算是指能適應企業在預算期期內任何行銷活動水準的預算。彈性預算的數字不再是固定的數字，而是隨著銷量或銷售額的增減，或者是隨競爭強度的增減進行機動調整。

1. 彈性預算的基礎

彈性體現在變化上，彈性預算調整根據行銷收入水準和市場競爭強度兩方面進行。

假定市場競爭強度不變，彈性預算僅隨行銷水準的變化而變化。企業確定的行銷目標可以是一個範圍，而不是一個確定的值。不同等級的行銷水準會對應不同的行銷收入水準，由此可以確定不同的行銷預算。

假設企業的行銷水準不變，彈性預算就僅隨市場競爭強度的變化而變化。為保證行銷計劃的完成，達到企業預期的目標，需要從行銷手段上給予支持，確定不同競爭強度下的行銷預算，以適應不同競爭強度下行銷工作的需要。

一般情況下，要把兩方面結合起來綜合考慮，即不同行銷水準和不同競爭強度下的彈性預算。這種計算方法雖然工作量較大、計算較複雜，但可以使行銷預算更完整、更全面。

2. 行銷費用的分解

彈性預算是在掌握固定行銷費用、變動行銷費用的基礎上進行的。計算彈性預算前，首先要做的就是對行銷費用進行分解。首先要分析每項費用，按各項費用的性質分為變動費用和固定費用。如有混合費用，則要按一定的規則將其分為固定費用和變動費用兩部分。

固定費用是指對於銷量變動，在短期內不受影響的費用。固定費用包括折舊、管理人員工資、保險費、辦公費等。固定費用可進一步分為約束性固定費用和選擇性固定費用。約束性固定費用是指維持企業行銷活動必須支付的費用，如折舊、管理人員工資等。選擇性固定費用是由於行銷管理者實施行銷活動而支付的費用，如廣告費、保險費、市場調研策劃費、行銷人員培訓費等。

變動費用指隨銷量變化而變化的費用，如銷售提成、佣金、包裝費等。

混合費用指那些無法被明確劃分為變動費用或是固定費用的行銷費用。對這類費用要用一定的數學方法分解為固定費用和變動費用，如確定一個固定的分解比率。

3. 彈性預算的計算

（1）列出費用表。

這一步就是把分解完的費用列出，便於以後使用。

【例 10.9】分解 A 公司行銷費用如表 10.10 所示。

表 10.10　　　　　　　　　　　行銷費用分解表　　　　　　　　　　　單位：元

行銷總費用 C	114,000
變動費用 VC	40,000
選擇性固定費用 DFC	44,000
約束性固定費用 CFC	30,000

（2）計算單位銷量變動費用。

單位銷量變動費用以正常行銷條件下的銷售量和變動費用確定。

$$單位銷售變動費用 = \frac{正常時期變動費用額}{正常時期銷售總量}$$

【例 10.10】A 公司的正常銷售量是 1,200 件，行銷變動費用為 40,000 元。那麼它的單位銷量變動費用是：

$$\frac{VC}{Q} = \frac{40,000}{1,200} = 33.4$$

（3）計算不同等級銷量下的變動費用

確定銷量等級可以通過分析歷史數據得到，也可以由有經驗的行銷人員定性估計。

$$變動費用 = 某級銷售量 \times 單位銷量變動費用$$

【例10.11】A公司根據市場的情況，確定可能的銷售量為三個等級，即1,200、1,400、1,600，那麼它的變動費用也相應分為三個級別：

$VC_1 = 1,200 \times 33.4 = 40,080$

$VC_2 = 1,400 \times 33.4 = 46,760$

$VC_3 = 1,600 \times 33.4 = 53,440$

（4）確定競爭狀態。

這一步包括確定競爭的強度和出現的概率。確定強度系數時，把正常競爭水準的系數定為1。

【例10.12】A公司經過分析，列出可能面對的競爭情況，如表10.11所示

表10.11　　　　　　　　　競爭狀態分析表

競爭狀態A	A_1	A_2	A_3
強度系數T	0.8	1	1.5
概率P	0.3	0.4	0.3

（5）計算選擇性固定費用。

選擇性固定費用由正常情況下的選擇性固定費用乘以競爭強度系數的加權平均值計算得到：

$$DFC^* = DFC \sum T_i P_i$$

【例10.13】計算A公司的選擇性固定費用。

A公司的DFC^*為：

$DFC^* = 22,000 \times (0.8 \times 0.3 + 1 \times 0.4 + 1.5 \times 0.3)$

$\quad\quad = 22,000 \times 1.09 = 23,980$

（6）計算約束性固定費用。

約束性固定費用根據行銷水準是否超出相關範圍確定。未超出相關範圍，以正常情況下的約束性固定費用為準；超出相關範圍，則根據行銷水準和規模確定約束性固定費用。

【例10.14】A公司經過分析，認為預期的銷售量為1,200、1,400、1,600，均不超過規定的行銷水準範圍。計算A公司的約束性固定費用。

$CFC^* = CFC = 30,000$

（7）匯總彈性預算。

$$彈性預算費用總額\ C^* = VC_1 + DFC^* + CFC^*$$

【例10.15】A公司的彈性預算最終列為表10.12：

表 10.12　　　　　　　　　　　預算匯總表　　　　　　　　單位：元

銷售水準	1,200	1,400	1,600
變動費用	40,080	46,760	53,440
選擇性固定費用	4,400	4,400	4,400
約束性固定費用	30,000	30,000	30,000
行銷費用總額	75,680	82,560	89,440

二、行銷費用分類行銷預算的確定

分類行銷預算是把行銷總預算分配到各行銷環節、行銷時期、行銷單位和行銷工具上，並落實到每一項行銷活動中。總體預算只有經過合理的配置才能有效地發揮作用。

(一) 行銷預算分配的基礎

行銷預算的分配可以從兩個方面進行分析，一是在不同的行銷組合之間分配預算，例如安排廣告費、促銷費等；還可以以非行銷組合為標準來分配，最常用的是在不同地區、不同職能部門、不同產品上分配行銷預算。最終的預算分配結果通常是把不同的分配基礎結合起來考慮得到的，分配結果可以用多變量交叉列表的形式來表示，如表 10.13 所示的就是一個雙變量交叉列表形式的預算分配表。

表 10.13　　　　　　　　　　　預算分配表　　　　　　　　　單位：元

項目＼部門	A	B	C	合計
銷售費用	26,000	24,000	18,000	68,000
工資	8,000	6,000	6,000	20,000
廣告	8,000	6,000	4,000	18,000
運輸	4,000	4,000	2,000	10,000
包裝	4,000	4,000	2,000	10,000
保管	2,000	4,000	4,000	10,000

(二) 邊際貢獻分配法

分配行銷預算的一種合理方法是根據邊際貢獻來分配預算，下面就簡要介紹一下邊際貢獻分配法的使用。

例如，A 公司某部門計算期數據如下：

部門銷售收入：50,000 元

商品變動成本和變動銷售費用：30,000 元

部門可控固定間接費用：2,000 元

部門不可控固定間接費用：3,000 元

分配公司費用：2,000 元

根據上面的數據，可以計算如下：
部門收入：50,000 元
變動成本：30,000 元
邊際貢獻：20,000 元
可控固定成本：2,000 元
可控邊際貢獻：18,000 元

$$\text{由 } i \text{ 部門的可控邊際貢獻率} = \frac{i \text{ 部門的可控邊際貢獻}}{i \text{ 部門的收入}}$$

$$i \text{ 部門的預算分配} = \text{預算總額} \times \frac{i \text{ 部門可控邊際貢獻率}}{\text{平均可控邊際貢獻率}}$$

邊際貢獻分析法不僅可以在部門間使用，也可以把部門的邊際貢獻換成不同產品、不同地區、不同行銷工具的邊際貢獻，這樣就可以利用邊際貢獻分析如何在這些項目之間分配預算。

第五節　行銷預算執行、控制、考核

一、行銷預算執行

行銷預算執行是指經法定程序審查和批准的預算的具體實施過程，是把行銷預算由計劃變為現實的具體實施步驟。行銷預算執行工作是實現行銷預算收支任務的關鍵步驟，也是整個行銷預算管理工作的中心環節。行銷預算編製再好，如果執行不力，也只是紙上談兵，因此要嚴格執行預算。通過責任細化對行銷預算執行過程中的憑證傳遞和手續審批進行控制，以保證行銷預算執行的有效性。例如，可以由行銷預算管理委員會協同各二級單位相關預算執行部門制定費用控制卡、計劃領料卡來控制預算執行。然後根據成本費用項目的性質、金額以及相對責任中心的重要性，對控制卡分別採用按年或按月控制。財務部門作為最後的把關控制點，對一般業務，在進行服務處理時，首先看是否有預算，如果沒有預算，則拒絕該項目入帳。特殊情況下可以超支，但要補辦調整手續。

二、行銷預算控制

預算控制在很大程度上就是財務控制，它具有全面控制的約束力。行銷預算的執行與控制是緊密聯繫的，有力控制是有效執行的重要保證。為了加大控制力度，增強監督的客觀、公正和獨立性，行銷預算控制工作由預算管理委員會協同企業內審部門共同完成。內審部門不參與預算的編製，只對預算的執行過程與結果進行監督，直接對預算管理委員會主任（一般為企業的總經理）負責。內審部門一方面可以借助企業的財務網絡系統在預算執行過程中對各二級單位實施突擊審查，另一方面可以在期末根據財務部門匯總結果實施定期審查。

在預算控制操作中，有如下兩種比較典型的應用方法：

(一) 費用專控目標體系

這是由公司單項行銷費用指標和無程序性的隨機費用指標組成的目標體系，專項控制主要內容包括：單位成本、材料燃料消耗、水電消耗、招待費、差旅費、運輸費、辦公費、儲備資金週轉天數等。這些專項控制費用量大、面積廣、隨機性強，在預算中很難進行有效控制，因此需要採用專控目標體系方法進行強化管理。

(二) 定額管理

定額是行銷部門根據成本核算和競爭對手水準確定業務人員在人力、物力、財力方面應遵守的標準。定額管理是對整個銷售部門的各項工作、各個崗位的定員進行核實，編製定員，使工作人員與工作任務相適應。一般針對成熟市場中的企業進行定額管理，因為這類企業的市場銷售平穩。

行銷部門必須同相關部門進行充分溝通，獲取有價值的建議，更有效地把錢花在目標上。最好的銷售預算包括兩部分：第一部分是滿足按月進行的行銷花費的數量，第二部分是應付預料不到的銷售需求的備用預算。例如，可能會有一個新市場出現，或者有競爭對手退出或者出現，如何應對這些機遇和挑戰都要受到銷售預算的影響。

三、行銷預算考核

行銷預算考核是對企業內部各級責任部門或責任中心預算執行結果進行的考核和評價，是管理者對執行者實行的一種有效的激勵和約束形式。預算考評具有兩層含義，一是對整個行銷預算管理系統的考評，即對行銷業績的評價；二是對行銷預算執行者的考核及其業績的評價。

行銷預算考核的實施包括三個步驟的內容，即制訂行銷預算考核制度、確認執行結果、兌現獎懲。

(一) 制定行銷預算考核制度

制定預算考核制度就是要明確預算考核的指標體系。預算管理機構應根據行銷預算目標制定行銷各單位的預算考核指標，再根據各個項目預算目標的重要性，分別確定考核指標的權重。一般來說，考核指標的設計需要考慮行銷相關的各責任單位的定位、企業的發展戰略、企業的產品壽命週期、企業的年度預算管理重點等內容。

(二) 確認行銷預算各責任部門的執行結果

預算管理機構應根據預算考核制度要求、各相關單位預算執行和預算體系運行情況，對各單位和各專業職能部門進行預算考核並出具考核報告。

(三) 兌現獎懲

預算管理委員會負責對預算管理機構出具的預算考核報告進行審批。企業管理層根據審核批准的行銷預算考核報告，將對各單位預算考核的結果納入整個公司的績效考核體系，進行獎懲。

第十一章　產品、定價、分銷策略

學習目的

通過本章學習，瞭解產品整體、產品組合的概念，掌握產品生命週期的概念及不同階段的行銷策略，掌握商標、品牌、包裝概念和策略；瞭解影響企業定價的因素、企業的定價目標，重點掌握基本定價方法和定價策略，瞭解企業價格調整的原因及對策；掌握分銷渠道的概念與特徵，瞭解渠道策略的不同類型及渠道模式，瞭解中間商的概念、種類；掌握渠道管理的基本步驟。

本章要點與難點

本章重點：產品組合策略；產品生命週期策略；定價的影響因素；調價策略。
本章難點：定價方法；分銷渠道管理。

引導案例

年銷量150億，農夫山泉最近幾年的行銷確實牛！

農夫山泉即農夫山泉股份有限公司，原名「浙江千島湖養生堂飲用水有限公司」，其公司總部位於浙江杭州，系養生堂旗下控股公司，成立於1996年9月26日。該公司是中國大陸一家飲用水生產企業，擁有浙江千島湖、吉林長白山、湖北丹江口、廣東萬綠湖、寶雞太白山、新疆天山瑪納斯、四川峨眉山、以及貴州武陵山八大優質水源基地。農夫山泉自1997年面世以來，一直在打造為人類的健康事業做出貢獻的品牌概念，發展到今天，以年銷售額150億元的成績領跑中國飲用水的市場，他們是如何做到的？

每當看到農夫山泉這四個字，我的腦海中首先閃現的是那句出色的廣告語「農夫山泉有點甜」，「有點甜」以口感承諾作為訴求差異化，借以暗示水源的優質，使農夫山泉形成了感性偏好、理性認同的整體策略，同樣也使農夫山泉成功地建立了記憶點。根據此則廣告不難看出，農夫山泉創造顯著的差異性，建立自己的個性，當別的同類產品都在表現各自如何衛生、高科技、時尚的時候，農夫山泉不落俗套，獨闢蹊徑，只是輕輕提到卻又著重強調產品的口味，也僅僅是「有點甜」，顯得超凡脫俗，與眾不同，讓電視機前的消費者感到耳目一新，這樣的產品讓消費者忘記是困難的，一個廣告能達到這樣的效果，這個產品也就成功了一半。

為什麼農夫山泉廣告定位於「有點甜」，而不是像其他礦泉水廣告那樣，訴求重點為「27層淨化」呢？這就是農夫山泉廣告的精髓所在了。

首先，農夫山泉對純淨水進行了深入分析，發現純淨水有很大的問題，問題就出在純淨上：它連人體需要的微量元素也沒有，這違反了人類與自然和諧的天性，與消費者的需求不符。這個弱點被農夫山泉抓個正著。

作為天然水，它自然高舉起反對純淨水的大旗，而它通過「有點甜」正是在向消費者透露這樣的信息：我農夫山泉才是天然的、健康的。一個既無污染又含微量元素的天然水品牌，如果與純淨水相比，價格相差並不大，可想而知，對於每個消費者來說，他們都會做出理性的選擇。

天然的概念使農夫山泉與其他品牌產生區別。此外，農夫山泉 2008 年的傳播策略極其清晰和簡單。概念明確後，就要用簡單、有力的創意來傳達：極簡的背景，一杯水，水的倒入與更換「人體中的水，每 18 天更換一次」「水的質量決定生命的質量」從真實的千島湖風景印入到農夫山泉的瓶標中的照片。「我們不生產水，我們只是大自然的搬運工」這一觀點，出乎於消費者常規思維，簡潔有力且富有內涵。

本次廣告與之前農夫山泉一直在傳播的「水源地建廠，水源地灌裝」完美結合，並進行了新的闡釋——農夫山泉是健康的天然水，不是生產加工出來的，不是後續增加人工礦物質生產出來的。差異化策略讓農夫山泉和競爭對手拉開了距離。

農夫山泉抓住了中國人非常注重健康的心理，大力宣傳健康的理念。大自然的搬運工，農夫山泉是把自然精華帶到你身邊的人。這更值得感謝。靜謐與簡潔的畫面，在當前廣告絢麗紛擾的環境中更顯品質和與眾不同，得到了另一種關注和認可。該廣告迎合了消費者對健康、安全的需求．將農夫山泉天然的產品屬性傳遞給了消費者，使農夫山泉與其他品牌區別開來。樹立了農夫山泉良好的企業形象。

大自然的搬運工這一概念讓農夫山泉和競爭對手拉開了距離。

農夫山泉一環扣一環的廣告策略，讓人領略了東方智慧的魅力，將農夫山泉自然，健康的理念深深地植入消費者的心裡。很好地打造了農夫山泉為人類的健康事業做出貢獻的品牌理念。

第一節　產品整體概念

一、產品的基本概念

(一) 產品的定義

(1) 從狹義及廣義角度給產品下定義：從不同的層次考慮產品的定義，人們給產品所下的定義也就有所區別。

狹義的產品是指生產者通過生產勞動而生產能夠用於交換、用於滿足消費者需要的物質產品。

廣義的產品不僅指基本的物質產品，還包括物質產品的價格、包裝、服務、交貨期、品牌商標、企業信譽、廣告宣傳等一系列有形或無形的特質。

（2）產品傳統的定義。產品是能夠提供給市場以引起人獲取、使用或消費，從而滿足人們某種慾望或需要的一切東西。這裡的產品具有兩種形態，一是實體產品（有形產品），呈現在市場上具有一定的物質形態，如食品、衣服、汽車、房屋、股票等；二是軟體產品（無形產品），指各種勞務或銷售服務，如運輸、通信、保險等勞務以及產品的送貨服務、維修服務等。

（3）產品的新定義。菲利普・特科勒認為能夠提供給市場以滿足顧客需求的任何東西，包括物質產品和無形產品服務（體驗、事件、人物、場所、產權、組織、信息和想法）都可以稱為產品。

(二) 產品概念

從市場行銷學的角度去分析產品，產品概念一般包含多個層次，其中普遍認可的是三個層次模型和五個層次模型。

1. 產品整體概念的三個層次模型

（1）核心產品，也叫實質產品，是指產品帶給顧客的最基本利益和效用，即產品的使用價值，是構成產品最為本質的核心部分。

（2）形式產品。指顧客需要的產品實體的實際外觀，是核心產品的外在表現形式，是能夠被顧客有效識別的面貌特徵。形式產品有五個基本特徵，即質量水準、產品特徵、產品式樣、品牌名稱、外在包裝。

（3）附加產品。消費者或者顧客在購買產品時，所享受到的增值服務與增值利益的總和。

產品中的核心產品、形式產品、附加產品之間是密不可分且相互關聯的，有機結合，構成了產品的整體概念。其中，核心產品最為基礎、本質的部分是中心。核心產品必須轉變為形式產品才能在市場上呈現，在提供形式產品的同時還要提供更為廣泛的附加服務和附加利益，形成附件產品。由此可見，產品的整體概念以核心產品為中心，也就是以顧客的需求為出發點。一個產品的價值大小，是由顧客決定的，而不是由企業決定的，離開產品整體概念，不以顧客需求為中心，就不可能真正去貫徹行銷觀念。

2. 產品整體概念的五個層次模型

菲利普・特科勒提出了五個層次模型，在每個層次都增加了顧客價值這一因素。因此，這五個產品層次構成了「顧客價值層次模型」。

（1）中心層次是核心利益（Core Benefit）產品，就是顧客真正購買的服務或利益。比如，顧客在酒店購買的就是「睡眠與休息」，在電影院購買的就是「歡樂」。行銷並給消費者提供人和產品，都必須反應顧客核心需求的基本利益。

（2）第二層次是將核心利益轉化的基礎產品（Basic Product）。比如，電影院提供的就是舒服的座位，逼真的聲效、高清的屏幕。

（3）第三個層次是期望產品（Expected Product）。消費者在購買該產品時候，期望得到與產品密切相關的能夠帶來更好體驗與收益的條件，比如在電影院，消費者期望影院安靜，空氣新鮮，座位舒適，沒有干擾。發展中國家和新興市場的產品競爭主要集中在這個層次。

（4）第四個層次是附加產品（Augmented Product），就是超出顧客期望，獲得產品附帶的各種利益總和，包括產品說明書、保證、安裝、維修、送貨、技術培訓等。這是發達國家競爭的主要層次。

（5）第五個層次是潛在產品（Potential Product），是指產品或者供應品在未來可能實現的所有附加功能和可以改變的部分。這往往代表了一種趨勢或者前景，可以消費和享受。在移動互聯網的發展下，擁有智能手機的消費者可以在手機中下載各種實用軟件來增加消費，比如移動購物、手機支付軟件、移動影視、在線聊天、移動導航、商店搜索等。

產品整體概念的五個層次，完整顯示了以顧客為中心的現代行銷觀念。這個概念的內涵和外延都是以消費者需求為標準的，並且由消費者的需求來決定。該層次模型有另外四點重要作用：

第一：從第三個層次到第五個層次的演進，不僅僅是層次的增加，更多是對現實產品競爭的總結和發展。很自然，很多產品比較適合五個層次模型來描述，依然還有一些產品適合從三個層次來描述，這是產品屬性和競爭狀態發展的結果；

第二：從第三個層次到第五個層次的演進，為市場行銷某些重要概念的發展提供了思路，如，在品牌消費研究領域、顧客體驗的層次感受等概念和角度。

第三：從第三個層次到第五個層次的演進，體現了產品概念的豐富性，在很多時候解釋了某些產品為什麼在高定價下依然得到追捧，相反，一些產品貌似可以實現大多數功能卻受到冷落。

第四：產品整體概念的層次模型，在新產品開發領域、產品競爭和評價體系等方面，有啓發性思路和理論貢獻。

二、產品的類別

針對不同的產品要制定不同的行銷策略，首先要對產品進行分類，普遍認可的類別有以下幾大類：

（一）工業品

工業品是指購買之後用於社會再生產的產品（包括商品和服務）。工業品主要分為三類：

（1）工業中間品，也稱為中間型工業品，是指在工業生產中再次投入生產，卻沒有達到最終生產階段的再加工產品，主要是原輔材料、零部件，諸如金屬礦石、汽車零部件、紡織原料、計算機處理器等，服務於下游工業品企業，但最終的產品可能是工業品也可能是消費品，其中消費品可能是耐用消費品也可能是快速消費品。

（2）工業最終品，主要服務於工業、工程或服務業，諸如機床主要服務於工廠，醫療器械用於醫院，中央空調用於商業建築，商用運輸汽車多用於運輸公司等。

（3）商業服務，包括維護和修理服務（汽車維護、計算機維修）以及商業諮詢服務（法律諮詢、管理諮詢、廣告諮詢）。維護和修理服務通常在簽署合同的基礎上，由小型生產商或者原始設備製造商提供。顧客在購買商業諮詢服務時通常依據供應商及

其員工的聲譽制定購買決策。

(二) 消費品

消費品是由最終消費者購買並用於個人消費的產品。根據消費的特點可以劃分為便利品、選購品、特殊品和非渴求品四種類型。

1. 便利品（Convenience Goods）

指顧客購買次數頻繁，且能隨時使用的產品，如菸草、報紙刊物、礦泉水等，便利品可以進一步細分為常用品、衝動品和救急品。常用品是顧客經常購買的產品，如牙膏、可樂、紙巾等日常用品。衝動品是因為價格較低，顧客沒有經過計劃或搜尋而即興購買的產品，如常見的旅遊產品、小飾品等。救急品是當顧客的需求十分緊迫時候購買的產品，該產品的地點和場合十分重要，且顧客需求就必須能夠迅速實現購買。

2. 選購品（Shopping Goods）

指顧客在購買時，需要從價格、質量、品牌、功能、樣式等多個方面進行綜合比較的產品，比如家電、服裝、手機、筆記本等產品。選購品又可劃分成同質品和異質品。顧客在購買同質品的時候，質量大同小異，往往價格明顯不同，需要有選購和權衡的必要，進一步進行討價還價。顧客在購買異質選購品時候，普遍認為質量比價格更重要，「認同所謂一分價格一分貨」的觀念，這類產品主要有個性服裝、家具、手機等。在企業在管理選購品時，需要考慮增多產品種類、款式和花色，配合導購人員熟練服務，提供充分的產品使用輔導，有利於引導顧客對選購品的購買，同時提高客戶忠誠度。

3. 特殊品（Special Goods）

指具有獨有特徵或者品牌標記的產品，對於這類產品，許多顧客願意為產品的特殊性而付出努力購買，以滿足自己的特殊消費需求，如經過球星簽名的球衣、首次放映的電影、限量款式的化妝品或者女士拎包、職業發燒型號的立體聲音響、男士西服、高檔專業攝影設備等。

4. 非渴求品（Unsought Goods）

指顧客不瞭解或者即便瞭解也不是很想購買的產品。傳統的非渴求品有人壽保險、百科全書等。非渴求品的銷售需要大量廣告和人員推銷，並付出極大努力。常見的某些複雜的人員推銷技巧就是在推銷非渴求品的競爭中發展起來的，並且影響了其他選購消費品的推銷技巧。

(三) 快速消費品

快速消費品（Fast Moving Consumer Goods），是對使用時間短、使用次數少、消耗較快的產品的統一稱呼。最常見的就是包裝的食品、個人衛生用品、廚房調料、酒類和飲料。這些產品之所以成為快消品，因為它們都是日常用品，它們依靠消費者使用高與消耗速度快、市場銷售規模大來獲得利潤和實現產品價值。典型的快速消費品包括日化用品、食品飲料、菸草、非處方藥（OTC）等。隨著行業的不斷細分，耐用消費品中的小家電，以及消費電子，也自動歸入快速消費品了，由於手機由於更新換代快，也被稱為快消品。

國際標準的行業分類將快速消費品行業分為快速消費品製造業和通路業，其中快速消費品製造業又分四個子行業，這樣，快速消費品行業是由五個子行業組成的。

（1）個人護理品行業。由化妝品、口腔護理品、護髮品、個人清潔品、紙巾、鞋護組成。

（2）家庭護理品行業。由洗衣皂和合成清潔劑為主的織物清潔品以及以盤碟器皿清潔劑、地板清潔劑、潔厠劑、空氣清新劑、殺蟲劑、驅蚊器和磨光劑為主的家庭清潔劑組成。

（3）品牌包裝食品飲料行業。由食品、飲料、健康飲料、軟飲料、烘烤品、巧克力、冰激凌、咖啡、肉菜水果加工品、乳品、瓶裝水以及品牌米面糖等行業組成。

（4）菸酒行業。由香菸、中國酒、酒精製品、葡萄酒、洋酒等組成。

（5）通路業。由現代零售業、傳統零售業、批發商、經銷商、代理商、快餐連鎖店組成。

（四）耐用消費品

耐用消費品（Durable Consumer Goods），是指那些使用壽命較長、使用次數較多的消費品。耐用消費品的使用壽命較長、價格相對較高，消費者購買時較為理性，消費者對產品的品牌、產品功能、產品質量、產品價格、產品款式等因素較為注重，因此消費者在購買耐用消費品時，會仔細選擇產品，進行綜合比較，選出性價比最高、最能滿足自己需求的產品。常見的耐用產品是家用電器、家具、汽車等。對於新上市的耐用消費品品牌，企業更加注重產品價格的競爭力，防止終端價格的混亂，因此會一開始就採取措施維護價格的相對穩定。經銷商的單件產品利潤較高品牌也相對穩定，企業一般預留多級經銷價格體系。成熟的品牌，耐用消費品的價格透明度較高，品牌的認知度、美譽度較高，那麼選擇經銷商和終端較為容易，各級經銷商的利潤空間相對較小。從行銷歷史上來看，曾經根據產品的耐用性和形態性質來分類，分為耐用品、非耐用品、服務三個類別。

第二節　產品策略

產品戰略（Product Strategy）產品戰略是企業根據其所要生產與經營的產品進行的一系列的全方位謀劃。它與市場戰略緊密相關，也是企業經營戰略的重要基礎。企業要依靠質優、價好、適銷對路、具有核心競爭能力的產品，以吸引消費者，滿足顧客的需求為目的，占領與開拓消費市場，獲取經濟效益與社會效益。產品戰略制定正確與否至關重要，因為直接關係企業的勝敗興衰和生死存亡。

一、產品組合策略

（一）產品組合的概念

產品組合指企業生產經營的所有產品線和產品項目的組合方式，也可以稱為產品

的結構。本章節以寶潔公司的產品組合為例，如表 11.1 所示。

表 11.1　　　　　　　　　寶潔公司的產品組合　　　　　　　　單位：元

	產品組合的寬度 5									
	清潔劑		牙膏		條狀肥皂		紙尿布		紙巾	
產品線長度 25	象牙雪	1930	格利	1952	象牙	1879	幫寶適	1961	媚人	1928
	德萊夫特	1933	佳潔士	1955	柯克斯	1885	露膚	1976	粉撲	1960
	汰漬	1946			洗污	1893			旗幟	1982
	快樂	1950			佳美	1926			絕頂 1100's	1992
	奧克雪多	1914			香味	1952				
	德希	1954			保潔淨	1963				
	波爾德	1965			海岸	1974				
	圭尼	1966			玉蘭油	1993				
	伊拉	1972								

資料來源：菲利普·科特勒. 行銷管理 [M]. 梅汝和，等譯. 上海：上海人民出版社，2001：408.

（二）產品組合的要素

1. 產品組合的寬度

產品組合的寬度是指個企業所擁有的產品線數目的多少，產品線越多，產品組合就越寬，反之就越窄。例如，表 11.1 中寶潔公司共經營 5 大類產品，即有 5 條產品線，因此其產品組合的寬度為 5。一般情況下，大型企業產品線較多，產品組合的寬度就較大；小型企業產品線較少，產品組合的寬度就較小。

2. 產品組合的長度

產品組合的長度是指企業產品組合中包含在各條產品線中的所有產品項目的總數，即企業產品目錄上列出的所有產品項目的數量。產品組合的長度反應企業行銷活動中所生產或經營的產品項目內容的多少，多則稱之為長，少則稱之為短。例如，表 11.1 中寶潔公司經營的 5 大類產品中，共有 26 個具體產品項目，因此，其產品組合長度為 26。

3. 產品組合的深度

產品組合的深度是指企業產品組合中平均每條產品線所包含的產品項目數。一條產品線所包含的產品項目越多，說明企業生產經營的某一大類產品花色品種越齊全，開發的深度越大。一般情況下，就某一類商品來說，小型企業或專業化企業經營的商品，規格越齊全，產品組合的深度就越大。大型企業採用標準化大批量生產，品種規格較少，產品組合的深度就較小。

4. 產品組合的關聯度

產品組合的關聯度是指產品線之間的關聯程度，也稱為產品組合的密度。一條產品線的產品與另一條產品線的產品，它們的最終用途、生產條件、技術要領、分配路

線越接近，互相聯繫越緊密，產品組合的密度就越大，反之就越小。產品組合的寬度、長度、深度和關聯度不同，就構成不同的產品組合。合理的產品組合對市場行銷活動影響巨大。首先，擴展產品組合的寬度，即增加產品線，可以充分發揮大型企業在設備、技術、人力、管理等方面的優勢，提高企業的聲譽，有利於發掘和利用企業的實力，提高企業效益的同時，可以減少經營風險，提高企業的適應能力與競爭能力。其次，增加企業產品組合的長度和深度，即增加產品項目，實現產品花色和品種的多樣性，可以滿足不同消費者的需要，提高顧客的滿意程度，從而吸引更多的購買者。最後，增加產品組合的關聯度，可提升企業的生產能力和市場地位，便於各種產品在分銷、促銷、售後服務等方面的相互促進，提高企業在某一地區或行業的聲譽和地位。此外，能加深小產品組合的廣度和深度，可以使企業集中行銷目標，統一使用行銷力量，但會增加行銷的風險。

(三) 產品組合策略

產品組合策略是企業根據產品市場需求、企業間競爭狀況、企業自身建設能力對產品組合的寬度、長度、深度和關聯度進行不同組合的過程。從靜態的角度分析，主要產品組合策略如下：

1. 全線全面型策略

全線全面型是指向企業從產品的寬度與深度兩個方面向市場提供所需要的各種產品。採用這種策略的條件就是企業有能力顧及整個市場的需要。全線全面型就可以分為廣義的全線全面型和狹義的全線全面型。廣義的（指不同行業的產品市場的總和）全線全面型就是盡可能增加產品組合的寬度和深度，不受密度的約束，即寬度、深度都大，但密度小的產品組合。如有一家食品工業公司，它生產番茄製品、油漆、打火機、金屬器皿、玻璃容器等互相毫無關聯性的產品。狹義的（指某個行業的各個市場面的總和）全線全面型是指提供在個行業內所必需的全部產品，其產品線之間具有密切的關聯性，其寬度、深度、密度大。

2. 市場專業型策略

市場專業型是指企業為某個專業市場提供所需要的各種產品，也就是寬度和深度都較大，但密度較小的產品組合。例如，以建築業為其產品市場的工程機械公司，其產品組合就應該由推土機、翻鬥車、挖掘機、起重機、水泥攪拌機、壓路機、載重卡車等產品線組成。再如旅遊公司，其產品組合應該考慮旅遊者所需要的一切產品或服務，如住宿服務、飲食服務、交通服務、紀念品、照相器材、文娛用品等。這種產品組合並不考慮各產品線之間的關聯程度。採用該種策略，既可以避免分散經濟技術力量，又可以盡可能地擴大經營範圍。

3. 專長產品線策略

這種策略是指企業根據自己的技術專長，集中經營單一的產品線，即寬度最小、深度一般的產品組合。例如，中國一汽集團公司專門生產各類小汽車，以滿足不同顧客的需要，有普通型小紅旗轎車、獨具風采的旅行車、別具一格的客貨兩用車、安全可靠的救護車、輕便快捷的交通指揮車、明亮舒適的豪華車、莊重典雅的禮賓車等。

該策略產品線數目少，且各項目密切相關，產品品種豐富，以分別滿足不同顧客、不同用途的需要。

4. 專注特定產品線策略

指企業專注於某類產品的生產，即寬度和深度較小，但密度大的產品組合。它一般適合生產經營條件有限的中小型企業，這類企業以單一的市場或部分顧客作為目標市場。該策略產品組合寬度小，深度有限，關聯度較強。如某汽車製造廠，其產品都是汽車，但根據不同的市場需要，設立小轎車、大客車和運貨卡車三條產品線以適合家庭用戶、團體用戶和工業用戶的需要。

5. 特殊產品專業型策略

該策略是指企業根據自己的特長，生產某些特殊的產品項目，這些產品項目一般是企業憑藉自己特殊的生產條件，設計、製造能夠滿足消費者特殊需要的產品，如小工藝品。該策略組合寬度極小，深度也不大，但關聯度極強。這種策略所能開拓的市場是有限的，因其資源、技術特殊，能創造出特色產品，受市場競爭威脅小，生產經營環境比較穩定。

6. 特殊專業型策略

該策略是指企業憑其特殊的技術、服務滿足某些特殊顧客的需要，如提供特殊的工程設計、諮詢服務、律師服務、保鏢服務等。這種策略組合寬度小，深度大，關聯性強。

(三) 產品組合調整策略

當企業遇到經營行情、外部競爭環境變化時，企業需要及時更改自己的產品組合策略，去應對變化，以獲取更大的銷量及利潤。從動態的角度分析，產品組合調整策略如下：

1. 擴大產品組合策略

包括拓展產品組合的寬度和加強產品組合的深度，主要是擴大企業經營範圍，同時生產更多的產品投放市場以滿足消費者需求。擴大產品組合有利於綜合利用企業資源、擴大生產和經營規模，降低生產經營成本，提高企業競爭力，有利於滿足顧客的多種需求，進入和占領多個細分市場。當企業預測現有產品線的銷售額和盈利率在未來可能下降時，就必須考慮增加新的產品線或者加強其中有發展潛力的產品線。但是擴大產品組合策略要企業擁有多條生產線，具有多條分銷渠道，採用多種促銷方式，對企業資源條件要求較高。

2. 縮減產品組合策略

該策略主要採取降低產品組合的寬度和深度的方式，減少產品生產系列，集中力量生產經營一個系列的產品，提高專業化水準，從單個產品的經營中獲得較多的利潤。市場繁榮時期，較長、較寬的產品組合會為企業帶來更多的盈利機會。但是在市場不景氣或原料、能源供應緊張時期，縮減產品線反而能使總利潤上升，因為剔除那些獲利小甚至虧損的產品線或產品項目，企業可集中力量發展獲利多的產品線和產品項目。

3. 產品線延伸策略

企業的產品線都只占所屬行業整體範圍的部分，每一產品都有特定的市場定位。

例如，寶馬汽車公司（BMW）所生產的汽車在整個汽車市場上屬于中高檔價格範圍。當一個企業把自己的產品線長度延伸超過現有範圍時，我們稱之為產品線延伸。具體有向下延伸、向上延伸和雙向延伸三種實現方式。

（1）向下延伸。是在高檔產品線中增加低檔產品項目。實行這一決策需要具備以下市場條件之一：利用高檔名牌產品的聲譽，吸引購買力水準較低的顧客慕名購買此產品線中的廉價產品；高檔產品銷售量增長緩慢，企業的資源設備沒有得到充分利用，為贏得更多的顧客；將產品線向下伸展，企業最初進入高檔產品市場的目的是建立廠牌信譽，然後再進入中、低檔市場，以擴大市場佔有率和銷售增長率；補充企業的產品線空白。實行這種策略也有一定的風險。如處理不慎，會影響企業原有產品特別是名牌產品的市場形象，而且也可能激發更激烈的競爭對抗。雖然新的低檔產品項目可能會蠶食較高檔的產品項目，但某些公司的重大失誤之一就是始終不願意填補市場上低檔產品的空隙。

（2）向上延伸。是在原有的產品線內增加高檔產品項目。實行這一策略的主要目的是高檔產品市場具有較大的潛在成長率和較高利潤率的吸引；企業的技術設備和行銷能力已具備加入高檔產品市場的條件；企業要重新進行產品線定位。採用這一策略也要承擔一定的風險，要改變產品在顧客心目中的地位是相當困難的，處理不慎，還會影響原有產品的市場聲譽。

（3）雙向延伸。即原定位於中檔產品市場的企業，在掌握了市場優勢以後，向產品線的上下兩個方向延伸。

（4）產品線現代化決策。現代社會科技發展突飛猛進，產品開發也是日新月異，產品的現代化成為一種不可改變的趨勢，產品線也必然需要進行現代化改造。產品大類現代化策略首先面臨的問題是逐步實現技術改造，以更快的速度用全新設備更換原有的產品大類。逐步現代化可以節省資金耗費，但缺點是競爭者很快就會察覺，並有充足的時間重新設計它們的產品大類；而快速現代化策略雖然在短時期內耗費資金較多，卻可以出其不意，打敗競爭對手。

（5）產品線宣傳決策。企業選擇一種或者具備相關性的幾種產品加以精心打造，使之成為頗具特色的號召性產品去吸引顧客。有時候，企業某種低檔型號的產品進行特別推廣，使之充當開拓銷路的廉價品。比如某空調器公司會宣布一種只賣999元的經濟型號，而它的高端產品要賣20,000多元，從而在吸引顧客來看經濟型空調時，盡力設法使他們購買更高檔的空調。又或者，以某種高檔產品項目為主進行推廣，以提高產品線的等級。或者，公司發現產品線上有一端銷售情況良好，而另一端有問題時，公司可以對銷售較慢的那一端大力推廣，以努力促進對銷售較慢產品的需要。

二、產品生命週期策略

產品壽命週期是指一種產品從試製成功、投放市場開始，直到最後被新產品代替，最終退出市場所經歷的全部時間。產品壽命週期由引入期、成長期、成熟期和衰退期四個階段組成。產品壽命週期的各個階段的主要特點與對策如下：

(一) 引入期

1. 產品投入市場

產品投入市場處於試銷階段，銷售額的年增長率一般低於 10%。導入期開始於新產品初次投入市場銷售之時，這階段的主要特徵如下：

（1）新產品剛投入市場，消費者對產品知之甚少，產品銷售渠道還未暢通，因此銷售量很少，銷售增長速度緩慢。

（2）生產規模小，數量有限，製造成本高，銷售價格偏高。

（3）前期需要投入大量的廣告宣傳，採取各種促銷手段，分銷費用較高。

（4）由於銷量有限，生產經營成本、費用高，企業通常處於虧損或微利狀態。

（5）只有收入較高的少數人群出於好奇或衝動才進行購買。

（6）產品技術和性能還不夠完善，同時，市場上競爭者很少，只存在新產品的近似型和仿製型。

2. 導入期產品的行銷策略

導入期的產品還存在著各方面的不足，消費者對企業新產品瞭解與熟悉度不夠，因此，為了讓產品在市場上站穩腳跟，擴大市場佔有率，必須盡快進入成長期，以取得較高利潤並擊敗競爭者。因此在行銷策略方面要仔細選擇，慎重決策。主要採取以下策略：

（1）快速撇脂策略。也稱作快速掠取策略，這種策略採用高價格和高促銷的方式推出新產品，以求迅速擴大銷售量，獲得較高的市場佔有率。高促銷費用可以快速引起目標市場的注意，加深市場滲透，這樣可以賺取較高的利潤，盡快收回新產品的開發費用。實施該策略的市場條件是市場有較大的需求，潛力目標客戶具有求新心理，急於購買新產品，並樂於付出高價企業面臨潛在競爭者的威脅，需要及早建立品牌。

（2）緩慢撇脂策略。這種策略是以高價格和低促銷方式推出新產品，實行高價格是為了抓住時機，盡量從每單位銷售中獲取更多的毛利，而採取低促銷是為了降低行銷費用，兩方面相結合是期望能夠從市場上獲取更大利潤。實施該策略的市場條件是市場規模夠小，競爭威脅不大，市場上大多數用戶對該產品沒有過多的疑慮，適當高價可以為市場所接受。

（3）快速滲透策略。這種策略是以低價格、高促銷量的方式推出新產品，以期迅速打入市場並取得最高的市場份額。實施該策略的市場條件是產品市場容量很大，潛在消費者對產品不瞭解，並且使潛在價格競爭比較激烈的產品的製造成本隨產量增加而快速下降。

（4）緩慢滲透策略。即企業用低價格和低促銷費用推出新產品。低價格有利於市場迅速接受新產品，低促銷費用可以實現更多的淨利潤。實施該策略的基本條件是市場容量較大，潛在顧客容易瞭解或者已經瞭解該新產品，並且對價格十分敏感，有相當多的潛在競爭者準備加入競爭。

（二）成長期

1. 企業產品銷售量上升

企業產品銷售量迅速上升，銷售額的年增長率一般在 10% 以上，消費者對新產品已經逐漸熟悉，企業開始對產品進行量產，銷售量迅速增長，利潤也由虧損轉為盈利，這時新產品就進入了成長期。這一階段的主要特徵如下：

（1）銷售量迅速上升。新老顧客對產品的喜愛度不斷提升，並重複購買，市場需求旺盛，銷量增長非常迅速。

（2）生產規模擴大，產品成本降低，產品價格維持不變或略有下降。

（3）為維持市場的繼續成長，企業需保持或稍微增加促銷費用，但因銷量大增，導致促銷費用對銷售額的比率不斷下降。

（4）銷量激增和單位生產成本及促銷費用的下降，使得利潤迅速增長。

（5）此時的購買者多為早期採用者，中間多數消費者開始追隨領先者。

（6）市場競爭日益加劇，新的產品特性出現，產品市場開始細分，銷售渠道增加。

2. 成長期產品的行銷策略

針對成長期的特點，企業要維持其銷售增長，在競爭中取勝，可以採取下面這些行銷策略：

（1）改進產品。企業要對產品進行改進，提高產品質量，增加新的功能，豐富產品式樣，強化產品特色，努力樹立起名牌產品形象，提高產品的競爭能力，滿足顧客更高、更廣泛的需求，從而既擴大銷量又限制競爭者加入。

（2）拓寬市場。企業要通過市場細分，找到新的細分市場，並迅速占領這一市場。企業要通過創建名牌、建立產品信譽來拓寬市場，同時開闢新的分銷渠道，增加銷售網點，方便顧客購買。

（3）適當降價。企業在適當的時候，可以採取降價策略，激發對價格比較敏感的消費者的購買慾望；同時，低價格還能抑制競爭者的加入，對企業擴大市場佔有率有明顯的效果。

（4）溝通重心的轉移。以廣告宣傳為例，企業宣傳的重心不再是產品特徵的相關信息，而應該更多地去宣傳產品對於消費者的價值，促使消費者實施購買行為，以促進企業銷售的增長。企業採用上面的市場擴張策略，無疑會增加成本，但是也能提升產品的競爭能力。企業需要在「高市場佔有率還是高利潤率」之間權衡選擇，企業的選擇偏好、企業的戰略目標與市場競爭狀況密切聯繫。

（三）成熟期

1. 市場飽和

市場趨近飽和，銷售量的年增長率一般小於 10%，利潤達到高峰，較多競爭者進入市場，競爭非常激烈，從而進入成熟期。這一時期的主要特徵如下：

（1）產品的銷售量增長緩慢，逐步達到最高峰，然後緩慢下降。

（2）生產批量很大，生產成本降到最低程度，價格開始有所下降。

（3）產品的服務、廣告和推銷工作十分重要，銷售費用不斷提高。

（4）利潤達到最高點，並開始下降。

（5）大多數消費者都加入購買隊伍，包括理智型、經濟型的購買者，他們對產品質量放心，購買果斷，甚至成為習慣。

（6）很多同類產品進入市場，競爭十分激烈，並出現價格競爭。

2. 成熟期產品的行銷策略

在這一階段，企業的行銷目標是鞏固原有市場並使其進一步擴大，延長成熟期，以便獲取盡可能高的利潤，為此要致力於改進市場格局和行銷組合、改良產品，加強廣告、促銷與技術服務，合理調整產品價格，而不可畏懼競爭，輕易放棄成熟產品，應該充分挖掘老產品的潛力。

（1）市場改進。採取這種策略，企業沒有花費精力去改變產品本身，而是通過不斷發掘產品的新用途，尋找新的細分市場、創造新的消費方式等途徑去擴大產品市場，增加銷售量。通過這些途徑將非用戶轉化為新用戶，爭取競爭對手的顧客，進一步進入新的細分市場，將擁有更多的用戶。同時，努力開發產品的各種新用戶，促使用戶更頻繁地、大量地使用該產品，可以提高用戶的使用數量。這兩個方面結合起來，將會提升產品的銷售量與銷售額。

（2）產品改良。企業通過增加產品功能去滿足更多消費者的需求，以擴大市場銷售量。企業可以改進產品的質量，注重改善產品的功能特性，如耐用性、可靠性、速度等。新增特色是注重增加產品的新特點，擴大產品的多功能性、安全性或便利性，注重於增加對產品的美學訴求，改變產品款式、顏色、包裝等，以增強美感或者增加時尚特性。

（3）調整行銷組合。通過改變定價、銷售渠道、促銷方式來延長產品成熟期。例如，增加產品概念和特徵，降價或者採取特價，拓展行銷渠道，改變廣告媒體組合，變化廣告時間和頻率，增加人員推銷，強化公共關係等，這樣會產生明顯的效果，獲得更多的顧客。

（四）衰退期

1. 企業產品銷量下降

在這個時期，新產品逐漸開始進入市場，將會逐步取代老產品，企業產品銷售量出現負增長，銷售額的年增長率小於-10%，利潤日益下降，此時特徵如下：

（1）產品銷售量急遽下降，甚至出現庫存積壓。

（2）新產品開始進入市場，正逐漸替代老產品。

（3）市場競爭突出表現為價格競爭，產品價格不斷下降，消費者數量日益減少。

（4）企業利潤日益下降，甚至為零。

（5）購買者是落後於市場變化的保守型消費者，他們實行習慣性購買，大多數消費者態度已發生轉變。

2. 衰退期產品的行銷策略：

企業在衰退期的要認真分析、測算，謹慎選擇，通常要判斷何時、何地退出市場，避免與市場潮流做無效的對抗。

（1）維持策略。企業採用不變的行銷策略，在原來的細分市場上，使用相同的分銷渠道、定價及促銷方式，直到這種產品完全退出市場為止。這種策略適用於企業處於有吸引力的行業，並有競爭實力。

（2）集中策略。砍掉或者關閉經營能力較弱的市場與渠道，把更多的資源集中在最有利的細分市場和分銷渠道上，從而為企業創造更多的利潤，同時又有利於縮短產品退出市場的時間。

（3）收縮策略。進行客戶篩選，關閉購買體量較少的顧客專屬銷售渠道，大幅度降低促銷水準，盡量減少銷售和推銷費用，以增加目前的利潤。這樣可能導致產品在市場上加速衰亡，但也可能從忠實的顧客那裡獲取利潤。

（4）放棄策略。對於進入衰退期的，大多數企業認為與其花費更多人力與物力持續經營，還不如當機立斷地放棄經營疲軟的產品。企業在淘汰疲軟產品時需要確定採取立即放棄策略還是逐步放棄策略、完全拋棄策略還是轉讓拋棄策略，要妥善抉擇，力爭將企業損失控制在最低程度。放棄策略的前提是企業有更好、更有效的資金投入方向，可以產生更高的利潤。

三、新產品開發策略

產品開發在企業經營戰略中佔有重要地位。新產品是指產品的結構、物理性能、化學成分和功能用途與老產品有著本質的不同或顯著的差異。它又分為全新產品、換代新產品、改進型新產品等幾種情況。產品開發戰略如下：

（一）領先型新產品開發戰略

採取這種戰略，企業要努力追求產品技術水準和最終用途的新穎性，保持技術上的持續優勢和市場競爭中的領先地位。當然它要求企業有很強的研究、開發能力以及雄厚的資源。譬如，美國摩托羅拉公司是創建於1929年的高科技電子公司，是在全世界50多個國家和地區有分支機構的大型跨國公司。它主要生產移動電話、BP機、半導體、計算機和無線電通信設備，曾經在這些領域居於世界領先地位，多年來一直支配世界無線電市場。該公司始終將提高市場佔有率作為基本方針，2008年之前，摩托羅拉品牌移動電話的世界市場佔有率高達40%。

該公司貫徹高度開拓型的產品開發戰略，其主要對策有：

（1）技術領先，公司不斷推出讓顧客驚喜的新產品，進行持續性的研究與開發，投資建設高新技術基地。

（2）新產品開發必須注意速度時效問題，研製速度快，開發週期短。

（3）以顧客需求為導向，產品質量務求完美，減少顧客怨言到零為止。

（4）有效降低成本，以價格優勢競逐市場。

（5）高度重視研究與開發投資，由新技術領先中創造出差異化的新產品領先上市，而占領市場。

（6）實施著名的G9組織設計策略。該公司的半導體事業群成立G9組織，擁有該事業群由所屬4個事業部的高階主管，再加上一個負責研究與開發的高階主管，共同組

成橫跨地區業務、產品事業及研究開發專門業務的「9人特別小組」，負責研究與開發的組織協調工作，定期開會及追蹤工作進度，並快速、機動地做出決策。

（7）運用政治技巧。該公司在各主要市場國家中，均派有負責與該國政府相關單位進行長期溝通與協調的專業代表，使這些政府官員能夠理解到正確的科技變革與合理的法規限制。該公司能進入中國、俄羅斯市場，就得力於這種技巧的應用。

（8）重視教育訓練。該公司全體員工每年至少有一週時間進行以學習新技術和質量管理為主的培訓，為此每年支付費用1.5億美元。

（二）追隨型開發戰略

採取這種戰略，企業並不搶先研究新產品，而是當市場上出現較好的新產品時，進行仿製並加以改進，迅速占領市場。這種戰略要求企業擁有能跟蹤競爭對手情況與動態的技術信息機構與人員，並且具有很強的消化、吸收與創新能力。

採用這種策略的企業一般不會在新產品研發上投入過多資金，而是繞過新產品開發這個環節專門模仿市場上剛剛推出並暢銷的新產品，進行追隨性競爭，以此分享市場收益。所以，又稱為競爭性模仿，既有競爭，又有模仿。競爭性模仿不是刻意追求市場上的領先，但它絕不是純粹的模仿，而是在模仿中創新。企業採取競爭性模仿策略，既可以避免市場風險，又可以節約研究開發費用，還可以借助競爭者領先開發新產品的聲譽，順利進入市場。更重要的是，它通過對市場領先者的創新產品做出許多建設性的改進，有可能後來居上。

（三）系列產品開發策略

系列式產品開發策略就是圍繞產品的深度與寬度進行延伸，開發出一系列類似的卻各具特色的產品，形成不同類型、不同規格、不同檔次的系列產品。採用該策略開發新產品，企業可以盡量利用已有的資源，設計並開發更多的相關產品，如海爾圍繞客戶需求開發的洗衣機系列產品，迎合了城市與農村、高收入與低收入、多人口家庭與兩人家庭等不同消費者群的需要。在選擇不同策略的基礎上，企業應根據具體情況選擇相應的新產品開發的方式。

（1）獨立研製方式。這種方式指企業依靠自己的科研和技術力量研究並開發新產品。

（2）聯合研製方式。是指企業與其他單位，包括大專院校、科研機構以及其他企業共同研製新產品。

（3）技術引進方式。技術引進方式是指通過與外商進行技術合作，從國外引進先進技術來開發新產品，這種方式也包括企業從本國其他企業、大專院校或科研機構引進相關技術來開發新產品。

（4）自行研製與技術引進相結合的方式。這種方式是指企業把引進技術與本企業的開發、研究結合起來，在引進技術的基礎上，根據本國國情和企業技術特點，將引進技術加以消化、吸收、再創新，研製出獨具特色的新產品。

（5）仿製方式。按照外來樣機或專利技術產品，仿製國內外的新產品，是迅速趕上競爭者的一種有效的新產品開付方式。

（四）混合型開發戰略

混合型開發戰略是以提高產品市場佔有率和企業經濟效益為準則，依據企業實際情況，混合使用上述幾種產品的開發戰略。

四、品牌和商標策略

（一）品牌的定義與要素

品牌（Brand）用以識別不同生產經營者不同種類、不同品質產品的名稱及其標志，通常由文字、標記、符號、圖案和顏色等要素或這些要素的組合構成。品牌的概念隨著產品的發展而不斷被賦予新的內涵，品牌的最初含義，就是為了區分產品，後來逐漸演變為向消費者傳遞一種生活方式，在人們消費某種產品時，品牌就被賦予一種象徵性的意義，最終改變人們的生活態度以及生活觀點。

品牌包含品牌名稱（Brand Name）與品牌標志（Brand Mark）兩部分。品牌名稱指可以用語言稱呼的部分，也稱為「品名」，如奔馳（Benz）、奧迪（Audi）等。品牌標志，是指品牌中通常由圖案、符號或特殊顏色等構成的部分，如「三叉星圓環」和「相連的四環」分別是奔馳和奧迪的品牌標志。在設計品牌戰略時要從以下七個方面考慮：

（1）品牌有無。企業生產經營的產品是否應有品牌，是品牌營運的第一個作業環節。是否有品牌一般視品牌營運的投入產出測算而定。

（2）品牌設計。要求簡潔醒目，易讀易記；構思巧妙，暗示屬性；富蘊內涵，情意濃重；避免雷同，超越時空。

（3）品牌組合。涉及企業是自營品牌還是借用他人品牌，是採用統一品牌還是分類設計，是一個產品一個品牌還是一品多牌等策略問題。

（4）品牌更新。指對品牌重新定位、重新設計，塑造品牌新形象的過程。品牌重新定位也稱再定位，是指全部或部分調整或改變品牌原有市場定位的做法。品牌重新定位要考慮再定位的成本和收入。

（5）品牌擴展。也叫品牌延伸，是指企業利用其成功品牌的聲譽來推出改良產品或新產品的策略。品牌擴展可使品牌在利用中增值，如應用不當也會影響品牌信譽。

（6）品牌保護。有效地保護品牌是品牌營運的重要保障。

（7）品牌管理。品牌管理水準的高低直接關係到品牌資產投資和利用效果的好壞。品牌管理的主要組織形式主要有智能管理制和品牌經理制兩種。

（二）品牌策略

1. 品牌化策略

品牌化策略是指企業給其銷售的產品確定相應的品牌。品牌化雖然可能會使企業增加部分成本，但卻能給企業帶來諸多好處，主要表現在以下幾個方面：

（1）通過品牌樹立企業形象，幫助企業產品信息宣傳推廣，以吸引眾多的品牌忠誠者。

（2）聲譽良好的品牌能給企業帶來較好的收益，好品牌產品的銷售價格往往比一般類產品高，因為名牌本身的價值就比較高。

（3）註冊產品品牌商標，使企業的產品得到法律保護，防止產品被模仿和抄襲，以保持企業產品的差異性。

2. 品牌所有權策略

生產企業如果決定給一個產品加上品牌，則通常會面臨三種品牌所有權選擇：第一生產商自己的品牌；第二銷售商的品牌；第三租用第三方的品牌。一般地說，生產商都擁有自己的品牌，他們在生產經營過程中確立了自己的品牌，有的被塑造成為名牌。比如，從20世紀90年代開始，國外一些大型的零售商和批發商也在致力於開發他們自己的品牌，如「沃爾瑪」「宜家」。這是因為這些銷售商希望借此取得在產品銷售上的自主權，擺脫生產商的控制，壓縮進貨成本，自主定價，以獲取較高的利潤。此外，也有一些生產商利用現有著名品牌對消費者的吸引力，採取租用著名品牌的形式來銷售自己的產品，特別是在企業推出新產品或打入新市場時，這種策略更具成效。

3. 家族品牌策略

決定使用自己品牌的企業，還面臨著進一步的品牌策略選擇。

（1）統一品牌策略。指企業決定其所有的產品使用同一個品牌。這樣可使企業節省品牌設計、廣告宣傳等費用，企業只需利用原有的品牌聲譽，就能使新產品順利進入市場。但是統一品牌策略具有一定的風險，如果其中有某一種產品行銷失敗，就可能會影響整個企業的聲譽，波及其他產品的行銷。

（2）個別品牌策略。指企業決定對不同的產品採用不同的品牌。這樣可以分散產品行銷的市場風險，避免某種產品失敗所帶來的影響；也有利於產企業發展不同檔次的產品，滿足不同層次消費者的需要。企業使用個別品牌策略時，要增加品牌設計和品牌銷售方的投入。

（3）多品牌策略。指企業對同一產品使用兩個或兩個以上的品牌。多品牌策略雖然會使原有品牌的銷售量減少，但幾個品牌加起來的總銷售量卻可能比原來一個品牌時要多。例如，寶潔公司在中國市場的洗髮香波就有四個品牌，即「海飛絲」「飄柔」「潘婷」「沙宣」。每個品牌都有其鮮明的個性，都有自己的發展空間，如「海飛絲」的個性是去頭屑，「飄柔」的個性是使頭髮光滑柔順。而「潘婷」的個性在於對頭髮的營養保健這兩個品牌在中國市場的總佔有率高達60%以上。這一策略的優點是使企業可以針對不同細分市場的需要，有針對性地開展行銷活動；可以使生產優質、高端產品的企業也能生產低檔產品，為企業綜合利用資源創造了條件。不會因個別產品出現問題或聲譽不佳而影響企業的其他產品。採用此策略的缺點在於，品牌較多會影響宣傳效果，易被遺忘。這種策略，需要有較強的財力作後盾，因此，一般適宜於實力雄厚的大中型企業採用。

4. 品牌延伸策略

品牌延伸策略是指企業利用已成功的品牌來推出改良產品或新產品。著名的品牌推出的新產品更容易使消費者識別與認同，企業則節省了與新產品推廣的相關費用。如「金利來」從領帶開始，然後擴展到襯衣、皮具等領域，紅塔集團從卷菸生產擴展

到汽車、房地產等。但這種策略也有一定的風險，容易因新產品的失敗而損害原有品牌在消費者心目中的印象。因此，這一策略多適用於推出同一性質的產品。品牌延伸通常有兩種做法。

（1）縱向延伸。企業成功推出某一品牌後，可以推出新的經過改進與更新換代的該品牌產品。例如，寶潔公司在中國市場先推出「飄柔」洗髮香波，然後又推出新一代「飄柔」洗髮香波。

（2）橫向延伸。用成功的品牌推出新開發的不同產品。例如，海爾公司先後向市場推出冰箱、空調、電視機、電腦、手機等產品。品牌延伸可以大幅度降低廣告宣傳等促銷費用，使新產品迅速、順利地進入市場。這策略如果運用得當，則有利於企業的發展和壯大。但品牌延伸也可能淡化，甚至有損品牌原有形象，使品牌的獨特性被逐步遺忘。所以，企業在品牌延伸決策上應謹慎行事，要在調查研究的基礎上分析、評價品牌延伸的影響，在品牌延伸過程中還應採用各種措施，盡可能地降低對品牌的衝擊。

5. 品牌更新策略

企業確立一個品牌，特別是著名品牌，肯定要投入大量的資金。因此，一個品牌一旦確定，不宜輕易更改。當企業原品牌產品出了問題，原品牌市場位置遇到強有力競爭，市場佔有率下降，消費者的品牌偏好轉移，原品牌陳舊過時，與產品的新特點或市場的變化不相符等，企業就不得不對其品牌進行修改。品牌修改通常有兩個選擇。

（1）全部更新。即企業重新設計全新的品牌，拋棄原品牌。

（2）部分更新。即在原品牌基礎上進行部分的改進。這樣既可以保留原品牌的影響力，又能糾正原品牌設計的不足。特別是 CIS 導入企業管理後，很多企業在保留品牌名稱的基礎上對品牌標記、商標設計等進行改進，既保證了品牌名稱的一致性，又使新的標記更引人入勝，取得了良好的行銷效果。比如，谷歌、騰訊、三星、聯想就是對原品牌設計方面進行了更新、完善。

6. 名牌策略

著名品牌通常稱為名牌，是指那些知名度很高、質量和服務良好、深受廣大消費者喜愛、能給企業帶來巨大經濟利益的品牌。品牌是企業的一項無形資產，名牌的價值就更高，其品牌價值往往要高於該產品的銷售收入。如 1995 年，可口可樂的品牌價值是 390.5 億美元，1994 年的銷售收入只有 109.42 億美元（不包括雪碧、芬達等其他產品），因此有這樣一種說法，即使可口可樂公司所有的廠房、設備在一夜之間被化為灰燼，第二天一早，仍會有投資商找上門來，要求向公司提供貸款，幫助其恢復生產，這就是品牌的價值。

商標是指受到法律保護的品牌或品牌的某一部分，商標可以是整個品牌或品牌的名稱或品牌的標志，也可以是一個名字、名詞、符號和設計，或者是以上 4 種之組合。因此，商標一定是品牌，但是品牌不一定是商標，商標也不一定是知名品牌。著名品牌只有註冊商標才能得到法律的保護，商標也只有經過企業的苦心經營和培育才會成為馳名品牌，才會被賦予市場價值，成為企業的無形資產。因此，品牌與商標互為關聯，企業的品牌戰略與商標戰略也是密切相關的，任何一個決心做大做強的企業都有

必要保護自己苦心經營、創立的品牌，而要保護品牌的價值只有通過註冊取得專有權。當然，在具體的運作中，企業可以先創立品牌，在賦予品牌一定的知名度和聲譽以後再註冊，取得品牌的專有權，也可以一開始就先註冊，取得品牌的專有權。無論是哪一種情況，品牌和商標在企業的經營戰略中往往是密不可分的，對於那些著名品牌或有實力的企業而言更是如此。一些企業的商標意識薄弱，致使某些商標被他人預謀搶註，使企業蒙受巨大損失。據上海、浙江和江蘇等地工商部門的統計，僅在 1994 年，三省發生的商標搶註事件就達 200 多起。尤其令人痛心的是，在激烈的商標搶註戰中，一些國內馳名商標先後被人搶註，「青島啤酒」在美國被搶註，「同仁堂」「杜康」在日本被搶註，「竹葉青」在韓國被搶註，「阿詩瑪」「紅梅」「雲菸」在菲律賓被搶註，等等。商標搶註在客觀上已經嚴重擾亂了社會經濟秩序，在一定程度上困擾著企業的發展。

從當前來說，在中國企業名牌的創立、發展和保護過程中，需要注意以下一些問題。

（1）首先要有名牌意識。要創立著名品牌，首先需要有堅實的基礎，即可靠的質量、先進的技術、有效的管理、高素質的人員等。

（2）積極參與國際競爭。名牌是市場競爭的產物，能在國際競爭中戰勝眾多對手，脫穎而出，被世界各國市場承認，這才是名牌創立的最高境界——世界名牌。例如「海爾」，就是走出國門成功創立品牌的。

（3）發展自己的名牌。到目前為止，為數不少的企業基於純經濟利益或其他各方面的考慮，把自己多年奮鬥創立起來的品牌拱手出讓或賤賣，國有名牌成了別人的"墊腳石。如原廣州肥皂廠的「潔花」品牌曾經是全國知名品牌，1988 年廣州肥皂廠與外商合資成立了廣州寶潔洗滌用品公司，中方把「潔花」定價 500 萬元投入合資公司。但潔花這一品牌進入寶潔後就被棄之不用。

（4）加強對名牌的保護。由於名牌擁有巨大的經濟效益，是一種無形資產，因此，無論是國外還是國內，某一品牌產品只要稍有名氣，就避免不了被仿效的命運。有的品牌產品的仿冒數量甚至超過了正品。在世界著名品牌中，很難有品牌沒有仿冒品的。因此，如何保護自己的品牌，使之不受到侵犯，成了一個世界性的難題。國際上對商標權的認定，有兩個並行的原則，即「註冊在先」和「使用在先」。根據國內外的經驗，保護名牌應從以下幾個方面入手：註冊在先（類似商標註冊）；跨行業、跨品類註冊；採用國際註冊。

五、包裝策略

（一）包裝的含義、種類和作用

1. 包裝的含義

包裝是指對某一品牌商品設計並製作容器或包紮物的一系列活動。包裝包含商標、形狀、色彩、圖案、包裝材料、標籤等多個部分。

商標或品牌：包裝中最主要的構成要素，應占據突出位置。

形狀：包裝中必不可少的組合要素，有利於儲運、陳列及銷售。
色彩：包裝中最具刺激銷售作用的構成要素，對顧客有強烈的感召力。
圖案：在包裝中，其作用如同廣告中的畫面。
包裝材料：包裝材料的選擇，影響包裝成本，也影響市場競爭力。
標籤含有大量商品信息：印有包裝內容和產品所含主要成分、品牌標誌、產品質量等級、生產廠家、生產日期、有效期和使用方法等。

2. 包裝的種類

（1）運輸包裝（外包裝或大包裝）。主要用於保護產品品質安全和數量完整。

（2）銷售包裝（內包裝或小包裝）。實際上是零售包裝，不僅要保護商品，更重要的是要美化和宣傳商品，便於陳列，吸引顧客，方便消費者認識、選購、攜帶和使用。

（3）包裝的作用。包裝是商品生產的繼續，作為商品的重要組成部分，其行銷作用主要表現在保護商品、便於運輸、促進銷售、增加盈利等方面。

（二）包裝標籤與包裝標誌

包裝標籤是指附著或系掛在商品銷售包裝上的文字、圖像、雕刻及印刷的說明。標籤中載有許多信息，可以用來識別、檢驗內部包裝商品，同時也可以起到促銷作用。包裝標誌是在運輸包裝的外部印製的圖形、文字和數字以及它們的組合。

（三）包裝的設計原則

一般應遵循安全，適於運輸，美觀大方，與商品和質量相匹配，尊重消費者信仰和習俗，符合法定規律等原則，由於企業環保意識的提升，包裝新增了綠色原則。

（四）包裝策略

符合設計要求的固然是好包裝，但良好的包裝只有同科學的包裝決策結合起來才能發揮其應有的作用。可供企業選擇的包裝策略主要有類似包裝、等級包裝、分類包裝、配套包裝、再使用包裝、附贈品包裝和更新包裝等。

1. 類似包裝策略

各種產品在包裝物外形上採用相同的形狀、近似的色彩和共同的特徵，以便使消費者從包裝的共同特點上產生聯想，一看就知道是哪個企業的產品。實行這種策略的優點是容易提高企業信譽，節約包裝設計費用。缺點是容易一損俱損。

2. 等級包裝策略

根據產品質量將產品分為若干等級，對高檔優質產品採用優質包裝，對一般產品採用普通包裝，使產品的價值與包裝相稱，表裡一致，方便消費者選購。例如，以前中國出口東北優質人參，採用木箱和紙箱，每箱 20~25kg，不僅賣不了好價錢，而且還使不少外商懷疑是否是真正的人參，因為他們認為像人參這麼貴重的藥材不可能用那樣的包裝。後來我們改變了以前的大包裝，改用小包裝，內用木盒，外套印花鐵盒，每盒 1~5 只，既精緻又美觀，使人參身價倍增。

3. 配套包裝策略

又叫組合包裝策略、多種包裝策略。它是指將指數有關聯的產品放在同一容器內

進行包裝，以方便消費者購買、攜帶和使用。例如，把乒乓球、球拍、習套包裝起來，再如急救箱（膠布、紗布、紅藥水、碘酒、酒精等）、成套化妝品（護膚霜、爽膚水唇膏、髮油等）、成套餐具等。採用這種策略也可以將新產品與其他舊產品放在一起，使費者在不知不覺中接受新觀念，習慣於新產品的使用。

4. 復用包裝策略

復用包裝策略也稱為再使用包裝策略。它是指將原包裝的產品使用完以後，包裝物用於其他用途。採用這種策略的優點是有利於誘發消費者的購買動機，空包裝物還能起到廣告宣傳的作用。

5. 附贈品包裝策略

附贈品包裝策略指在產品包裝物內，附贈小物品，目的是吸引顧客購買和重複夠買，以擴大銷售，尤其是在兒童用品市場上最具有吸引力。如糖果和其他小食品包裝內附有連環畫、小塑料動物等。

6. 綠色包裝策略

綠色包裝策略又叫生態包裝策略，指包裝材料可重複使用或可再生、再循環，包裝廢物容易處理或對環境影響無害化。隨著環境保護浪潮的湧起，消費者的環保意識日益增強，伴隨綠色技術、綠色產業、綠色消費而產生的綠色行銷，已經成為當今企業行銷的新主流與綠色行銷相適應的綠色包裝已成為當今世界包裝業發展的潮流，因為實施綠色包裝策略有利於環境保護和與國際包裝接軌，易於被消費者認同，從而產生促銷作用。

7. 更新包裝策略

更新包裝策略指企業改變原有產品形象，為促進商品銷售而採用新穎的包裝。例如，河南省衛輝食品掛麵廠認真調查了消費者的購買心理趨勢後，積極開發新品種，由原來單項品種發展到現在的三大系列40多個品種，實現了產品由低檔向中高檔發展的轉變。某醫藥保健型產品，在產品功能更新後，但是依舊採用舊包裝，導致產品銷路不理想。該廠聘請有關專家重新對產品包裝設計，變紙包包裝為塑料袋包裝，由二段紙箱式包裝改為手提禮品式彩色箱，所開發的新產品都具有獨特的包裝風格。包裝一變，銷路大增，該廠產品已銷往北京、廣等地，並遠銷到香港和日本，出現了供不應求的好勢頭。

8. 多種包裝策略

它是指企業根據購買者的興趣、愛好、使用習慣等的不同，對同一產品實行多種包裝。如可口可樂有瓶裝和罐裝，有大瓶和小瓶等。

第三節　定價策略

定價策略，市場行銷組合中一個十分關鍵的組成部分。價格通常是影響交易成敗的重要因素，同時又是市場行銷組合中最難以確定的因素。企業定價的目標是促進銷售，獲取利潤。這要求企業既要考慮成本的補償，又要考慮消費者對價格的接受能力，

從而使定價策略具有買賣雙方雙向決策的特徵。此外，價格還是市場行銷組合中最靈活的因素，它可以對市場做出靈敏的反應。

一、影響定價的因素

影響產品定價的因素很多，既包含企業內部因素，也包含企業外部因素；不僅有主觀的因素，也有客觀的因素。這些影響因素大體上分為：產品成本、市場需求、競爭因素、消費者心理和政策因素五個方面。

產品的價格是價值的貨幣表現，是決定價格的因素。從理論上來講，影響產品價格變動的因素主要有三個：一是商品價值。在其他條件不變的情況下，單位商品價值量增加，以貨幣表現的商品價格將隨之上升；反之，價格下跌。二是貨幣價值與貨幣量，在其他條件不變的情況下，貨幣價值下降，商品價格就上漲；反之，價格下跌。三是供求關係，供不應求，產品價格上升；反之，價格下降。在短期內，我們可以將商品價值與貨幣價值視為不變，這時，影響商品實際定價的因素有以下幾點。

（一）成本與銷售量影響

對企業的定價來說，成本是一個關鍵因素。企業產品定價以成本為最低界限，產品價格只有高於成本，企業才能補償生產上的耗費，從而獲得一定盈利。但這並不排斥在一段時期內個別產品價格低於成本。產品成本是定價的最低經濟界限。按量本利盈虧分析法，一定時期內，總的價格水準必須超過盈虧平衡點的產銷數量，這時候才有利潤。只有在市場情況惡劣的情況下，作為短期權宜之計，可以把售價降到比變動成本稍高一點賣出。在實際工作中，產品的價格是按成本、利潤來制定的。成本又可分解為固定成本和變動成本。產品的價格有時是由總成本決定的，有時又僅由變動成本決定。成本有時又分為社會平均成本和企業個別成本。就社會同類產品市場價格而言，主要是受社會平均成本影響。在競爭很充分的情況下，企業個別成本高於或低於社會平均成本，對產品價格的影響不大。產品定價時，不應將成本孤立地對待，而應將產量、銷量、資金週轉等因素綜合起來考慮。成本因素還要與影響價格的其他因素結合起來考慮。

（二）需求關係影響

產品進行定價時除考慮成本外，市場需求也是一個關鍵因素，市場需求對於定價有很大的影響。因此當商品的市場需求較大，且供給較少時，企業一般把產品的價格定的高一些；相反，當商品在市場上的供給大於市場需求時，企業會把產品的價格定得低一些，便於產品銷售。反過來，價格變動影響市場需求總量，從而影響銷售量，進而影響企業目標的實現。因此，企業制定價格就必須瞭解價格變動對市場需求的影響程度。反應這種影響程度的一個指標就是商品的價格需求彈性係數。

（三）國家政策影響

國家政策的影響主要體現在宏觀層面，國家的價格政策、金融政策、稅收政策、產業政策等都會直接影響企業產品的定價。比如：國家對企業進行減稅，企業生產成

本低，產品的定價就會降低。

（四）競爭因素影響

雖然企業在現代經營活動中一般採用非價格競爭，即相對穩定的商品價格，以降低成本、提高質量、提供服務、加強銷售和推廣方式來增強競爭力，但是也不能完全忽視競爭對手的價格。市場競爭也是影響價格制定的重要因素。根據競爭的程度不同，企業定價策略會有所不同。按照市場競爭程度，可以分為完全競爭、不完全競爭與完全壟斷三種情況。

1. 完全競爭

所謂完全競爭也稱自由競爭，它是一種經濟學家理想化了的狀況。在完全競爭條件下，信息是完全流通的，存在大量的買者和賣者，產品都是同質的，不存在質量與功能上的差異，企業自由地選擇產品生產，買賣雙方能充分地獲得市場情報。在這種情況下，無論是買方還是賣方都不能對產品價格進行影響，只能在市場既定價格下從事生產和交易。

2. 不完全競爭

它介於完全競爭與完全壟斷之間，它是現實中存在的典型的市場競爭狀況。不完全競爭條件下，最少有兩個以上買者或賣者，少數買者或賣者對價格和交易數量起著較大的影響作用，買賣各方獲得的市場信息是不充分的，它們的活動受到一定的限制，而且它們提供的同類商品有差異，因此，它們之間存在著一定程度的競爭。在不完全競爭情況下，企業的定價策略有比較大的回旋餘地，它既要考慮競爭對象的價格策略，也要考慮本企業定價策略對競爭態勢的影響。

3. 完全壟斷

它是完全競爭的反面，是指一種商品的供應完全被獨家控制，獨占市場。在完全壟斷競爭情況下，交易的數量與價格由壟斷者單方面決定。完全壟斷在現實中很少見。

企業的價格策略，要受到競爭狀況的影響。完全競爭與完全壟斷是競爭的兩個極端案例，不完全競爭才是常態。在不完全競爭條件下，競爭的強度對企業的價格策略有重要影響。所以，企業首先要瞭解競爭的強度。競爭的強度主要取決於產品製作技術的難易，是否有專利保護、供求形勢以及具體的競爭格局。其次，要瞭解競爭對手的價格策略，以及競爭對手的實力。再次，還要瞭解、分析本企業在競爭中的地位。

（五）消費者心理因素

消費者的價格心理會影響到消費者的購買行為和消費行為，因此企業定價必須考慮到消費者心理因素。

1. 預期心理

消費者預期心理是反應消費者對未來一段時間內市場商品供求及價格變化的趨勢的一種預測。當預測商品有漲價趨勢時，消費者會爭相購買。相反則會持幣待購。所謂的「買漲不買跌」就是這個道理。

2. 認知價值和其他消費心理

認知價值指消費者心理上對商品價值的一種估計和認同，它以消費者的商品知識、

後天學習和累積的購物經驗及對市場行情的瞭解為基礎，同時也取決於消費者個人的興趣和愛好。消費者在購買商品時常常把商品的價格與內心形成的認知價值相比較，將一種商品的價值同另一種商品的認知價值相比較以後，當確認價格合理、物有所值時才會做出購買決策，產生購買行為，同時，消費者還存在求新、求異、求名、求便等心理，這些心情會影響到認知價格，因此，企業定價時必須深入調查研究，把握消費者認知價格和其他心理，據此制定價格，促進銷售。

二、定價目標

在市場經濟中，定價的目標主要有以下一些：

（1）利潤目標，即在企業所能掌握的市場信息和需求預測的基礎上，根據企業現有生產技術所帶來的成本，適當定價，以追求利潤最大化。

（2）市場份額，部分企業的定價目標是大幅度增加銷售量，以提高市場佔有率，為此，需制定相當低的價格，不惜放棄目前的利潤水準，甚至不顧目前的生產成本。

（3）促銷目標，以增加產品的銷售額作為定價目標有兩種情況：一種是有些企業的定價目標是增加整條產品線的銷售額，而不是被定價產品本身的利潤或者市場份額；另一種是當企業的聯合成本、間接成本等複雜因素，無法測算出成本函數時，就以獲得最大銷售收入代替最大利潤作為定價標準。

（4）降低目標，這是一種新產品的定價目標，即企業定出盡可能高的價格，爭取在新產品上市的初期就取得盡可能多的利潤，一旦銷售下降時就有充分的餘地主動降價。

三、定價方法

定價方法，是企業在特定的定價目標的指導下，依據對成本、需求及競爭等狀況的研究，運用價格決策理論，對產品價格進行計算的具體方法。定價方法主要包括成本導向、競爭導向和顧客導向等三種類型。

（一）成本導向定價法

成本導向定價法是企業最常用的，也是最基本的一種定價方法。它以產品單位成本為基本依據，再加上預期利潤來確定價格。成本導向定價法又衍生出了總成本加成定價法、目標收益定價法、邊際成本定價法、盈虧平衡定價法等幾種具體的定價方法。

1. 總成本加成定價法

在這種定價方法下，把企業生產某種產品所有的花費均計入成本，以此計算單位產品的變動成本，合理分攤相應的固定成本，再按一定的目標利潤率來決定價格。

2. 目標收益定價法

目標收益定價法又稱投資收益率定價法，是根據企業的投資總額、預期銷量和投資回收期等因素來確定價格。

3. 邊際成本定價法

邊際成本是指每增加或減少單位產品所引起的總成本變化量。由於邊際成本與變

動成本比較接近，而變動成本的計算更容易一些，所以在定價實務中多用變動成本替代邊際成本，而將邊際成本定價法稱為變動成本定價法。

　　4. 盈虧平衡定價法

　　在銷量既定的條件下，企業產品的價格必須達到一定的水準才能做到盈虧平衡、收支相抵。既定的銷量就稱為盈虧平衡點，這種制定價格的方法就稱為盈虧平衡定價法。科學地預測銷量和已知固定成本、變動成本是盈虧平衡定價的前提。

(二) 競爭導向定價法

　　在競爭十分激烈的市場上，企業通過研究競爭對手的生產規模、服務狀況、價格水準等因素，依據自身的競爭實力，參考成本和供求狀況來確定商品價格。這種定價方法就是通常所說的競爭導向定價法。競爭導向定價主要包括：

　　1. 隨行就市定價法

　　在壟斷競爭和完全競爭的市場結構條件下，任何一家企業都無法憑藉自己的實力而在市場上取得絕對的優勢，為了避免競爭特別是價格競爭帶來的損失，大多數企業都採用隨行就市定價法，即將本企業某產品價格保持在市場平均價格水準上，利用這樣的價格來獲得平均報酬。此外，採用隨行就市定價法，企業就不必去全面瞭解消費者對不同價差的反應，也不會引起價格波動。

　　2. 產品差別定價法

　　產品差別定價法是指企業通過不同行銷努力，使同種、同質的產品在消費者心目中樹立起不同的產品形象，進而根據自身特點，選取低於或高於競爭者的價格作為本企業產品價格。因此，產品差別定價法是一種進攻性的定價方法。

　　3. 密封投標定價法

　　在國內外，許多大宗商品、原材料、成套設備和建築工程項目的買賣和承包、以及出售小型企業等，往往採用發包人招標、承包人投標的方式來選擇承包者，確定最終承包價格。一般來說，招標方只有一個，處於相對壟斷地位，而投標方有多個，處於相互競爭地位。標的物的價格由參與投標的各個企業在相互獨立的條件下來確定。在買方招標的所有投標者中，報價最低的投標者通常中標，它的報價就是承包價格。這樣一種競爭性的定價方法就是密封投標定價法。

(三) 顧客導向定價法

　　現代市場行銷觀念要求企業的一切生產經營必須以消費者需求為中心，在產品生產、產品價格、產品分銷和促銷等方面以顧客為中心。根據市場需求狀況和消費者對產品的感覺差異來確定價格的方法叫作顧客導向定價法，又稱「市場導向定價法」「需求導向定價法」。需求導向定價法主要包括理解價值定價法、需求差異定價法和逆向定價法。

　　1. 理解價值定價法

　　所謂「理解價值」，是指消費者對某種商品價值的主觀評判。理解價值定價法是指企業以消費者對商品價值的理解度為定價依據，運用各種行銷策略和手段，影響消費

者對商品價值的認知，形成對企業有利的價值觀念，再根據商品在消費者心目中的價值來制定價格。

2. 需求差異定價法

所謂需求差異定價法，是指產品價格的確定以需求為依據，首先強調適應消費者需求的不同特性，而將成本補償放在次要的地位。這種定價方法，對同一商品在同一市場上制定兩個或兩個以上的價格，或使不同商品價格之間的差額大於其成本之間的差額。其好處是可以使企業定價最大限度地符合市場需求，促進商品銷售，有利於企業獲取最佳的經濟效益。

3. 逆向定價法

這種定價方法主要不是考慮產品成本，而重點考慮需求狀況。依據消費者能夠接受的最終銷售價格，逆向推算出中間商的批發價和生產企業的出廠價格。逆向定價法的特點是：價格能反應市場需求情況，有利於加強與中間商的良好關係，保證中間商的正常利潤，使產品迅速向市場滲透，並可根據市場供求情況及時調整，定價比較靈活。

(四) 各種定價方法的運用

企業定價方法很多，企業應根據不同經營戰略和價格策略、不同市場環境和經濟發展狀況等，選擇不同的定價方法。

1. 成本導向定價法

從本質上說，忽視了市場需求、競爭和價格水準的變化，有時候與定價目標脫節。此外，運用這一方法制定的價格均是建立在對銷量主觀預測的基礎上，從而降低了價格制定的科學性。因此，在採用成本導向定價法時，還需要充分考慮需求和競爭狀況，來確定最終的市場價格水準。

2. 競爭導向定價法

是以競爭者的價格為導向的。它的特點是：價格與商品成本和需求不發生直接關係；商品成本或市場需求變化了，但競爭者的價格未變，就應維持原價；反之，雖然成本或需求都沒有變動，但競爭者的價格變動了，則相應地調整其商品價格。當然，為實現企業的定價目標和總體經營戰略目標，謀求企業的生存或發展，企業可以在其他行銷手段的配合下，將價格定得高於或低於競爭者的價格，並不一定要求和競爭對手的產品價格完全保持一致。

3. 顧客導向定價法

是以市場需求為導向的定價方法，價格隨市場需求的變化而變化，不與成本因素發生直接關係，符合現代市場行銷觀念要求，企業的一切生產經營以消費者需求為中心。

四、定價策略

價格是企業競爭的主要手段之一，企業除了根據不同的定價目標，選擇不同的定價方法，還要根據複雜的市場情況，採用靈活多變的方式確定產品的價格。

(一) 新產品定價

有專利保護的新產品的定價可採用撇脂定價法和滲透定價法。

1. 撇脂定價法

新產品上市之初，將價格定得較高，在短期內獲取厚利，盡快收回投資。就像從牛奶中吸取所含的奶油一樣，取其精華，稱之為「撇脂定價」法。

這種方法適合需求彈性較小的細分市場，其優點包括：①新產品上市，顧客對其無理性認識，利用較高價格可以提高身價，適應顧客求新心理，有助於開拓市場；②主動性大，產品進入成熟期後，價格可分階段逐步下降，有利於吸引新的購買者；③價格高，限制需求量過快增加，使其與生產能力相適應。其缺點包括：獲利大，不利於擴大市場，並會很快招來競爭者，迫使價格下降，好景不長。

2. 滲透定價法

在新產品投放市場時，價格定得盡可能低一些，其目的是盡可能獲得更大的銷售量，提升市場佔有率。

當新產品所在市場競爭激烈、產品核心競爭能力較弱、需求彈性較大時宜採用滲透定價法。其優點包括：①產品能迅速為市場所接受，打開銷路，增加產量，擴大生產規模，降低單位成本；②價低利薄，利用價格優勢提升競爭能力，獲得一定市場優勢。

對於企業來說，採取撇脂定價還是滲透定價，需要綜合考慮市場需求、競爭、供給、市場潛力、價格彈性、產品特性、企業發展戰略等因素。

(二) 模仿品的定價

模仿品又稱為紡織，是企業模仿國內外市場上的暢銷貨而生產出的新產品。仿製品面臨著產品定位問題，就新產品質量和價格而言，有九種可供選擇的戰略，優質優價、優質中價、優質低價、中質高價、中質中價、中質低價、低質高價、低質中價、低質低價。

(三) 心理定價

心理定價是根據消費者的消費心理定價，有以下幾種：

1. 尾數定價或整數定價

許多商品的價格，寧可定為1.98元或1.99元，也不定為2元，是適應消費者購買心理的一種取捨，尾數定價使消費者產生一種更便宜、優惠的錯覺，比定價為2元的消費心理更積極，有利於推進消費者購買，促進銷售。相反，有的商品不定價為9.8元，而定價為10元，同樣使消費者產生一種錯覺，迎合消費者「便宜無好貨，好貨不便宜」的心理。

2. 聲望性定價

此種定價法有兩個目的：一是提高產品的形象與價值，以價格說明其高貴；二是滿足消費者的消費心理，使其產生產品與自身地位相匹配的感覺。

3. 習慣性定價

某種商品，由於同類競爭者較多，在市場上已經形成穩定價格，個別生產者難於改變。降價易引起消費者對品質的懷疑，漲價則可能受到消費者的抵制。

(四) 折扣定價

大多數企業通常都酌情調整其基本價格，以鼓勵顧客及早付清貨款、大量購買或增加淡季購買。這種價格調整叫作價格折扣和折讓。

1. 現金折扣

是提早付清產品餘款的顧客一種折扣價格。例如「2/10 淨 30」，表示付款期是 30 天，如果在成交後 10 天內付款，給予 2% 的現金折扣。許多行業習慣採用此法以加速資金週轉，減少收帳費用和壞帳。

2. 數量折扣

是企業給那些大量購買某種產品的顧客的一種折扣，以鼓勵顧客購買更多的貨物。大量購買能使企業降低生產、銷售等環節的成本費用。例如：顧客購買某種商品 50 千克以下，每千克 20 元；購買 50 千克以上，每千克 19 元。

3. 職能折扣

產品生產商把產品售給中間商或者代理商時，一般價格都遠低於市場價格。

4. 季節折扣

是企業鼓勵顧客淡季購買的一種減讓，使企業的生產和銷售一年四季能保持相對穩定。

5. 推廣津貼

為擴大產品銷路，生產企業向中間商提供促銷津貼。如零售商為企業產品刊登廣告或設立櫥窗，生產企業除負擔部分廣告費外，還在產品價格上給予一定優惠。

(五) 歧視定價（分為差別及差價策略）

1. 差別定價策略

差別定價，也叫價格歧視，就是企業按照兩種或兩種以上價格銷售某種產品或服務，差別定價有以下五種形式。

（1）顧客差別定價。

企業按照不同的價格把同種產品或服務銷售給不同的顧客。這種價格歧視表明，顧客的需求強度和商品知識有所不同。例如，公交車對老年人不收費，而對學生收取半價，對其他人則收全價。

（2）產品形式差別定價。

企業對不同型號或形式的產品分別制定不同的價格，但是，不同型號或形式的產品的價格之間的差額和成本費用之間的差額並不成比例。例如，許多商品既有散裝，也有禮品包裝，但是禮品包裝的價格可能是散裝的價格的兩倍，甚至更高。

（3）地點差別定價。

企業對於處在不同位置的產品或服務分別制定不同的價格，即使這路產品或服務

的成本費用沒有任何差異。例如，在些明星的演唱會上，雖然不同座位的成本費用都一樣，但是不同座位的票價會相差很大，這是因為人們對不同座位的偏好有所不同。

（4）時間差別定價。

企業對於不同季節、不同時期甚至不同鐘點的產品或服務也分別制定不同的價格。例如，電信公司在白天高峰時期與晚上對電話費的定價可能不同，電力公司也常採用這標的分段收費方式。

（5）渠道差別定價。

產品在不同的渠道，面對不同的消費者，由於市場有所區別，顧客要求不一樣，可以進行差別定價。例如，礦泉水可以在餐廳、便利店按不同的價格銷售。實行歧視定價的前提條件是：市場必須是可細分的，每個細分市場的需求強度是不同的；商品不可能轉手倒賣；高價市場上不可能有競爭者削價競銷；不違法；不引起顧客反感。

2. 差價策略

（1）地區差價策略。

同一產品在不同的地區銷售不同的價格的這種策略叫地區差價策略。地區差價可以分為兩種形式：一是根據商品銷售地區距離遠近、支付運費的大小相應加價，使銷售地價格大於產地價格。二是從開拓外地市場著眼，使銷售地價格低於產地價格，讓商品在銷地廣泛滲透，站穩市場。

（2）分級差價策略。

企業對同一類商品進行挑選整理，分成若干級別，各級之間保持一定價格差額的策略叫作分級差價策略。此種策略便於顧客選購，以滿足不同層次的消費需求。

（3）用途差價策略。

同一商品供不同用途時採用不同價格的策略叫作用途差價策略。例如，食鹽售給生產企業作為生產原料，在價格上給予優惠；當農民用電風扇來吹干穀物時，降價向農民出售電風扇等。此種策略可鼓勵消費者增加商品用途，開拓新的市場。

（4）品牌差價策略。

同品種的商品由於品牌不同，定價有別的策略叫作品牌差價策略，如某一品牌的商品已成為名牌，在消費者中建立了信任感，其銷售價格就可定得略高於一般品牌的商品，借以鼓勵企業創名牌。

五、調價策略

企業在產品價格確定後，由於客觀環境和市場情況的變化，往往會對價格進行修改和調整，主要是降價與提價兩種形式。

（一）企業主動提高價格

1. 企業提價的原因

（1）由於通貨膨脹，原料價格上漲，產品的單位成本提高，企業不得不考慮提高價格，以維持盈利。

（2）產品供不應求，不能滿足所有顧客的需要，通過提價可以將產品賣給需求強度最大的顧客。

2. 企業提價的技巧和方式

（1）向消費者公開成本費用的增加。企業通過廣告媒體多種途徑，向消費者介紹產品的各項成本上漲情況，以獲得消費者的理解，使消費者能夠瞭解價格上漲的主要原因，以希望消費者在承受限度內接受產品的價格。

（2）提高產品質量。企業通過加大資金和技術的投入，不斷提高產品質量，改進原有產品，增加新的設計、性能、規格、式樣等，使顧客有更多的選擇機會，使消費者真實地感受到，企業在為市場提供更好的產品和服務，讓消費者去接受價格的上漲，並認可價格上漲的是合理的。

（3）加量。對產品價格進行提高時，同時增加產品供應的分量，使顧客覺得，產品分量增加了，價格自然要上漲。

（4）改變包裝。改變產品的包裝，從色彩、形狀、樣式等方面改變包裝，使產品看起來有了檔次，為產品價格的提高提供了依據，消費者比較容易接受價格的變化。

3. 企業提價策略

無論什麼原因造成的提價，對消費者利益總是不利的。因此，必須注意消費者的心理反應，以採取合適的提價策略。

（1）對於因成本上升而造成的提價，要盡量降低提價幅度，同時努力改善經營管理，減少費用開支。同時，向消費者公開成本費用的增加。企業通過廣告媒體等多種途徑，向消費者介紹產品的各項成本上漲情況，以獲得消費者的理解，使消費者能夠瞭解價格上漲的主要原因，以希望消費者在承受限度內接受產品的價格。

（2）對於供不應求而造成的提價，要在充分考慮消費者承受能力的前提下，適當提價，切忌哄抬物價而導致消費者不滿。

（3）因國家政策調整而提高商品價格，要多宣傳、解釋，以消除消費者的不滿，並積極開發替代品，以更好地滿足消費者需求。

（4）因經營者為獲利而提高價格，要搞好銷售服務，改善銷售環境，增加服務項目，靠良好的聲譽適量提價。

(二) 企業主動降低價格

1. 企業降價原因

（1）企業生產能力過剩、產量過多、庫存積壓嚴重、市場供過於求，企業以降價來刺激市場需求。

（2）面對競爭者的「削價戰」，企業如果不採取降價措施將會失去顧客或減少市場份額。

（3）生產成本下降，科技進步，勞動生產率不斷提高，生產成本逐步下降，其市場價格也應下降。

2. 企業降價的方式和技巧

（1）產品價格不變的情況下，提供更完善的服務。比如，企業為消費者支付運費，實行送貨上門或免費安裝、調試、維修以及為顧客保險等。這些費用屬於企業經營成本，由企業承擔獨自承擔這部分費用，實際上屬於額外費用支出，等於降低了產品價格。

（2）產品價格不變的情況下，完善產品性能，提升產品質量，增加產品功能，實際上等於降低了產品的價格。

（3）加大各種折扣比例，在原有基礎上加大產品優惠折扣比例，在產品性能不變的情況下，實際上等於降低了產品的價格。

（4）實際降低價格，在企業產品的成本費用下降，並且市場行銷環境發生變化的情況時，為了讓消費者獲得更多的實惠，為了企業產品在價格上有更大的優勢，為了產品的銷售量擴大，企業可自主調低價格。在價格降低時，還要向消費者解釋降價的原因，避免引起不必要的誤會。

3. 降價策略

企業降價的策略經營者採取降價措施時，應注意降價的幅度、頻率和降價時機的選擇。

（1）降價幅度要適宜。降價幅度過小，無法觸動消費者對價格的敏感度，達不到降價的效果；降價幅度過大，則會引起消費者對商品質量的疑慮，同樣達不到降價目的。因此消費者對降價存在一個知覺「閾限」，經營者降價應在此「閾限」範圍內進行。根據經驗，消費者對價格降低 10%～30% 能理解。不同產品的「閾限」有差異。

（2）降價不宜過頻。產品進行降價時，要一步到位，不能在很短週期內持續降價，廠商的這種行為會使消費者產生不信任的心理效應，因此必須保持降價後的相對穩定。選擇降價時機很關鍵。對於流行性商品，當流行高峰一過就要馬上採取降價策略，否則，失去時機後即使降價也難以收到預期效果；對於季節性商品，當庫存過大時，應採取適當的降價措施；對於一般性商品，降價的最佳時機是在進入成熟期後的峰點臨近時，此時消費者對產品評價較高，降價有可能刺激需求，使得峰點後移，延長成熟期。

（三）購買者對調價的反應

1. 顧客對降價可能有以下看法

（1）產品將要過時，企業將出新產品；

（2）產品不完善，銷售不順利；

（3）企業財務困難，降低獲取現金流；

（4）價格可能會持續下降；

（5）產品價值不如以前，致使價格下降。

2. 顧客對提價的可能反應

（1）產品很暢銷，供不應求；

(2) 產品價值增加，價格提升；
(3) 企業想賺取更多利潤。

購買者對價值不同的產品價格的反應也有所不同，對於價值高、經常購買的產品的價格變動較為敏感；而對於價值低、不經常購買的產品，即使單位價格高，購買者也不大在意。此外，購買者通常更關心取得、使用和維修產品的總費用，因此賣方可以把產品的價格定得比競爭者高，取得較多利潤。

(四) 競爭者對調價的反應

競爭者對調價的反應有以下幾種類型：

1. 相向式反應

當廠商提價或者降價時，競爭對手也漲價或者降價。這種一致的行為，對企業影響不太大，不會導致嚴重後果。只要企業堅持合理行銷策略，對產品市場與市場佔有率影響極少。

2. 逆向式反應

當廠商進行提價，對手降價或維持原價不變；廠商降價時，競爭對手提價或維持原價不變。這種相互衝突的價格行為對雙方影響很大，競爭者使用這種方式的目的很明確，就是乘機爭奪市場，提高市場佔有率。對此，企業要進行全面調查分析，對競爭對手的真實目的、經營情況、自身規模等有清晰的認識，才能做好應對措施。

3. 交叉式反應

企業擁有眾多競爭者，面對企業價格變動，競爭者們所採取的應對措施也有所不同，有跟隨的，有逆向的，有不變的，情況錯綜複雜。企業在不得不進行價格調整時應注意提高產品質量，加強廣告宣傳，保持分銷渠道暢通等。

(五) 企業對競爭者調價的反應

在同質產品市場，如果競爭者降價，企業必隨之降價，否則企業會失去顧客。某一企業提價，其他企業隨之提價（如果提價對整個行業有利），但如有一個企業不提價，最先提價的企業和其他企業將不得不取消提價。

在異質產品市場，購買者不僅考慮產品價格高低，而且考慮質量、服務、可靠性等因素，因此購買者對較小價格差額無反應或不敏感，則企業對競爭者價格調整的反應有較多自由。

企業在做出反應時，必須分析：競爭者調價的目的是什麼？調價是暫時的，還是長期的？能否持久？企業面臨競爭者應權衡得失，即是否應做出反應？如何反應？另外，還必須分析價格的需求彈性、產品成本和銷售量之間的關係等複雜問題。

企業要做出迅速反應，最好事先制定反應程序，按程序處理，提高反應的靈活性和有效性。對付競爭者降價的程序如圖11.1所示。

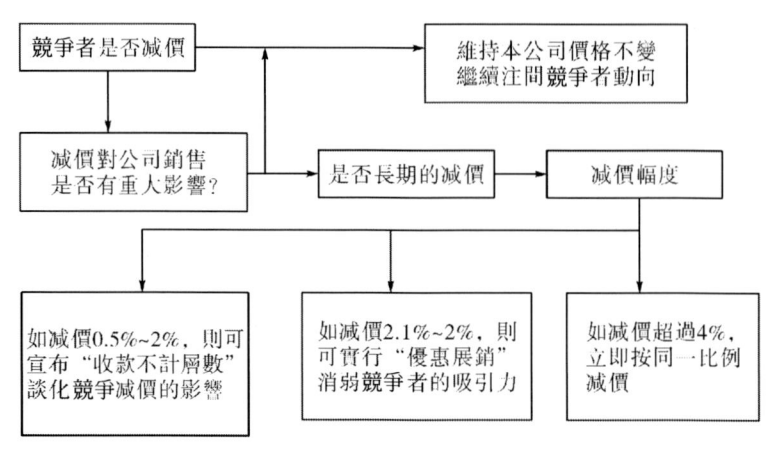

```
┌─────────────────┐         ┌──────────────────────┐
│ 競爭者是否減價  │────────▶│ 維持本公司價格不變   │
└─────────────────┘         │ 繼續注間競爭者動向   │
         │                   └──────────────────────┘
         ▼
┌─────────────────┐   ┌──────────────┐   ┌──────────┐
│ 減價對公司銷售  │──▶│ 是否長期的減價│──▶│ 減價幅度 │
│ 是否有重大影響？│   └──────────────┘   └──────────┘
└─────────────────┘          │                 │
         │                   ▼                 ▼
         ▼              ┌──────────┐     ┌──────────┐
   ┌──────────┐         │ 如減價   │     │ 如減價   │
   │ 如減價   │         │ 2.1%~2%, │     │ 超過4%, │
   │ 0.5%~2%,│          │ 則可實行 │     │ 立即按同 │
   │ 則可宣布 │         │ "優惠展銷"│    │ 一比例   │
   │ "收款不計│         │ 消弱競爭者│    │ 減價     │
   │ 層數"淡化│         │ 的吸引力  │    └──────────┘
   │ 競爭減價 │         └──────────┘
   │ 的影響   │
   └──────────┘
```

圖 11.1　對付競爭者降價的程序

第三節　渠道策略

一、分銷渠道

(一) 分銷渠道的概念

分銷渠道策略（Distribution Strategy），指企業為了把自身生產的產品投放到市場所進行的路徑選擇與經營管理過程。這個過程重點是企業在什麼地點、什麼時間、由什麼形式向消費者提供自身產品與服務。企業應該選擇最經濟、最科學的渠道進行產品的市場投放。

菲利普・科特勒認為，一條分銷渠道是指某種貨物或勞務從生產者向消費者移動時取得這種貨物或勞務的所有權或幫助轉移其所有權的所有企業和個人。因此，一條分銷渠道主要包括中間商（因為他們取得所有權）和代理中間商（因為他們幫助轉移所有權）。此外，它還包括作為分銷渠道的起點和終點的生產者和消費者，但是，它不包括供應商、輔助商等。

科特勒認為，市場行銷渠道（Marketing Channel）和分銷渠道（Distribution Channel）是兩個不同的概念。他說：「一條市場行銷渠道是指那些配合起來生產、分銷和消費某一生產者的某些貨物或勞務的一整套所有企業和個人。」這就是說，市場行銷渠道包括食品生產者、食品收購商、其他供應商、各種代理商、批發商、零售商和消費者等。而分銷渠道則包括食品加工商、各種批發商、代理商、零售商、消費者等。

(二) 分銷渠道的特徵：

(1) 分銷渠道主要是由參與商品流通過程的各種類型的機構組成的。通過這些機構，產品才能從生產者流向最終消費者或用戶，實現其價值。

(2) 分銷渠道的起點是生產者，終點是通過生產消費和個人生活消費實質上地改

變商品形態、使用價值和價值的最後消費者和用戶。

（3）在商品從生產者流向最終消費者或用戶的流通過程中，要經過多次商品所有權的轉移。

（4）分銷渠道並不是生產者和中間商聯繫的簡單結合，而是企業之間同為達到各自或共同目標而進行交易的複雜行為體系和過程。

二、分銷渠道的影響因素

（一）市場因素

1. 目標市場範圍

產品目標市場範圍越寬廣，越適用長、寬渠道；反之目標市場範圍越小，則適用短、窄渠道。

2. 顧客的集中程度

顧客集中程度越高，則越適用短、窄渠道；顧客分散程度較高，則適用長、寬渠道。

3. 顧客的購買量、購買頻率

顧客購買產品數量較小，購買頻率高，則適用長、寬渠道；相反，顧客購買產品數量大，購買頻率低，則適用短、窄渠道。

4. 消費的季節性

沒有季節性的產品一般都均衡生產，多採用長渠道；反之，多採用短渠道。

5. 競爭狀況

除非競爭特別激烈，通常為降低風險與成本，同類產品一般與競爭者採取相同或相似的銷售渠道。

（二）產品因素

1. 產品物理化學性質

體積大、較重、易腐爛、易損耗的產品適用短渠道或採用直接渠道、專用渠道；反之，則適用長、寬渠道。

2. 價格

價格高的工業品、耐用消費品適用短、窄渠道；價格低的日用消費品適用長、寬渠道。

3. 時尚性

時尚性程度高的產品適宜短渠道；相反款式不易變化的產品，適宜長渠道。

4. 標準化程度

標準化程度高、通用性強的產品適宜長、寬渠道；非標準化產品適宜短、窄渠道。

5. 技術複雜程度

產品技術越複雜，需要的售後服務要求越高，適宜直接渠道或短渠道。

(三) 企業自身因素

1. 財務能力

企業財力雄厚就有能力選擇短渠道；而財力薄弱的企業只能依賴中間商。

2. 渠道的管理能力

渠道管理能力和經驗豐富，適宜短渠道；而管理能力較低的企業適宜長渠道。

3. 控制渠道的願望

控制願望強烈的企業，往往選擇短而窄的渠道；控制願望不強烈的企業，則選擇長而寬的渠道。

(四) 中間商因素

1. 合作的可能性

如果中間商不願意合作，企業只能選擇短、窄的渠道。

2. 費用

如果利用中間商分銷的費用很高，企業為了降低成本只能採用短、窄的渠道。

3. 服務

如果中間商提供的服務優質，企業往往採用長、寬渠道；反之，只有選擇短、窄渠道。

(五) 環境因素

1. 經濟形勢

當經濟蕭條、衰退時，企業往往採用短渠道，縮減成本，降低風險；經濟形勢好，可以考慮長渠道。

2. 有關法規

如專賣制度、進出口規定、反壟斷法、稅法等。

三、分銷渠道管理

企業管理人員在進行渠道設計之後，還必須對個別中間商進行選擇、激勵、評估和調整。

(一) 選擇渠道成員

對於大企業來說，由於其知名度高、實力雄厚，往往為中間商所青睞，因此很容易找到適合的中間商；而知名度低的、新的、中小生產者則較難找到適合的中間商。無論大小企業，在選擇渠道成員時都應注意以下條件：能否接近企業的目標市場；地理位置是否有利；市場覆蓋面有多大；中間商對產品的銷售對象和使用對象是否熟悉；中間商經營的商品大類中，是否有相互促進的產品或競爭產品；資金大小、信譽高低、營業歷史的長短及經驗是否豐富；擁有的業務設施，如交通運輸、倉儲條件、樣品陳列設備等情況如何；從業人員的數量多少、素質的高低；銷售能力和售後服務能力的強弱；管理能力和信息反饋能力的強弱。

(二) 激勵渠道成員

生產者在選擇過合適的中間商之後，為了使中間商能夠更好地去履行職責，常常要給予政策激勵和適當的督促、批評。促使經銷商進入渠道的因素和條件已經構成部分激勵因素；但是對中間商進行批評時要注意方式，從多個角度考慮問題，不能單一地從自身角度出發，否則效果將適得其反。同時，生產者必須盡量避免激勵過分（如給中間商的條件過於優惠）和激勵不足（如給中間商的條件過於苛刻）兩種情況。

(三) 評估渠道成員

生產者除選擇合適的成員，並制定合理的激勵措施之外，還必須定期地、客觀地評估渠道成員的績效。當某一渠道成員的績效遠低於正常標準，則需找出主要原因，同時還應考慮可能的補救方法。當放棄或更換中間商將導致更壞的結果時，生產者只好容忍這種令人不滿的局面；當沒有出現更壞的結果時，生產者應要求工作成績欠佳的中間商在一定時期內有所改進，否則就要取消它的資格。

(四) 調整銷售渠道

根據實際情況、渠道成員的業績與能力，對渠道結構加以調整：增減渠道成員；增減銷售渠道；變動分銷系統。

四、分銷渠道中的中間商

(一) 中間商特性

各類各家中間商實力、特點不同，諸如廣告、運輸、儲存、信用、訓練人員、送貨頻率方面具有不同的特點，從而影響生產企業對分銷渠道的選擇。

第一，中間商的類型不同將對生產企業分銷渠道產生不同的影響。

第二，中間商數目也將造成不同的影響。按中間商的數目多少的不同的情況，可選擇密集分銷、選擇分銷、獨家分銷。

（1）密集式分銷，指生產企業同時選擇多家經銷代理商銷售自身產品。一般來說，日用品多採用這種分銷形式。工業品中的一般原材料、小工具、標準件等也可用此分銷形式。

（2）選擇性分銷，指在同一目標市場上，選擇一個以上的中間商銷售企業產品，而不是選擇所有願意經銷本企業產品的所有中間商。這有利於提高企業經營效益。一般說，消費品中的選購品和特殊品，工業品中的零配件宜採用此分銷形式。

（3）獨家分銷，指企業在某一目標市場，在一定時間內，只選擇一個中間商銷售本企業的產品，雙方簽訂合同，規定中間商不得經營競爭者的產品，製造商則只對選定的經銷商供貨，一般來說，此分銷形式適用於消費品中的家用電器、工業品中的專用機械設備，這種形式有利於雙方協作，以便更好地控制市場。

五、分銷渠道的評估

分銷渠道評估的實質是從那些看起來似乎合理但又相互排斥的方案中選擇最能滿

足企業長期目標的方案。因此，企業必須對各種可能的渠道選擇方案進行評估。評估標準有三個，即經濟性、控制性和適應性。

（一）經濟性標準

經濟標準是最重要的標準，這是企業行銷的基本出發點。在分銷渠道評估中，企業應該將採取該分銷渠道所要花費的成本與所帶來的銷售收益作比較，以此評價分銷渠道決策的合理性。這種比較可以從以下角度進行：

1. 靜態效益比較

分銷渠道靜態效益的比較就是在同一時間、同一地點對各種不同方案可能產生的經濟效益進行比較，從中選擇經濟效益較好的方案。

某企業決定在某一地區銷售產品，現有兩種方案可供選擇：

方案一是向該地區直接派出銷售人員進行直銷。這一方案的優勢是，本企業銷售人員專心於推銷本企業產品，在銷售本企業產品方面受過專門訓練，比較積極，而且顧客一般喜與生產企業直接打交道。

方案二是利用該地區的代理商。該方案的優勢是，代理商擁有多於生產商幾倍的推銷員，代理商在當地建立了廣泛的交際關係，利用中間商所花費的固定成本低。

通過對兩個方案實現某一銷售額所花費的成本進行估價，得知利用中間商更算。

2. 動態效益比較

分銷渠道動態效益的比較就是對各種不同方案在實施過程中所引起的成本和收益的變化進行比較。從中選擇在不同情況下應採取的渠道方案。當企業自行銷售機構銷售成本高於利用中間商的成本，此時利用中間商較有利；而當自銷機構的成本低於利用中間商的成本，此時利用自銷系統就相對有利了。

3. 綜合因素分析比較

上述影響分銷渠道設計的五大因素在實際分析時，可能都會傾向於某一特定的渠道，但也有可能某一因素分析傾向直接銷售，而其他因素分析可能得出應該使用中間商的結論。因此，企業必須對幾種方案進行評估，以確定哪一種最適合企業。評估的方法很多，如計算機模擬法、數字模型等。下面介紹一種簡單又實用的因素加權法。

（二）控制性標準

企業對分銷渠道的設計和選擇不僅應考慮經濟效益，還應該考慮企業能否對其分銷渠道實行有效地控制。因為分銷渠道是否穩定對於企業能否維持其市場份額，實現其長遠目標是至關重要的。

企業對於自銷系統是最容易控制的，但是由於成本較高，市場覆蓋面較窄，不可能完全利用這一系統來進行分銷。而利用中間商分銷，就應該充分考慮所選擇的中間商的可控程度。一般而言，特許經營、獨家代理方式比較容易控制，但企業也必須相應地做出授予商標、技術、管理模式以及在同一地區不再使用其他中間商的承諾。在這樣的情況下，中間商的銷售能力對企業影響很大，選擇時必須十分慎重。如果利用多家中間商在同一地區進行銷售，企業利益風險比較小，但對中間商的控制能力就會相應削弱。

然而，對分銷渠道控制能力的要求並不是絕對的，並非所有企業、所有產品都必須對其分銷渠道實行完全的控制。如市場面較廣、購買頻率較高、消費偏好不明顯的一般日用消費品就不必過分強調控制；而購買頻率低、消費偏好明顯、市場競爭激烈的高級耐用消費品，其分銷渠道的控制就十分重要。又如在產品供過於求時往往比產品供不應求時更需強調對分銷渠道的控制。總之，對分銷渠道的控制應講究適度，應將控制的必要性與控制成本加以比較，以求達到最佳的控制效果。

(三) 適應性標準

在評估各渠道方案時，還有一項需要考慮的標準，那就是分銷渠道是否具有地區、時間、中間商等適應性。

1. 地區適應性

企業在某一地區建立產品的分銷渠道，應充分考慮該地區的消費者的消費水準、購買習慣和市場環境，並據此建立與此相適應的分銷渠道。

2. 時間適應性

企業一般會在不同的時期採用不同的分銷渠道，去適應銷售市場，獲取最大銷售量。如季節性商品在非當季時就比較適合於利用中間商的吸收和輻射能力進行銷售；而在當季就比較適合於擴大自銷比重。

3. 中間商適應性

企業應根據各個市場上中間商的不同狀態採取不同的分銷渠道。如在某一市場若有一兩個銷售能力特別強的中間商，渠道可以窄一點；若不存在突出的中間商，則可採取較寬的渠道。

案例分析

從不打廣告的老干媽為何這麼火？

曾有人這麼形容老干媽，「幾年來，作為醬類調味品領導者的老干媽就像一位埋頭疾行的劍手，身影絕世而孤獨」。

在靠宣傳打天下的快消行業，老干媽十分另類，各類媒體上不見其廣告身影，多年來一枝獨秀，持續的終端傳達，形成了消費者的固定印象。

老干媽在全國各地市的覆蓋率已達到90%以上，市場的單純性增長幾乎接近極致。「有華人的地方，就有老干媽」，這並不是一句口號，而是深入人心的品牌。

從不打廣告的老干媽，如何能將產品做到無人不曉？

「醬」香不怕巷子深

起初的老干媽，只是陶華碧賣涼粉和冷面的調料。

當別家賣涼粉只是加點胡椒、味精、醬油和小蔥當作料，陶華碧卻特意製作了麻辣醬，作為專門拌涼粉的作料，生意興隆。「濃香，微辣，適口咸」，是中國人最喜歡的民間本味。

直至1996年，老干媽香辣醬食品加工廠成立，如今風靡全球的老干媽香辣醬

問世。

　　18年時間，這瓶小小的香辣醬，漂洋過海，北美、歐洲、東南亞、日本、韓國、中國香港、臺灣……隨處可見。不打廣告的老干媽，近乎是神一樣的存在。

　　老干媽之所以這麼牛，這跟陶華碧以產品為王的理念是息息相關的。

　　老干媽一共十幾種品類，每一品類都是陶華碧親力親為的心血。「我的辣椒調料都是100%的真料，每一個辣椒、每一塊牛肉都是指定供貨商提供的，絕對沒有一絲雜質」。她從不偷工減料，以次充好，用料、配料、工藝拿捏，添加了許多講究，保持產品風味，虜獲顧客的舌尖。

　　一直以來，老干媽都被外界稱包裝「土」，可就是因為這個「土」，陶華碧挖掘出了「土」對消費者的利益點：一分價錢一分貨。包裝便宜，那就意味著消費者花錢買到的實惠更多，省下來的可都是真材實料的辣醬，老百姓居家過日子，不就是圖個實惠嗎？辣醬又不拿去送禮，自家吃根本用不著考慮好看不好看的問題，味道好就行了。

　　當老干媽逐漸走進千家萬戶，陶華碧的生意越做越大，但在產品的把控度上，陶華碧的做法不同於許多同品類廠家，即不接受代理商的退貨。

　　事實上，老干媽的退貨率相比其他品牌並不高，不接受退貨的政策對經銷商的影響也不大，老干媽的銷量一直很好，壓貨的情況很少。老干媽這種堅定的把控能力與自信，全然源自於產品質量。

　　在風雲際會的時代，渠道、終端、品牌，各自被梳理成市場行銷的主線。

　　老干媽一直行走在行銷的原點，致力於產品本身。商品（包括物質的產品和服務）是以產品本身為消費者提供服務的，一切行銷的手段及方法，都只是提供了一個讓商品到達消費者的渠道，而商品本身，才是消費者最初的希望。

　　思考討論題：
　　1. 老干媽市場行銷中銷量持續增加的關鍵在於什麼？
　　2. 如果老干媽在市場行銷渠道和促銷方式上花費更多心思，行銷效果又會如何？

課後練習題

　　1. 什麼是產品整體概念？
　　2. 什麼是產品組合？產品組合的策略有哪些？
　　3. 產品生命週期各個階段的主要特點是什麼？相應地應採取哪些策略？
　　4. 什麼是新產品？包括哪些主要類型？
　　5. 商標、品牌的含義和區別是什麼？
　　6. 定價的方法有哪些？
　　7. 什麼是分銷渠道？有何特徵？
　　8. 影響分銷渠道的因素有哪些？

第十二章　促銷策略

學習目的

通過本章學習，掌握促銷、促銷組合的概念，瞭解影響促銷組合的因素；瞭解人員推銷的概念、特徵和程序；掌握廣告的基本概念、功能及影響廣告媒體選擇的因素。

本章要點與難點

本章重點：促銷組合概念；競爭促銷策略；人員推銷程序；廣告媒介選擇。

本章難點：人員推銷的組織和管理；廣告設計和投放策略。

引導案例

三個失敗的促銷案例，讓我們思考如何保證促銷效果。

促銷活動天天見，但各自的效果卻大相徑庭。許多老板反應促銷效果不明顯，錢花了，持續時間卻很短，經常是活動一停止，人氣也隨之下降，之所以產生這樣的現象，是因為經營者對促銷活動的認識存在誤區。下面3個促銷失敗的案例，會對你有所啓發。

促銷效果保證一：產品有特色

案例：酒店A位於南京市建業區，名為「某私房菜館」。這家酒店的位置很好，屬於市中心的商業區，周邊市場繁華，人們的消費能力也強。酒店裝潢精致，菜肴定價中檔偏下。為擴大酒店的影響力，開業後第一個月，該酒店推出菜肴價格打對折的促銷活動，當時的生意十分火爆；第二個月，老板逐漸減小讓利幅度，從打對折改為6.9折，之後恢復原價。經營了一段時間後，酒店人氣逐漸下降，生意也越做越僵。裝修有檔次，消費也不高，怎麼沒人光顧呢？老板不知道是哪個環節出了問題。

分析：促銷前後為什麼會出現這麼大的反差？

點評：無論是什麼樣的餐飲店，如果菜品沒有特色，很難留住顧客。這家酒店本身就處在餐飲競爭很集中的區域，裝潢雖高檔，出品卻沒有特色，模仿私房菜館，形似而神不似，最終還是不能吸引顧客。

促銷效果保證二：定位要準確

案例：酒店B位於南京六合區城郊結合處的一條美食街上，周邊商業氛圍不濃，比較顯眼的是一個大型超市和兩家擁有800多個餐位的高檔社會餐飲店，附近居民區的消費能力也遠不如市區的居民區。美食街上還有很多知名的餐飲店，店面不大，各有風格，裝修有檔次，如燒雞公、小肥羊、驢肉館、干鍋主題餐廳等。開業初期，酒

店老板在電視臺、報紙、美食網做了許多促銷廣告，對產品進行包裝、宣傳，例如吃多少、送多少，吃火鍋不收鍋底費並加送蔬菜，等等。剛開始，酒店 B 的生意很火爆，但經營一段時間後，酒店 B 以及美食街上大部分餐廳的業績都出現了下滑現象，甚至虧損。

分析：為什麼會出現這種情況？發現其中的問題所在。

點評：社會餐飲經營成功的前提是一定要符合周邊的消費能力，不然，宣傳促銷做得再好、再多，生意也不會來。

促銷效果保證三：質量有保證

案例：酒店 C 開在南京某大型購物廣場旁邊的一條美食街上，有餐位 300 多個，以家庭消費為主。這個購物廣場的周圍主要是高檔生活區，居民消費水準高。購物廣場的客流量很大，也很穩定。酒店 C 的經營很有特色，即好吃不貴，但難吃飽，菜品口味不錯，菜價也很便宜，但菜量都不多。如果顧客要吃好吃飽，在別的餐廳，點 3 個菜夠吃，但在這裡就得點 5 個菜。用餐一次消費下來，價格也差不多，但顧客多吃了好幾樣菜品，感覺實惠。基於這種經營特色，酒店老板又做了很多促銷活動，例如，在美食網和店內的海報上，做各種各樣特價菜的宣傳；與美食頻道合作，推出優惠卡；與銀行合作，推出持卡消費打折的活動；在玻璃櫥窗展示近 20 道菜品，進行半價銷售，等等，促銷力度非常大。一開始，酒店生意非常紅火，天天爆滿，但促銷活動過去後，生意漸漸一般化，除了在特價日和節假日，生意相對火爆外，其餘的時候，生意不溫不火。

點評：有正確的經營思路，有豐富的促銷活動，從表面上看，酒店經營沒問題。但是只有在老板嚴格監督產品質量的前提下，經營思路和促銷活動的效果才能真正顯示出來。否則，預先培養的人氣會隨著品質的下降而流失。

第一節　促銷和促銷組合

一、促銷的含義及促銷目的

（一）促銷的內涵

促銷（Promotion）企業利用人員推銷或者非人員推銷的形式，向目標市場中的目標客戶傳遞產品的使用信息，讓顧客意識到企業產品給自身所帶來的利益，從而激發顧客的興趣與需求，促使顧客做出購買行為的活動。

促銷本質上是一種促銷人員與顧客通過某種渠道進行交流，向顧客傳遞企業產品信息、產品價值，最終說服顧客購買產品的活動。這種溝通說服一般分為雄辯式說服、宣傳式說服、交涉式說服三種。由於三種方式的特點不同，三種說服方式應用場景也就不同。各種說服方式的目的都在於溝通，多年來形成了溝通模式，它主要由發送者、接受者、信息、媒體、編碼、解碼、反應、反饋、系統噪音九個因素構成。

(二) 促銷的目的

從經濟學的角度講：企業採取促銷策略的目的是無論價格怎麼變化，希望產品的銷售量能一直提升，通過促銷策略影響產品的需求曲線。其目的在於：當價格提高時，需求無彈性，當價格降低時，需求有彈性。換言之，企業管理當局希望：當價格上升時，需求數量下降很少，而當價格下降時，銷售卻大大增加。

促銷的最終目的就是通過企業的一系列促銷活動，對產品進行宣傳推廣，引起消費者興趣，激發消費者購買慾望，並最終使消費者產生購買行動，實現產品及勞務從企業方到消費者之間的一種轉移活動，實現產品銷售的目的。

二、促銷的作用

促銷在現代行銷學中的影響力及作用越來越大，其一，消費者對廣告已經有一定的疲憊感，且對單一的廣告模式產生了一定的抵觸，更願意接受優惠、實際的促銷活動；其二，部分企業廣告投入所帶來的邊際效益是逐漸遞減的；其三，促銷活動效率更高，短期內既能提升企業品牌知名度，也能為消費者帶來一定的社會福利。

促銷的作用如下：

1. 傳遞信息，引起關注

企業生產的新產品想要在市場上有好的反響，需要向市場提供產品相關的信息，而促銷無意是一種最實用的方式。企業通過促銷這種方式，向市場與中間商提供產品信息，也能引起社會公眾注意，為社會公眾帶來一定的福利。通過傳遞產品信息，把分散、眾多的消費者與企業聯繫起來，方便消費者選擇購買，成為現實的買主。

2. 激發需求，增強銷售

企業促銷的目的是為了激發目標客戶對產品的購買需求，從而實現產品的銷售。在促銷活動中向消費者介紹產品，不僅可以誘導需求，有時還可以創造需求。消費需求產生的原始動機，是由人類生存和發展的需要而引發的。隨著經濟發展和人民生活水準的提高，人們生存、發展需要的內容和範圍也在不斷擴展，從而形成不斷發展的潛在需求。促銷的重要作用就在於通過介紹新的產品，展示合乎潮流的消費模式，提供滿足消費者生存和發展需要的承諾，從而喚起消費者的購買慾望，創造出新的消費需求。

3. 樹立形象，凸顯優勢

在激烈的產品競爭市場上，產品之間的差異化越來越難分辨，通過促銷能夠向目標客戶傳達自身產品的優勢與獨特性，樹立產品的形象。在產品同質化的市場上，商品之間的差別很少，很難引起消費者的特別關注。面對市場上琳瑯滿目的商品，消費者往往難以準確地識別商品的性能、效用。企業通過促銷活動，可以顯示自身產品的突出性能和特點，或者顯示產品消費給顧客帶來的滿足程度，或者顯示產品購買給顧客提供的附加價值，等等，都促使消費者加深對本企業產品的瞭解，從而加強購買力。

4. 穩定銷售

部分產品因為季節變化會對產品的銷售量產生一定的影響，造成銷售量不穩定，

同時市場上的競爭者的進入也會對企業產品的銷售量造成一定的影響，這些因素都會造成企業的市場份額產生一定的波動，甚至出現一定的下滑。通過有效地實施促銷活動，企業可以得到反饋的市場信息，及時做出相應的對策，加強促銷的目的性，使更多的消費者對企業及產品由熟悉到偏愛，形成對本企業產品的購買動機，從而穩定產品銷售，鞏固企業的市場地位。

三、促銷組合

（一）促銷組合的概念

促銷組合指對行銷溝通過程的各個要素的選擇、搭配及其運用，從而實現企業銷售目的。促銷組合主要包括廣告促銷、人員促銷和銷售促進、公共關係四種促銷方式。

（二）各種促銷方式優缺點

促銷組合其實質就是針對目標市場目標客戶對促銷方式的綜合運用，因此想要正確地進行促銷組合，需要對每種促銷方式有一定的瞭解，才能更好地發揮作用，如表12.1 所示。

表 12.1　　　　　　　　　各種促銷方式的優缺點

促銷方式	優點	缺點
人員促銷	信息溝通直接、反饋及時、可當面促成交易	佔用人員多、成本高
廣告促銷	傳播面廣、聲情並茂、形象生動、節省人力	支付費用高，須通過一定的媒介，難以快速成交
銷售促進	激發購買慾望，促成消費者當即採取購買行動	有時必須以降低商品身價為代價進行銷售
公共關係	可信度高，社會效應好	效果慢

（三）影響促銷組合制定的因素

制定促銷組合策略時，必須要考慮兩個基本問題：如何對促銷方式進行組合及有效地運用，如何優化促銷組合。想要制定出符合企業利益的促銷組合必須對促銷目標、產品類型、產品生命週期、市場特性、預算成本等因素進行綜合分析。

1. 促銷目標

企業在制定促銷組合策略時，必須要明確採取促銷活動的目的。企業在不同時期所要達到的經營目的是不同的，企業在不同的時期或不同地區的經營目標不同，因此促銷目標也不同。如目標是樹立企業形象，提高知名度，則促銷的重點應是廣告，同時輔以公共關係，如目標是近期內迅速增加銷售，則銷售促進最易立竿見影，並輔以人員推銷和適量的廣告。從整體看，廣告和公關宣傳在顧客購買決策過程的初級階段成本效益最優。而人員推銷和銷售促進在較後階段更顯成效。

2. 產品類型

針對不同的產品企業就要制定不同的促銷策略。由於被推銷的產品類型及性質不

同，不同消費者的消費習慣與消費心理不同，因而，企業採取的促銷組合要綜合考慮消費者與產品之間的關係，採取合適的組合策略。一般來說，消費品更多地使用廣告宣傳作為主要促銷手段，而生產資料則更多地採用人員推銷。至於營業推廣和公共關係，無論對消費者市場還是生產資料市場都處於較次要的地位。

消費品和投資品的促銷組合如下：

消費品的促銷組合次序：廣告、銷促、人員推銷、公共關係。

投資品的促銷組合次序：人員推銷、銷促、廣告、公共關係。

同時根據消費者對於產品的瞭解程度不同也可採用不同的促銷組合，一般依次是四階段：

（1）知曉階段，促銷組合的次序是：廣告、銷促、人員推銷。

（2）瞭解階段，促銷組合的次序是：廣告、人員推銷。

（3）信任階段，促銷組合的次序是：人員推銷、廣告。

（4）購買階段，促銷組合的次序是：人員推銷為主，銷售促進為輔，廣告可有可無。

3. 產品生命週期與促銷組合的選擇

產品所處的市場生命週期一般分為四個階段，即介紹期、成長期、成熟期、衰退期，由於產品所處的市場生命的階段不同，每個階段所要制定的促銷目標也應有一定的差異，因此在促銷組合的選擇和制定上要有相應的變化（見表12.2）。在導入期，產品剛剛上市，鮮為人知，企業應加強廣告宣傳，提高潛在消費者對產品的知曉程度。同時，配合營業推廣、人員推廣等方法刺激購買。在成長期，產品暢銷，但競爭者出現，廣告依然是主要促銷形式，但內容應放在宣傳產品的優勢上，此時，輔以人員推銷，有條件的企業還可配合營業推廣和公共關係，使老主顧形成對產品和企業的偏愛，並使新顧客湧現。在成熟期，需求飽和，銷售量開始下降，競爭日益激烈，一般仍以廣告為主，配合適當的營業推廣，利用公共關係突出企業聲譽，提升企業形象，顯示產品魅力，以穩定和擴大市場。產品進入衰退期，企業應以營業推廣為主，輔之以提示性廣告，此階段的促銷費用不多，以免得不償失。

表12.2　　　　　　　　　　產品生命週期各階段內容

產品生命週期	促銷重點	促銷組合
介紹期	認識瞭解產品	介紹廣告、人員促銷
成長期	提高客戶的興趣與偏好	改變廣告形式
成熟期	促成產品美譽度，促成信任購買	以促銷為主，以廣告輔助
衰退期	消除客戶的不滿意度	利用公共關係

4. 市場特點

企業產品投放的目標市場不同，所要制定的促銷策略必定要因地制宜，採用不同的促銷組合與促銷策略。若企業面對的市場範圍較廣，意味著企業的目標客戶在地理位置上較為分散，為了達到促銷的效果，一般採用廣告的形式。若促銷對象是小規模

的本地市場，應以人員推銷為主。因為顧客數量多而分散，採用廣告可以降低相對成本，達到廣而告之。而產業市場的顧客數量少，分佈集中，購買批量大，適宜用人員推銷。

5. 預算成本

不同的企業針對不同的產品所要採取的促銷組合是不同的。企業在制定促銷組合時必須考慮預算成本與預算使用方案，以達到效益最優。也就是說，綜合分析各種促銷方式的費用與效益，以盡可能低的促銷費用取得盡可能高的促銷效益。促銷方式不同，費用會有很大的差異。在預算費用小的情況下，企業往往很難制定出滿意的促銷組合策略。然而，最佳促銷組合併不一定費用最高。企業應全面衡量、綜合比較，使促銷費用發揮出最大效用。目標市場的性質、規模和類型不同，也應採用不同的促銷組合。對於規模小而相對集中的市場，應突出人員推銷策略範圍廣而分散的市場。對文化水準高、經濟狀況寬裕的消費者，應多採用廣告和公共關係，反之，則應多用營業推廣和人員推銷。消費品市場主要用廣告宣傳，而工業品市場應以人員推銷為主。另外，市場供求的變化，也會影響促銷組合。

(四) 促銷的基本策略

不同的促銷組合形成不同的促銷策略，諸如以人員推銷為主的促銷策略，以廣告為主的促銷策略。從促銷活動運作的方向來分，有推式策略和拉式策略兩種。

1. 從上而下式策略（推式策略）

推式策略中以人員推銷為主，輔之以中間商銷售促進，兼顧消費者的銷售促進。把商品推向市場的促銷策略，其目的是說服中間商與消費者購買企業產品，並層層滲透，最後達到消費者手中。

選擇推動策略的企業需要具備以下幾點要求：

（1）企業規模小或無足夠的資金推行完善的廣告計劃。
（2）市場比較集中，渠道短，銷售力量強。
（3）產品單位價值高，如特殊品、選購品。
（4）企業與經銷商、消費者的關係亟待改善。
（5）產品性能及使用方法須做示範。
（6）需要經常維修或需退換。

2. 從下而上式策略（拉式策略）

拉式策略以廣告促銷為主推銷產品，通過創意新、高投入、大規模的廣告轟炸，直接誘發消費者的購買慾望，由消費者向零售商、零售商向批發商、批發商向製造商求購，由下至上，層層拉動購買。

選擇拉引策略的企業需要具備以下幾點要求：

（1）產品的市場很大，多屬便利品。
（2）產品的信息須以最快速度告訴消費者。
（3）對產品的原始需求已顯示有利趨向，市場需求日漸升高。
（4）產品具有差異化的機會，富有特色。

（5）產品具有隱藏性質，須告知消費者。
（6）產品能夠激起情感性購買動機。經過展示報導的刺激，顧客會迅速採取購買行為。
（7）企業擁有充足的資金，有力量支持廣告活動計劃。

推動策略和拉引策略都包含了企業與消費者雙方的能動作用。但前者的重心在推動，著重強調企業的能動性，表明消費需求是可以通過企業的積極促銷而被激發和創造的；而後者的重心在拉引，著重強調消費者的能動性，表明消費需求是決定生產的基本原因。企業的促銷活動，必須符合消費需求，符合購買指向，才能取得事半功倍的效果。

企業經營過程中要根據客觀實際的需要，綜合運用上述兩種基本的促銷策略。

（五）國際市場行銷的促銷策略

常用的國際市場行銷的促銷策略主要有：促銷、廣告、人員促銷、營業推廣、公共關係、互聯網傳播與網上行銷、整合行銷傳播等。

四、競爭促銷策略

在目標市場上，面對競爭對手，企業需要靈活採用促銷策略，以獲取最大收益，一般有以下幾種策略。

1. 借力打力策略

通過某種策略將競爭者使用的力量為自己所用。比如，高考臨近期間，是補腦保健品銷售的高峰期，眾多品牌搞促銷去宣傳自己的產品，目標消費者的關注度都在補腦保健品上，地方性保健品品牌就掀起了「服用無效不付餘款」的促銷風。借助腦白金等大牌的推廣宣傳，實現了自身產品的大量銷售。因為跟大品牌在一起，並採取了特殊策略，於是就有效地解決了消費者的信任問題，也提升了知名度。

2. 擊其軟肋策略

知己知彼，百戰不殆。面對競爭對手，一定要對其採取的行銷策略、行銷方式有所察覺，避其鋒芒，找到弱勢點，順勢切入，必定能取得意想不到的效果。比如國外品牌的手機佔領了中國手機的高端市場，沒有關注低端市場，國內廠商小米手機抓住這次機會，初露鋒芒，在手機市場佔據了一定的市場份額。

3. 尋找差異策略

有時候，硬打是不行的，要學會進行差異化進攻。比如，競爭對手採取價格戰，就進行贈品戰；競爭對手進行抽獎戰，就進行送贈品。可口可樂公司的「酷兒」產品在北京上市時，市場競爭十分激烈，很多企業都大打降價牌。最終，可口可樂公司走出了促銷創新的新路子：「酷兒」玩偶進課堂，派送「酷兒」飲料和文具盒，買「酷兒」飲料，贈送「酷兒」玩偶，在麥當勞吃兒童樂園套餐，送「酷兒」飲料和禮品進行「酷兒」幸運樹抽獎、「酷兒」臉譜收集、「酷兒」路演。

4. 搭乘順車策略

當對手運用某種借勢的促銷策略時，由於自身條件受限制無法抵抗，自己又不能

放棄，只能採取跟隨的方式，這種策略就是搭順風車策略。比如，在某屆世界杯比賽上，阿迪達斯全方位贊助。耐克則另闢蹊徑，針對網絡用戶中占很大部分的青少年（耐克的潛在客戶），選擇與 Google 合作，創建了世界首個足球迷的社群網站，讓足球發燒友在這個網絡平臺上一起交流他們喜歡的球員和球隊，觀看並下載比賽錄像短片、信息、耐克明星運動員的廣告等。數百萬人登記成為註冊會員，德國世界杯成為獨屬於耐克的名副其實的「網絡世界杯」。

5. 錯峰促銷策略

有時候，針對競爭對手的促銷，完全可以避其鋒芒，根據情景、目標顧客等的不同，相應地進行促銷策劃、系統思考。比如，古井貢酒開展針對升學的「金榜題名時，美酒敬父母，美酒敬恩師」；針對老幹部的「美酒一杯敬功臣」；針對結婚的「免費送豐田花車」等一系列促銷活動，取得了較好的效果。

6. 促銷創新策略

創新是促銷制勝的法寶。實際上，即使是一次普通的價格促銷，也可以組合出各種不同的玩法，達到相應的促銷目的，這才是創新促銷的魅力所在。比如，以拍照、美顏為特色的 vivo 手機為了促銷舉辦了「校園自拍大賽」，還有歌唱大賽、足球比賽等形式的活動，博得了眼球，也達到了宣傳產品的目的，極大地提高了產品在主要消費人群中的知名度與美譽度，促進了終端消費的形成，掃除了終端消費與識別的障礙。

7. 整合應對策略

整合應對策略就是與互補品聯合促銷，以此達到最大化的效果，並超越競爭對手的聲音。比如，看房即送福利彩票，抽取百萬大獎；又如，方正電腦同伊利牛奶和可口可樂的聯合促銷，海爾冰箱與新天地葡萄酒聯合進行的社區、酒店促銷推廣。在促銷過程中，要善於「借道」，一方面要培育多種不同的合作方式，如可口可樂與網吧、麥當勞、迪尼斯公園等的合作，天然氣與房地產開發商的合作，家電與房地產的合作等；另一方面，要借助專業性的大賣場和知名連鎖企業，先搶占終端，然後逐步形成對終端的控制力。

除此之外，還有連環促銷策略、提早出擊策略、高唱反調策略等。

第二節　人員推銷

一、人員推銷概念

(一) 人員推銷定義

人員推銷是一種歷史較為悠久的推銷方式，但是在如今的市場行銷中仍然發揮著不可忽視的重要作用。人員促銷是指企業派出業務熟練的推銷人員直接與目標客戶進行接觸，進行有關產品信息的洽談與溝通，進行產品的推廣，以達到促進銷售目的的活動過程。它既是一種渠道方式，也是一種促銷方式。

(二) 人員促銷的特點

1. 人員推銷的靈活性

人員推銷的靈活性在於當推銷人員與顧客進行接觸時，能夠根據交談的具體情況掌握交談的要點，從而促使成交，這個推銷的過程是推銷人員與顧客之間的一個雙向溝通。比如：通過交談和觀察，推銷員可以掌握顧客的購買動機，有針對性地從某個側面介紹商品的特點和功能，抓住有利時機促成交易；可以根據顧客的態度和特點，有針對性地採取必要的協調行動，滿足顧客需要；還可以及時發現問題，進行解釋，解除顧客疑慮，使之產生信任感。

2. 人員推銷的選擇性和針對性

為了提升推銷的效率、顧客的滿意度，在進行推銷時，選擇購買意願較強的顧客進行推銷往往是推銷人員最好的選擇，並有針對性地對未來顧客做一番研究，擬定具體的推銷方案、策略、技巧等，以提高推銷成功率。這是廣告所不及的，因為廣告促銷除了面對購買意願較強的顧客之外，也要面對購買意願較差的顧客。

3. 人員推銷的完整性

推銷人員的推銷工作是一個系統的工作，除了尋找目標客戶、接觸目標客戶、與目標客戶洽談、促使成交之外，推銷人員還要負責產品的安裝、維修等售後服務，以及顧客的體驗反饋，這是廣告所不具備的促銷功能。

4. 人員推銷具有公共關係的作用

一個有經驗的推銷員為了達到促進銷售的目的，可以使買賣雙方從單純的買賣關係發展到建立深厚的友誼，彼此信任，彼此諒解，這種感情增進有助於推銷工作的開展，實際上起到了公共關係的作用。

二、人員推銷的形式及程序

(一) 人員推銷的形式

人員推銷常用的主要有以下幾種形式：

1. 上門推銷

上門推銷是指推銷人員攜帶企業產品的樣品、使用說明書等詳細信息去直接接觸顧客，進行產品推廣，這是一種比較常見的人員推銷方式。人員推銷是一種積極、主動的推銷形式，可以針對顧客的需要提供有效的服務，為顧客廣泛認可和接受。

2. 櫃臺推銷

櫃臺推銷又稱門市推銷，門市的營業員是廣義的推銷人員，超市裡的產品種類齊全，能滿足顧客多方面的購買要求，為顧客提供較多的購買方便，並且可以保障商品安全無損。因此，櫃臺推銷適合於零星小商品、貴重商品和容易損壞的商品。

3. 會議推銷

會議推銷指的是利用各種產品交流會議，如在訂貨會、交易會、展覽會、物資交流會等會議上向與會人員宣傳和介紹產品，開展推銷活動。這種推銷形式接觸面廣，可以同時向多個對象推銷產品，成交額較大，推銷效果較好。

(二) 人員推銷的程序

人員推銷的流程一般包括尋找客戶、準備資料、約見客戶、面談推銷、達成交易、售後服務、信息反饋七個程序。有的學者把信息反饋與售後服務放在一起，統稱售後服務。

1. 尋找客戶尋

推銷人員在進行產品推銷時，需要尋找目標顧客，即最有可能成為成交顧客的人。只有明白產品推銷的顧客群體，才能根據自身儲備的顧客名單進行篩選，按照成交意願進行顧客等級劃分，作為開發的目標，以收集有關客戶的盡可能詳盡的信息。客戶由老客戶和新客戶構成。老客戶是擴大市場佔有率的基礎和起點，也是推出新產品、新創意或推廣新用途的首選目標。當然，在留住老客戶的同時，應該加強新客戶的開拓。推銷員必須不斷地尋找新的潛在的顧客，防止推銷活動停滯不前。

2. 準備資料

訪問準備是指銷售人員為直接與顧客接觸、洽談所做的資料準備。推銷作為一項複雜的具備技巧的活動，只有做好充分的前期準備才能保證洽談的順利性。訪問準備包括資料準備和策劃準備兩個方面，具體又包括瞭解自己的顧客、瞭解和熟悉產品、瞭解競爭者及其產品、確定推銷目標、制定推銷策劃五個方面。

3. 約見顧客

約見是推銷人員徵求顧客同意接見洽談的過程。當推銷人員做好必要的準備和安排後，即可約見顧客。約見是推銷接近的開始，約見能否成功是推銷成功的一個先決條件。接近顧客應講究時間、地點、方式各方面的策略，做到在恰當的時間、恰當的地點與恰當的對象做一筆適當的交易。

4. 洽談溝通

推銷洽談是推銷過程的一個重要環節。推銷洽談是推銷人員運用各種方式、方法、手段與策略去說服顧客購買的過程，也是推銷人員向顧客傳遞信息並進行雙向溝通的過程。

5. 達成交易

達成交易是推銷過程的成果和目的，無疑是推銷活動中最重要的一部分。達成交易是指顧客同意接受推銷人員的建議，實施購買行動的行為。只有成功地達成交易，才能成功的推銷。在推銷活動中，推銷人員處理顧客異議，並不失時機地說服顧客做出購買決策，完成一定的購買手續。

6. 售後服務

達成交易並不意味著推銷過程的結束，售後服務同樣是推銷工作的一項重要內容。對於很多商品，特別是需要售後服務的產品，如計算機、電視、空調等，售後服務是成交後的一項重要的工作，是關係買方利益和賣方信譽的售後服務工作。

7. 信息反饋

推銷人員每完成一項推銷任務，不僅要搞好售後服務，進行推銷工作檢查與總結，還必須繼續保持與顧客的聯繫，加強信息的收集與反饋。及時反饋推銷信息，既有利

於企業修訂和完善行銷決策，改進產品和服務，也有利於更好地滿足顧客需求，爭取更多的回頭客。

(三) 人員推銷的方法策略

推銷人員是企業與消費者之間溝通的重要橋樑，因此採用合適的推銷方法能起到事半功倍的效果。一般人員常用的推銷方式為以下三種：

1. 試探性策略

指在不瞭解顧客的情況下，推銷人員運用刺激性的手段引發顧客產生購買行為的策略。推銷人員事先設計好能引起顧客興趣、刺激顧客購買慾望的推銷語言，通過滲透性交談進行刺激，在交談中觀察顧客的反應，以瞭解顧客的真實需要，誘發購買動機，引導其產生購買行為。這種策略又稱為「刺激-反應」策略。

2. 針對性策略

指推銷人員在基本瞭解顧客某些情況的前提下，有針對性地對顧客進行宣傳、介紹，以引起顧客的興趣和好感，從而達到成交的目的。因而推銷人員常常在事前根據顧客的有關情況設計好推銷語言，故又稱為「配方-成交」策略。

3. 誘導性策略

是指推銷人員運用能激起顧客某種需求的說服方法，誘導顧客產生購買行為。這種策略是種創造性推銷策略，它對推銷人員要求較高，要求推銷人員因勢利導，誘發、喚起顧客的需求，並能不失時機地介紹和推薦產品，以滿足顧客對產品的需求。因此，這種策略又稱「誘發-滿足」策略。

三、人員推銷的組織與管理

(一) 確認人員推銷組合的方法

1. 產品組織法

它是企業按所推銷產品的性質、特徵，組成萬千個推銷小組。每組負責推銷某幾種或幾類產品。

2. 銷售區域組織法

即按銷售區域分組，每組推銷員負責一個地區的產品推銷任務。

3. 顧客組織法

即在市場細分的基礎，以不同的目標市場分組，每組推銷人員負責向一定目標市場的顧客推銷產品。

4. 綜合組織法

即將影響推銷工作的各種因素綜合起來考慮，有針對性地開展推銷工作。具體有以下幾種組織法：產品和區域混合法；產品和顧客混合法；顧客和區域混合法；產品、顧客、區域混合法。

(二) 推銷人員的管理

1. 推銷人員的選拔

在對推銷人員進行選拔時，一般會進行一個系統的考核，一般包括以下幾個方面：

（1）表格遴選。通常由應徵人員先填寫應徵表格，包括年齡、性別、教育程度、健康狀況。

（2）卷面測試。設計有關推銷知識、商品知識、市場知識的試卷，用以考核備選人員。

（3）個別交談或面試是兩項廣泛運用的甄選方式。經過表格遴選出來基本符合條件的人員，企業銷售主管和人事主管要對其進行面談。這種方式可以評定二人的語言能力、推銷態度、面臨窘境的處理方法以及知識的深度、廣度。

（4）心理測驗。除面試外，還可輔之以心理測驗的方法。心理測驗的主要類型及內容如下：

能力測驗。主要是測試一個人全心全意做一項工作的成果怎樣，也稱為最佳工作表現測驗，包括智力測驗、特殊資質測驗。

性格測驗。主要是測試可能的推銷人員如何工作，也稱為典型的工作表現測驗，包括態度測驗、個性測驗、興趣測驗。

成就測驗。主要是測試一個人對一項工作或某個問題所知的多寡。

(三) 推銷人員的培訓

選拔後的推銷人員為滿足銷售要求，需要加以認真訓練，才可擔任企業的代表，從事推銷工作。原有的推銷人員，每隔段時間應組織集訓，學習、認識企業新的經營計劃。

1. 推銷人員訓練的目標

推銷人員訓練的總目標一般如下：

（1）以一定的推銷成本獲得最大的銷售量。

（2）穩定推銷隊伍。

（3）達成良好的公共關係。

在總目標下，還應根據推銷人員的任務、推銷人員的建議以及推銷工作中出現的問題確定訓練項目，作為每階段訓練的特殊目標。

2. 推銷訓練的內容

推銷訓練的內容一般包括企業知識、產品知識、市場知識、推銷技巧。具體要結合推銷目標、推銷職務所需的條件、推銷人員現有的素質、企業的市場策略等因素來確定。

3. 推銷訓練的方法

推銷訓練的方法可分集體訓練和個別訓練兩種。專業訓練的方法有專題演講與示範教學，按學習綱要進行考試與品評、分組研討、職位演練等。個別訓練的方法有在職訓練、個別談話、函授課程、採用手冊或其他書面資料、利用視聽教輔器材等。

由於新產品、新技術、新設備、新建議、新競爭對手的不斷產生，只要有推銷人員和銷售任務，都必須繼續訓練並反覆訓練，針對訓練中的問題不斷改進訓練項目和內容。

4. 對推銷訓練效果進行檢驗，推銷訓練效果一般從以下幾個方面進行測評。
（1）新進推銷人員達到一般水準所需的時間。
（2）受過訓練與未受訓練的人員的推銷成果比較。
（3）最佳與最差銷售人員的個別受訓背景。

（四）推銷人員的薪酬

推銷人員的工作獨立性強、自主性高、流動性高，相對於其他工作來說風險大、穩定性低。在選擇推銷人員報酬制度時，應考慮企業的特徵、企業的經營政策和目標、財務及成本上的可行性、行政和管理上的可行性等因素。推銷員的報酬形式主要有薪金制、佣金制和薪金加獎勵制三種。

1. 薪金制

薪金制是指無論銷售員的業績成果是好是壞，都定期給銷售員發放固定額度的薪酬，這種薪酬發放只與時間有關係，與銷售員個人業績無關。它的優點主要有：①推銷員具有安全感，在推銷業務不足時不必擔心個人收入；②有利於穩定企業的推銷隊伍，因為推銷員的收入與推銷工作並無直接關係，領取工資的原因在於他們是本企業的員工；③管理者能對推銷員進行最大限度的控制，在管理上有較大的靈活性。其缺點是缺乏彈性，缺少對推銷員的激勵，較難刺激他們開展創造性的推銷活動，容易產生平均主義，形成吃「大鍋飯」的局面。

2. 佣金制

佣金制與薪金制不同，佣金制一般沒有底薪或者說底薪很低，這種制度是企業根據銷售人員一段時間的業績成果發放報酬，它有較強的刺激性，即按銷售基準的一定比率獲得佣金。佣金制的優點是：①能夠把收入與推銷工作效率結合起來，鼓勵推銷員努力工作；②有利於控制推銷成本；③簡化了企業對推銷員的管理。為了增加收入，推銷員就得努力工作，並不斷提高自己的推銷能力。

佣金制的不足：①收入不穩定，推銷員缺乏安全感；②企業對推銷員的控制程度低，因為推銷員的報酬是建立在推銷額或利潤額的基礎上的；③推銷人員不願意調整自己的銷售領域，造成管理困難，比如在企業業務低潮時，優秀銷售人員離職率高。

3. 薪金加獎勵制

這種制度是指企業以基本工資加獎金的形式對推銷人員發放薪酬。這種形式的薪酬制度是薪金制與佣金制優點的有機結合，這種制度既保障了銷售人員的基本工作動力，也加強了企業對員工的有力控制，又能夠對員工起到激勵與刺激的作用。但這種形式實行起來較為複雜，增加了管理部門的工作難度。由於這種制度比較有效，目前越來越多的企業趨向於採用這種方式。

第三節　廣告策略

一、廣告的概念

(一) 廣告的定義

廣告從商品實現交易開始就出現，從字面意思理解是「廣而告之」。在西方，「廣告」一詞則來源拉丁語（Advertere），後演化成英文中的 Advertising（廣告活動）、Advertisement（廣告宣傳品或廣告物）。廣告作為一種熟悉的事物，人人都可以對它指點評說，但又很難準確把握廣告的定義、本質。

廣告的概念有廣義和狹義之分。廣義的廣告，即廣泛地告知公眾某種事物的一種宣傳活動。狹義的廣告，是指法人、公民和其他經濟組織通過各種媒介和形式向公眾發布的有關信息，以推銷商品、服務或觀念的活動。美國市場行銷協會對其定義為：廣告是由確切的發起者以公開支付費用的做法，以非人員的任何形式，對產品、服務或某些行動的意見和想法等的介紹。

(二) 廣告的特徵

(1) 廣告是一種大眾傳播方式，傳播面廣，影響力大。
(2) 廣告是一種間接傳播方式，需要借助特定的媒體。
(3) 廣告是一種商業性傳播，其內容完全由廣告主和廣告人控制。
(4) 廣告是一種非人員傳播的促銷方式。
(5) 廣告需要支付費用。因廣告需要設計、製作，媒體需要耗費時間。
(6) 廣告具有明確的針對性和目的性。它針對消費者的心理狀態，刺激消費者的需求，聱同或改變人們的消費習慣或態度，其目的是通過改變和強化人們的觀念和行為來促進銷售。

(三) 廣告的要素

廣告由廣告主、廣告信息、廣告媒體和廣告費用構成。廣告主是指將廣告信息傳遞給大眾的主體。廣告信息主要是指商品信息、勞務信息和與銷售相關的信息。廣告媒體是傳遞廣告信息的仲介物，主要有廣播、電視、報紙和雜誌。廣告費用是傳遞廣告信息所付出的代價。以上四個因素缺一不可，否則就構不成完整的廣告。

二、廣告媒體選擇

廣告媒體的種類很多，主要有報紙與雜誌、廣播與電視、互聯網等。各種媒介因為載體不同、屬性不同、功能不同，都具備各自特徵，因此在傳播效果、傳播速度、傳播範圍、設計成本等方面存在一定差異，又存在各自的優勢。只有瞭解各種媒體的優點和局限性，才能正確選擇適合自己產品宣傳的媒介。

1. 報紙

報紙媒介的時效性高、傳播範圍廣、彈性較大。報紙所面對的人群範圍較大，老少、男女都能接觸報紙。報紙作為一種連接大眾的媒介，在全國大範圍內都能快速流傳，傳播速度快，可及時地傳播有關的經濟信息。報紙製作簡單、成本低、傳播靈活、信息詳盡。缺點主要是時效性差、形式相對單一、公眾的關注率較低、感染力差。

2. 雜誌

雜誌與報紙相比，其專業型更強，往往針對特定的群體。雜誌的製作相較於報紙更加精美，印刷質量更好，內容更加精緻，廣告效果更好。但是，閱讀雜誌的群體範圍有限，且雜誌自身往往出版週期長，不適合用於宣傳時間緊迫及短期促銷的產品。

3. 廣播

廣播是一種以聲音進行信息傳播的媒介。廣播相較於其他媒體來說具備以下幾個優勢：傳播速度快、覆蓋範圍廣（在手機、出租車、收音機等電子設備都能接收）、形式多樣靈活、內容可長可短、製作程序簡單、收費標準低。同時，廣播還存在一定的局限性，就是傳播時間短，傳播效果不太理想，無法給聽眾留下深刻的印象，無法熟知產品信息，而且廣播聽眾的注意力通常都比較低。

4. 電視

電視是一種具備聽覺與視覺的現代廣告媒體。電視有形、有聲、有色，聽視結合，使廣告形象、生動、逼真、感染力強。電視廣告播放及時、覆蓋面廣、選擇性強、收視率高、藝術性強、氛圍好、影響範圍廣、宣傳手法靈活性較高。其不足之處在於信息實效短，無法保存的信息量相對較小，觀眾可選擇性差，廣告費用較高。

5. 郵寄廣告

郵寄廣告是指廠商通過郵寄明信片、產品宣傳頁、樣品、企業產品目錄等形式向特定消費者進行產品宣傳的一種形式。郵寄廣告具有選擇性強、覆蓋面密集、速度快、形式靈活、提供信息全面、反饋快等優點。其缺點是信息反饋率低、可信度低、單位成本高，對郵件地址具有依賴性，同時也會遭到一些消費者的抵制。

6. 戶外廣告

戶外廣告一般以廣告牌、海報、霓虹燈、LED 屏幕的形式進行廣告宣傳。其優點為內容簡明、易記，廣告鮮明、醒目，引人注目，令人印象深刻，展露重複率高，成本低。缺點是傳播範圍有限，傳播內容也不複雜，且難以選擇目標受眾。

7. 互聯網廣告

與傳統的廣告媒體相比，互聯網傳播速度快、信息容量大，具有很強的互動性、趣味性、個性化，目標顧客的選擇性強，不受時間和空間的限制，成本低。互聯網廣告的缺點是對硬件要求較高，同時由於互聯網廣告信息較多，不易抓取目標客戶，廣告自身的主動性較差，網站要抓住瀏覽者的興趣並不容易。

8. 其他廣告媒體

包括車身廣告、車內廣告、站牌廣告、碼頭廣告、機場廣告、空中廣告（如氣球或其他懸浮物帶動廣告）等，對消費者進行理性和感性訴求，激發人們對廣告產品的購買慾望。

由於廣告媒體各自的性能、傳播信息的效果千差萬別，企業的媒體人員在選擇媒體種類時需要考慮目標溝通的媒體習慣、產品的特性、信息類型、競爭態勢以及不同媒體所需的成本，以最經濟的廣告支出實現最佳的廣告傳播效果。

三、廣告媒體選擇考慮因素

1. 產品因素

不同廠商生產不同的產品，在進行產品推廣時，所要選擇的廣告媒體是不同的。企業在進行廣告媒體產品推廣時，廣告媒介必須與產品的特徵相適應，只有如此才能達到廣告效果。同時還要考慮產品的適用範圍、產品功能等因素進行廣告媒體選擇。對於互聯網增值服務一般選擇互聯網廣告媒介進行宣傳，在報紙或者期刊上的宣傳效果將大打折扣，同理，出售老年保健品一般在電視節目上，在互聯網媒介上也必將收不到滿意效果。生產資料、生活資料、高技術產和一般生活用品、價值較低的產品和高檔產品、一次性使用的產品和耐用品都應採用不同的廣告媒體。如果是技術複雜的機械產品，宜用樣本廣告，可以較詳細地說明產品性能，或用實物表演，增加用戶實感。一般消費品可使用視聽廣告媒體。

2. 消費媒體習慣

選擇廣告媒體還要根據目標市場上消費者的習性特徵。一般認為能使廣告信息傳到目標市場的媒體是最有效的廣告媒體，如針對喜歡接觸網絡的人群，互聯網是最好的廣告媒體，針對工程技術員的廣告，專業類雜誌是最好的媒體，推銷玩具和保健品等最好的媒體是電視。

3. 廣告媒體費用

不同的廣告媒體對於廣告投放的收費標準是不一樣的，甚至同一個媒體在不同階段、不同時期的收費標準也是不同的。最經典案例的就是央視黃金時間的標王爭奪，曾是眾多企業所爭奪的重要媒體。考慮媒體的費用，應該注意其相對費用，即考慮廣告促銷效果。如果使用電視做廣告需要支付 20,000 元，預計目標市場收看人數為 2,000 萬，每千人支付廣告費為 1 元；若選擇報紙作為廣告媒體，其費用為 10,000 元，預計目標市場閱讀人數為 500 萬，則每千人廣告費為 2 元。相比較，還是應該選擇電視作為廣告媒體。

4. 產品的銷售範圍

不同的廣告媒體的覆蓋範圍與宣傳影響力有所不同。如國家性報紙、廣播電臺和電視臺、傳播地區很廣地方性報紙、雜誌、電臺則在一定地區傳播，而路牌廣告、霓虹燈廣告只在所設立的地點才會有影響。所以企業在選擇廣告媒體時，一定要從產品的特點、目標市場和廣告宣傳的目的出發，使廣告宣傳的範圍與商品推銷的範圍相一致。一般說來，在城市銷售的產品，就不宜選擇在農村傳播的廣告媒體；以地區性銷售為主的產品也沒有必要選擇那些在全國傳播的廣告媒體。

5. 廣告媒體的影響力

選擇一個具有影響力、知名度高的廣告媒體對於企業產品宣傳來說效果最佳，因此企業往往青睞那些在市場上影響力大、覆蓋群體廣、目標客戶最容易接受的廣告媒

體。廣告媒體的知名度和影響力綜合表現為它的發行量、信譽、頻率和散布地區，以及對受眾的吸引力和感染力等方面。一般來說，頻率低的廣告，如報紙、電視等，其對象和範圍往往比較廣泛，而頻率高的廣告，其對象和範圍則比較狹窄；一些名氣大的廣告媒體往往需要較高的廣告費用，而新開闢的廣告媒體則費用較低。

6. 廣告成本預算

廣告成本預算是企業在選擇投放廣告時的一個比較重要的因素。企業進行廣告媒體選擇時，必須要根據自身財力的情況去考慮。總之，要根據廣告目標的要求，結合各廣告媒體的優缺點，綜合考慮上述各因素，盡可能選擇使用效果好、費用低的廣告媒體。

四、廣告設計策略

(一) 針對不同的廣告目標採取不同的設計對策

廣告所要達到的目標不同，廣告所要採取的設計對策也就有所不同。廣告活動若想取得成功，達到預期目的，必須有明確的廣告目標。廣告目標有很多，如建立企業和產品形象，促使消費者產生直接的購買行為等。由於廣告目標不同，其內涵的差異度是較大的，為了達到預定的廣告目標，在廣告設計上就要採取與之相適應的設計策略。根據具體的廣告目標進行設計，確定與廣告目標一致的廣告主題與創意表現，才能獲取較好的宣傳效果。

(二) 在不同的時機突出不同的宣傳重點

一個產品從進入市場到最後被市場所淘汰，有一個市場週期。從產品的生命週期來說，一般可分為四個階段：導入期、成長期、成熟期、衰退期。它的週期長短變化常受到技術革新、市場變化、流行時尚和同類產品之間競爭的影響，每個時期都會面臨不同的問題。因此，廣告設計表達的重點也應隨之不同，應按照「推出——競爭——維持——新推出——新競爭」的市場競爭的各個階段採取不同的設計對策，以幫助商品開拓市場、擴大市場、站穩市場。

(三) 針對不同的廣告對象採取不同的方式和語言

隨著產品的市場的不斷細分，廣告設計的目標群體也在不斷細分，要取得良好的效果，必須根據目標消費者的年齡、性別、職業、文化等不同的特點，採取不同的方式和語言，才能達到有的放矢的目的。如「江小白」白酒廣告的宣傳對象是青年人，則要按照青年人的心理特點和生活方式來進行設計，採用符合當下年輕人生活、工作狀態的廣告語言，與其產生共鳴，達到宣傳效果。如化妝品的宣傳對象多為女性，因此要根據女性愛美、求美的心理特點，採用適當的訴求方式，運用溫柔浪漫的情調和優雅、清新的畫面來誘發女性消費者的需求。

(四) 針對不同的主題採取不同的形式和手段

在進行廣告設計時，不同產品的屬性不同、功能不同，為了突顯出產品特徵，要進行不同的廣告設計形式。針對不同的產品，要採用與其相適應的廣告形式，才能更

好地突出產品優勢，提升消費者關注度。如兒童用品的廣告主題，以兒童為主角，或以漫畫卡通的形式進行表現，多能取得較好的效果。藥品和日常家庭用品的廣告主題，則採取展示使用效果的手法，來證明和強調產品的優點和性能，引導消費者進行購買。根據不同的商品屬性和廣告主題，還可採取誇張、比喻、圖解、抽象圖畫等形式進行表現。總之，一切都是為了更好地表達商品的特性和廣告主題，更有利於推動產品的銷售。

（五）針對不同的商品類別採取不同的設計側重點

商品從人們的傳統觀念上進行分類，可大致分為五類：
（1）軟性商品（流行商品）：如女性服裝、裝飾品、衣料等。
（2）硬性商品（器具商品）：如汽車、家用電器等。
（3）包裝商品（日常用品）：如香菸、化妝品、包裝食品等。
（4）勞務（提供服務）：如銀行、保險等。
（5）生產用品（非消費品）：如工業機械、儀表等。

以上五類商品和勞務，由於其商品特性具有不同的傾向，在設計策略上，應有所側重。如軟性商品屬於流行的、時尚的、服飾方面的商品，在廣告設計上應盡量突出商品的心理價值和企業印象，多做感性訴求，加強其感染力。又如勞務屬於第三產業，是無形的、抽象的商品，消費者購買勞務主要是通過一些專門機構來獲取自己能力以外所能得到的勞力或智力，因此，勞務要以專門的知識來進行銷售，廣告設計也應根據這些特徵進行。

（六）運用心理策略突出產品領先地位

在產品市場上，人們往往對於市場佔有率較高的企業的產品或具備某種特色的產品較為青睞，因此進行廣告設計時需要突出產品特徵與市場領先地位。運用心理策略突出產品在某個方面或者多個方面所具備的獨特優勢，與其他產品不同，這樣不僅能讓產品在眾多廣告中為消費者所關注、還能凸顯產品特徵，這樣有利於產品銷售。廣告設計要突出商品的領先地位，可以從不同的方面加以渲染。如從銷售量上，突出商品的銷量大；從商品的品質上，突出商品質量上乘；從商品的設計上，突出其與眾不同、新穎獨特。比如：蘋果手機系統流暢度高、vivo手機拍照功能一流、小米手機性價比高等。

（七）針對不同媒體的特點進行設計

廣告媒體是用來進行廣告活動的物質技術載體，不同的廣告媒體所面對的客戶群體不一樣，其所產生的廣告效果也是不同。為此，在設計時要充分重視各種媒體的不同特點，並根據其特點進行設計，充分發揮其不同的優勢，避免不足之處。

如電視廣告，要充分發揮其視聽兼備的特點，突出其直觀、形象性的活動畫面的訴求效果，精心設計表達廣告主題的畫面，配以精簡的廣告語言，才有利於記憶，發揮聯想的作用。

報紙廣告中，廣告文是傳達信息的最基本構成部分，可用以詳細介紹商品和勞務

的特點，為了吸引人的注意，還須充分利用其圖文並茂的優勢。

雜志廣告要充分發揮其印刷精美的特點，給人以美的享受，發揮其獨特的訴求力。

五、廣告投放策略

(一) 集中投放式策略

集中投放式策略有一定的限制，廣告投放的市場是特定的，投放媒體也是特定的，即目標市場所能投放的廣告數量是有限的。在目標區域廣告總版面數量是 200 個，A 企業廣告投放總量是 120 個，其他的企業只能投放剩餘的 80 個，當 A 企業加大廣告版面的投放數量，其他企業所能投放的廣告數量必定會降低。比如：在電子商務激烈的競爭環境下，「雙十一」來臨之際，天貓就會加大在優酷等網絡媒體上投放廣告的數量，無疑就會擠壓蘇寧、京東所能投放廣告的數量，這樣不僅有利於天貓「雙十一」的宣傳，也能降低其他平臺的曝光率。

這種集中式的廣告投放並非適合所有的企業及產品的市場推廣。只有產品信息相對透明、企業無須花長時間培養市場對產品的認識，並且在市場上同類產品競爭激烈、眾聲喧嘩、小打小鬧廣告投放很難見效果的情況下，才可以考慮使用此策略。

(二) 連續式投放策略

根據企業想要達到的宣傳效果與產品特性不同，企業所選擇的廣告策略也有所不同。根據產品生長週期，可以將產品市場推廣分為四個階段，即起始推廣期、市場成長期、市場成熟期、市場衰退期，每一個階段所要投放廣告的數量、所要達到的廣告傳播效果是有所區別的。從產品宣傳的程度來看，企業投放廣告其目的在於提高產品在市場上的知名度，在市場上樹立一個好的口碑，為建立一個知名品牌做努力。

有些企業能夠將定價較高、功能複雜、消費者瞭解不夠充分的新產品進行市場推廣，就比較適合採用連續式投放策略。在目標市場，把產品信息傳遞給目標群體。在進行廣告媒體選擇時，要慎重，因為新產品缺乏客戶基礎與市場基礎，一般要選用品牌較大、公信力較高、流量較廣的媒體進行投放，這樣有助於產品快速打開市場。

連續式投放策略，對於企業來說是一個持續性的市場投入活動，需要的相關成本較高，企業在制定策略時要考慮到這些因素，防止因投資不足，造成被競爭對手插入、推廣效果後勁不足。該種策略的優勢在於能長時間、多頻率的出現在廣告媒體上，提高產品廣告在顧客腦海中的記憶深度，增加對產品的瞭解程度。

(三) 間歇式投放策略

很多人認為對於在市場上有一定地位、且廣為人知的品牌沒有投放廣告的必要。因為這些產品的信息已經為消費者所瞭解，顧客對於產品也有了一定程度的信任，也產生了一定的依賴性，無需再花費額外的投資進行廣告宣傳。但是他們往往忽略，人的記憶是有限度的，每天被海量的信息所包裹，如果長時間不做廣告，會被顧客暫時遺忘，因此需要進行適當的廣告投入，這種廣告策略被稱為間歇式投放策略。

像可口可樂、華為、微軟、格利等行業巨頭，無論是公司還是其主打產品，絕大

部分的消費者都耳熟能詳，而且品牌往往具備很大的號召力。這些行業巨頭除了在新品上市時進行正常廣告投放外，還會不定時地對以往的產品進行廣告宣傳。這種間歇式的廣告投放策略的目的顯然不再只是產品本身信息的傳達，而更多是負擔著喚醒消費者與產品之間的情感溝通。從消費者的大腦記憶與情感遺忘程度的曲線上看，在沒有任何提醒的情況下，每隔三個星期的時間，消費者對產品與品牌的記憶度與情感度就會下降2~5個百分點。如果企業在此時沒有進行相關的廣告投放，其他品牌的產品就可能趁虛而入。

從市場推廣的角度看，間歇式的投放策略適合於產品的高度成熟期，消費者對產品的記憶與好感只需間隔性地提醒，而無須密集地接觸。而廣告投放的間歇期的長短，則要視乎市場競爭的激烈程度而定。

廣告策略還可從以下幾個角度考慮：

（1）目標策略：一個廣告只能針對一個品牌，一定範圍內的消費者群，才能做到目標明確，針對性強。目標過多，過份奢侈的廣告往往會失敗。

（2）傳達策略：廣告的文字、圖形避免含糊、過分抽象，否則不利於信息的傳達。要講究廣告創意的有效傳達。

（3）訴求策略：在有限的版面空間、時間中傳播無限多的信息是不可能的，廣告創意要訴求的是該商品的主要特徵，把其主要特徵通過簡潔、明確、感人的視覺形象表現出來，使其強化，以達到有效傳達的目的。

（4）個性策略：賦予企業品牌個性。使品牌與眾不同，以求在消費者的頭腦中留下深刻的印象。

（5）品牌策略：把商品品牌的認知列入重要的位置，並強化商品的名稱、牌號，對於瞬間即逝的視聽媒體廣告，通過多樣的方式強化，適時出現，適當重複，以強化公眾對其品牌的深刻的印象。

六、廣告效果評估

廣告是一種以媒介為載體的向目標客戶傳播產品服務信息的活動，做廣告的目的就是達到廣而告之的效果，根據產品的不同以及時效性廣告的效果可長可短。廣告效果就是指廣告在市場中所產生的影響，以及對目標客戶行為的影響。廣告效果一般包含廣告的傳播效果、銷售效果和社會效果三個方面。

1. 傳播效果

廣告的傳播效果是指由廣告本身所帶來的效果，主要是指瞭解廣告的人數、對廣告的熟知度，以及廣告對其產生的影響度。廣告的傳播效果主要是指宣傳效果，它一般以廣告在大眾心中的熟知度、產品的知名度等作為評判標準，而不以出售了多少產品為評判標準。一般來說，瞭解該產品廣告的人越多、對廣告內容記憶越深刻，則表示廣告的宣傳效果越理想，大眾對於廣告的接受程度也就越高。比如腦白金的廣告語：「今年過節不收禮，收禮只收腦白金。」

2. 銷售效果

顧名思義，銷售效果的評判標準就是以廣告推廣之後所帶來的銷售量的變化。這

種判定方法具有一定的局限性，產品銷售量的增長除跟廣告有關外，還跟多個因素有關係，內部有自身產品質量與定價，外部有競爭對手，因此，很難單獨去考核廣告所帶來的銷售效果。

  3. 社會效果

  廣告作為一種以公共媒介進行推廣的活動，在追求商家經濟效益時，必須注重社會效益。廣告的內容所推廣的價值觀必須符合主流意識，必須與社會的物質文明、精神文明建設相符合，特別是能起到傳播知識、傳遞正確價值觀、具備一定的教育意義的作用。廣告作為文化的一種，只有積極地向大眾傳播精神食糧，讓自身產品與廣告完美融合，才能讓經濟效益與社會功能有機結合，同時，廣告還應當旗幟鮮明地履行自己的社會職責，展示人們美好的現實生活和崇高的理想，使之真正起到指導消費、方便人民生活的作用。

  在現實中，企業嘗試著採用實驗法和歷史資料分析法去評估廣告的促銷效果。實驗方法是在不同地區支付不同水準的廣告費用，或廣告費用相同，但選擇不同的廣告媒體，然後將其銷售結果進行比較。歷史資料法是將企業歷年的銷售額與廣告支出額用統計學方法進行處理，探究兩者之間的相關關係。

案例分析

屈臣氏教你策劃讓顧客尖叫的促銷方案

  屈臣氏集團是以保健、美容為主的一個品牌。屈臣氏集團（香港）有限公司創建於 1828 年，是和記黃埔旗下的國際零售及食品製造機構，其業務遍布 34 個地區，共經營超過 8,400 間零售商店，聘用 98,000 名員工。集團涉及的商品包括保健產品、美容產品、香水、化妝品、食品、飲品、電子產品、洋酒及機場零售業務。

  屈臣氏在中國 200 多個城市擁有超過 1,000 家店鋪和 3,000 萬名會員，是中國目前最大的保健及美容產品零售連鎖店。屈臣氏的促銷活動算得上是零售界最複雜的，不但次數頻繁，而且流程複雜、內容繁多，每進行一次促銷活動更是需要花更多的時間去策劃與準備。屈臣氏在促銷活動方面的造詣值得零售連鎖企業借鑑。

  都市時尚白領一族以逛屈臣氏商店為樂趣，並在購物後仍然津津樂道，有種「淘寶」後莫名喜悅的感覺，這可謂達到了商家經營的最高境界。經常可以聽到有人說，「最近比較忙，好久沒有去逛屈臣氏了，不知最近又出了什麼新玩意」。逛屈臣氏，竟然在不知不覺中成了時尚消費者一族的必修課。作為城市高收入代表的白領麗人，她們並不吝惜花錢，物質需求向精神享受過渡，她們往往陶醉於某種獲得小利後成功的喜悅，祈望精神上獲得滿足。屈臣氏正是抓住了這個微妙的心理細節，成功地策劃了一次又一次的促銷活動。

  屈臣氏的促銷活動每次都能令顧客獲得驚喜，在白領麗人的一片「好優惠呦」「好得意呦」「好可愛啊」聲中，商品被「洗劫」一空，屈臣氏單店平均年營業額高達 2,000 萬元。在屈臣氏工作過的人應該都知道，屈臣氏的促銷活動算得上是零售界最複雜的，不但次數頻繁，而且流程複雜、內容繁多，每進行一次促銷活動都需要花很多

的時間去策劃、準備。策劃部門、採購部門、行政部門、配送部門、營運部門都圍繞著這個主題運作。為超越顧客期望，屈臣氏所有員工都樂此不疲。屈臣氏在促銷活動方面的造詣，筆者認為值得零售連鎖企業借鑑。

2004年6月16日，屈臣氏中國區提出「我敢發誓，保證低價」承諾，並開始了以此為主題的促銷活動，每15天一期，從那時起的一段時間裡，筆者就一直參與並研究促銷活動帶來的顧客反應以及屈臣氏的各店營業額的變化。從筆者所收藏的一大堆《屈臣氏商品促銷快訊》中得知，屈臣氏的促銷活動發展大致分為三個階段：2004年6月以前為第一階段，在這段時間裡，屈臣氏主要以傳統節日促銷活動為主，屈臣氏非常重視情人節、萬聖節、聖誕節、春節等節日，促銷主題多式多樣，例如「說吧說你愛我吧」的情人節促銷，「聖誕全攻略」、「真情聖誕真低價」的聖誕節促銷，「勁爆禮鬧新春」的春節促銷，還有以「春之繽紛」、「秋之野性」、「冬日減價」、「10元促銷」、「SALE週年慶」、「加1元多一件」、「全線八折」、「買一送一」、「自有品牌商品免費加量33%不加價」、「60秒瘋狂搶購」、「買就送」等為主題的促銷活動；第二階段是在2004年6月，提出「我敢發誓，保證低價」承諾後，以宣傳「逾千件貨品每日保證低價」為主題，我們發現在這階段，每期《屈臣氏商品促銷快訊》的封面都會有屈臣氏代言人高舉右手傳達「我敢發誓」信息，到了2004年11月，屈臣氏做出了宣言調整，提出「真貨真低價」，並仍然貫徹執行「買貴了差額雙倍還」方針，這樣一直到2005年8月，「我敢發誓」一週年，屈臣氏一共舉行了30期的促銷推廣，屈臣氏的低價策略已經深入人心；第三階段是從2005年6月起，屈臣氏以特有的促銷方式結合低價方針，淡化了「我敢發誓」的角色，特別是到了2007年，促銷宣傳冊上幾乎不再出現「我敢發誓」字樣，差價補償策略從「兩倍還」到「半倍還」最終不再出現，促銷活動變得靈活多變，並逐步推出大型促銷活動如：「大獎POLO開回家」、「百事新星大賽」、「封面領秀」、「VIP會員推廣」，屈臣氏促銷戰略成功轉型。

思考討論題：
1. 屈臣氏促銷獲得消費者親睞的秘訣有哪些？
2. 屈臣氏有哪些層出不窮的促銷招數？

課後練習題

1. 什麼是促銷？促銷有哪些作用？
2. 競爭促銷策略具體包括哪些內容？
3. 簡述人員推銷的特點和程序。
4. 廣告設計的策略包括哪些？
5. 廣告媒介的選擇應該考慮哪些因素？

第十三章　網絡行銷

學習目的

通過本章學習，瞭解什麼是網絡行銷，以及網絡行銷的階段週期、作用、類型和誤區。掌握網絡行銷的方式，瞭解如何通過新媒體的方式達到創造行銷的目的。瞭解網絡行銷經理的作用，掌握並分析提升網絡行銷經理能力的方法。

本章要點與難點

本章重點：網絡行銷的階段週期、網絡行銷的作用、網絡行銷的類型。

本章難點：網絡行銷的階段週期、網絡行銷的誤區。

案例引導：

「三只松鼠」的網絡行銷運作

2012年天貓「雙十一」大促中，成立剛剛4個多月的「三只松鼠」當日成交近800萬元，一舉奪得堅果零食類冠軍寶座，並且成功在約定時間內發完10萬筆訂單，打破了中國互聯網食品歷史。在2013年1月，單月業績突破2,000萬元，輕鬆躍居堅果行業全網第一。

「三只松鼠」堅持做「互聯網顧客體驗的第一品牌」和「只做互聯網銷售」，上線僅65天，其銷售數量在淘寶天貓堅果行業躍居第一名，在花茶行業躍居前十名，其發展速度快，創造了中國電子商務歷史上的一個奇跡，也是只有網絡行銷才能實現的奇跡。

相關知識：2018年8月20日，中國互聯網絡信息中心（CNNIC）在京發布第42次《中國互聯網絡發展狀況統計報告》。截至2018年6月30日，中國網民規模達8.02億人次，互聯網普及率為57.7%；中國網絡購物用戶和使用網上支付的用戶占總體網民的比例均為71.0%；中國手機網民規模達7.88億，手機網民中使用移動支付的比例達71.9%。

第一節　網絡行銷的定義與範疇

一、什麼是網絡行銷？

如果說傳統行銷是關於創造同時滿足公司和客戶需求的交換的話，網絡行銷則是通過在線活動建立或維持客戶關係，以協調、滿足公司與客戶之間交換概念、產品和服務的目標。

這個定義包含了以下5個要素：

第一，過程。與傳統行銷計劃一樣，網絡行銷計劃伴隨著一個過程。網絡行銷計劃過程的七階段包括：框定市場機會、制定行銷戰略、設計客戶體驗、精心構思客戶界面、設計行銷計劃、通過技術利用客戶信息，以及評估整個行銷計劃的結果。這七個階段必須協調一致。雖然該過程是以簡單的直線方式描述的，行銷戰略家通常都會在這七個階段來回穿梭。

第二，建立和維持客戶關係。行銷的目的是建立和創造持久的客戶關係。所以，重點從尋找客戶轉移到了培育足夠數量的立場堅定的、忠誠的客戶。成功的行銷計劃將目標客戶沿著關係建立的三個階段推進：認知、探索和承諾。值得強調的是，網絡行銷的目標不是僅限於與在線客戶建立關係。相反，其目標是既建立在線關係也建立離線關係。網絡行銷計劃很可能是滿足那些同時使用在線和離線服務的客戶的大型行銷活動的一部分。

第三，在線。按照上述定義，網絡行銷運用網絡世界可資利用的行銷手段。不過，如前所述，成功的網絡行銷計劃可能需要依靠傳統的離線行銷工具。例如，淘寶、京東在商場、街道等的廣告。

第四，交換。在線和離線行銷計劃的核心是交換的概念。在網絡經濟中，公司對跨渠道交換非常敏感。也就是說，評估在線行銷計劃必須依據其對整體交易的影響，而不僅限於對在線交易的影響。所以，在線行銷可能促進零售商店的銷售。如果公司需要測量在線和離線行銷計劃的獨立影響的話，就必須對這些跨渠道影響越來越敏感。

第五，公司和客戶雙方需求的滿足。本書的編者之一是小米運動APP的忠實客戶。每天早晨，她檢查一下自己前晚的睡眠狀況，傍晚檢查一下當天的運動情況。她顯然滿意並忠實於該APP。當小米運動APP能夠將此忠誠貨幣化（很可能是以廣告收入的形式），雙方都會滿意。但是，如果公司不能償還對員工、供應商或者股東的債務的話，這種交換就是不穩定的。客戶感到滿意，而公司無法維持其收入。因此，要使交換延續下去，雙方必須都感到滿意。

網絡行銷的七階段週期如圖13.1所示。

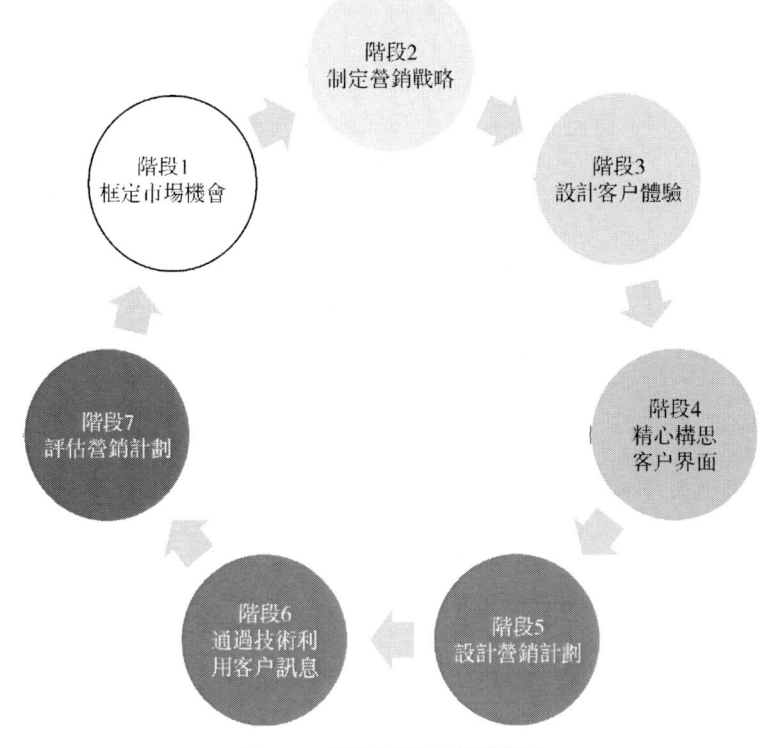

圖 13.1　網路行銷的七階段週期

二、狹義的觀點與廣義的觀點

　　前一頁的討論引出了這樣一個問題，網絡行銷計劃的範圍和影回應當界定在多寬泛的程度上。如圖 13.2 所示，單元格 1 表示的情形是，行銷工作是在線的（例如病毒行銷、橫幅廣告），而且銷售收入是通過在線方式實現的。在線行銷顯然會帶來在線收入。再看一看單元格 2，這裡的在線行銷工作導致了離線收入的提高；訪問優衣庫的在線商店促使傳統優衣庫零售商店銷量增加。單元格 3 表示了一個與此相反的情形，即傳統的離線行銷活動（例如京東的戶外廣告牌和 bilibili 在籃球賽上的廣告）促使人們進行網上消費。單元格 4 表示傳統廣告（例如雅詩蘭黛的電視廣告）促使消費者去零售商店進行購買。

　　網絡行銷的狹義觀點主要將注意力集中在單元格 1。這種觀點的支持者們說，只有在這個象限中，我們才能真實地測量和歸結網絡行銷的影響，其他單元格（或者溢出效應）不應算在內。從另一方面來說，單元格 1、2 和 3 都應算作整個網絡行銷工作的組成部分。畢竟，如果不存在跨渠道行銷影響，公司實現的總收入將會更低。因此，這些跨渠道影回應當視作網絡行銷的一部分。本書大力倡導網絡行銷的廣義觀點。行銷的全面努力（所有四個象限）應當以整合的方式進行協調和管理。

		營銷資源分配	
收入流入的位置	傳統公司銷售點	離線	在線
	離線	單元格4	單元格2
	在線	單元格3	單元格1

圖 13.2　網路行銷的廣義範疇

第二節　網絡行銷的幾個誤區

一、客戶的行為在線與離線一個樣

行銷人員認為，自己與在線客戶聯繫的方式和其與離線客戶聯繫的方式完全相同，即利用單向的廣播信息。

隨著越來越多的行銷人員開始競爭，客戶的注意力以及點擊率的下降，一些公司推出更具主觀強迫性的、漫無目的的廣告，認為消費者會願意注意這些廣告。

行銷人員運作基於一個假設，即「喊聲最大的人將會被聽到」。

我們的觀點是：公司必須對受眾最有可能回應的交互的程度進行測量。客戶的回應分為如下三種類型：

（1）積極的回應。在搜索和傳播產品信息方面，客戶處於引導地位。例如，微軟的 Xbox。客戶積搜索產品信息和評論。XBox 客戶創建了許多產品站點或社區站點。

（2）交互式回應。客戶與行銷人員間發生了一些對話。例如，阿里旺旺。它向客戶提供交互式的服務以幫助其進行產品和服務的選擇。這些工具擴充或取代了在客戶關係的拓展階段中銷售人員與客戶的互動。

（3）反應式回應。在消息送達的時刻，客戶只有用有限的方式對行銷人員進行回應。例如可口可樂，一直在試驗新的、具有推進品牌認知和銷售潛力的廣告形式。

二、市場細分在在線情形下沒有意義

在實現一對一行銷的承諾消退之後，鐘擺搖擺到另一極端，即行銷人員很大程度上忽視了市場細分。

許多 web 站點的設計旨在達成具體的目標，往往沒有考慮其潛在客戶的細分。

有些行銷人員以為，網絡客戶的活動本性使得任何類型的在線市場細分毫無用處。

我們的觀點是：市場細分仍然十分重要；網絡開創了細分客戶的新方式。

人口統計特徵、心態、購買習慣、瀏覽習慣、使用原因，以及關係原型都為進行細分提供了可能。

三、在線個人化是時間和金錢的浪費

網絡保證了行銷人員以一對一方式聯繫顧客的能力。

產業統計顯示，接近50%的客戶關係管理項目被認為是失敗的，原因在於這些項目未能為公司和客戶創造實際的利益。

我們的觀點是：只要個人化能增強客戶體驗，並推動業務增長，個人化就十分重要。

據報導，在線旅行社 Travelocity 將其定向 E-mail 收件人轉變為購物者的比率，是將其非定向大眾 E-mail 轉變為購物者比率的兩倍多。

第三節　新媒體

一、什麼是新媒體

新媒體是相對於傳統媒體而言的，報紙、電視、雜誌、廣播是傳統的四大媒體，媒體行銷追求的是所謂的「覆蓋量」或叫到達率。

新媒體（New Media）是指當下萬物皆媒的環境，簡單說來：新媒體是一種環境。新媒體涵蓋了所有數字化的媒體形式，包括所有數字化的傳統媒體、網絡媒體、移動端媒體、數字電視、數字報紙雜誌等。

新媒體亦泛指利用數字技術、網絡技術，通過互聯網、寬帶局域網、無線通信網、衛星等渠道，以及電腦、手機、數字電視機等終端，向用戶提供信息和娛樂服務的傳播形態。嚴格地說，新媒體應該稱為數字化新媒體。

新媒體行銷的平臺很多，主要包括門戶網站、搜索引擎、微博、微信、SNS、博客、播客、BBS、RSS、WIKI，以及手機端和移動設備端的各種APP。

二、新媒體對網絡行銷的作用

（一）目標客戶精準定向

新媒體涵蓋著豐富多彩和多樣化的內容，微信、微博、博客、論壇等讓每個人都可以成為信息發布者，浩瀚如菸的信息中涉及各類生活、學習、工作等的討論都展現了前所未有的廣度和深度。通過對社交平臺大量數據的分析，企業可以利用新媒體，有效地挖掘用戶的需求，為產品設計開發提供很好的市場依據。

（二）與用戶的距離拉近

相對於傳統媒體只能被動接受而言，新媒體傳播的過程中，接受者可以利用現代先進的網絡通信技術進行各種形式的互動，這使傳播方式發生了根本的變化。移動網絡及移動設備的普及，使得信息的即時及跨越時空的傳播成為可能。因此，新媒體行銷實現了信息傳播的隨時隨地，其行銷效率大大提高。以新媒體技術為基礎的新媒體

行銷，大大降低了產品投放市場的風險。例如．小米在推出產品之前會通過其官方微博徵求用戶的意見，根據用戶的要求進行產品的設計研發並改進，使其產品深入人心。

(三) 企業宣傳成本降低

新媒體與傳統體最大的區別，在於傳播狀態的改變：由一點對多點變為多點對多點。新媒體幾乎零費用信息發布，對受眾多為免費，這對傳統媒體的新聞產品製作成本造成挑戰。

首先，通過社交媒體，企業可以低成本地進行輿論監控。在社交網絡出現以前，企業對用戶進行輿論監控的難度是很大的。如今，社交媒體在企業危機公關時發揮的作用已經得到了廣泛認可。

一個負面消息都是從小範圍開始擴散的，只要企業能隨時進行輿論監控．就可以有效地低企業品牌危機產生和擴散的可能。例如，2013年2月4日，加多寶在微博上做出了一組兼具視覺力與傳播力的「對不起」系列圖片。這組圖片選取了四個哭泣的寶寶，配以一句話文案訴說自己的弱勢，圖片表面悲情，實如利劍。加多寶的悲情牌一經打出，立刻博取大量網民的同情，其官方微博上的四張圖片獲得了超過四萬的轉發量，加多寶也一舉將輸掉官司的負面新聞扭轉為成功的公關行銷事件。

三、新媒體網絡行銷主要類型

1. 微信行銷

微信行銷是網絡經濟時代企業或個人行銷模式的一種，是伴隨著微信興起的一種網絡行銷方式。微信不存在距離的限制，用戶註冊微信後，可與周圍同樣註冊的「朋友」形成一種聯繫，訂閱自己所需的信息。商家通過提供用戶需要的信息，推廣自己的產品，從而實現點對點的行銷。

微信行銷主要體現在以安卓系統、蘋果系統的手機或者平板電腦中的移動客戶端進行的區域定位行銷上，商家通過微信公眾平臺，結合微信會員管理系統展示商家官網、微會員、微推送、微支付、微活動，已經形成了一種主流的線上線下微信互動行銷方式。

微信擁有移動互聯網史上最強大的用戶量基礎，智能手機以其獲取信息、溝通聯繫的方便性擠占了人們對於傳統媒體甚至互聯網媒體的關注時間。企業公眾帳號作為微信一大創新性產品舉措，為企業與其目標消費者群體進行互動行銷提供了巧妙的切入點。

微信行銷的優點在於其高到達率、高曝光率、高接受率、高精準度和高便利性。但微信行銷基於強關係網絡，如果不顧用戶的感受，強行推送各種不吸引人的廣告信息，會引來用戶的反感。善用微信這一時下最流行的互動工具，讓商家與客戶迴歸最真誠的人際溝通，才是微信行銷真正的王道。

2. 視頻行銷

視頻行銷指企業將各種視頻短片以各種形式放到互聯網上，達到一定宣傳目的的行銷手段。網絡視頻廣告的形式類似於電視視頻短片，平臺卻在互聯網上。「視頻」與「互聯網」結合，讓這種創新行銷形式具備了兩者的優點。

視頻行銷創造了通過網友上傳視頻進行視頻互動的行銷模式，啓發了國內很多視頻網站的開發和成長。新生代市場監測機構的調查顯示，在網上瀏覽視頻的消費者的比例已經達到 36.3%。而電視廠商互聯網電視產品的推出，也讓網絡視頻滲入傳統電視終端。以 YouTube 視頻網站為典型。

視頻行銷具有成本低廉、目標精準、互動+主動、傳播神速、效果可測五大優勢。

3. LBS 位置行銷

LBS（Location Based Services）包括兩層含義：首先是確定移動設備或用戶所在的地理位置，其次是提供與位置相關的各類信息服務，指與定位相關的各類服務系統，簡稱「定位服務」；另外一種叫法是 MPS（Mobile, Position Services），也稱為「移動定位服務」系統。如找到手機用戶的當前地理位置，然後在上海市 6,340 平方千米範圍內尋找手機用戶當前位置處 1 千米範圍內的賓館、影院、圖書館、加油站等的名稱和地址。

LBS 行銷就是企業借助互聯網或無線網絡，在固定用戶或移動用戶之間，完成定位和服務銷售的一種行銷方式。通過這種方式，可以讓目標客戶更加深刻地瞭解企業的產品和服務，最終達到企業宣傳品牌、加深市場認知度、促進銷售的目的。

4. 微博行銷

微博行銷是指通過微博平臺為商家、個人等創造價值而執行的一種行銷方式，也是指商家或個人通過微博平臺發現並滿足用戶的各類需求的商業行為方式。微博行銷以微博作為行銷平臺，每一個聽眾（粉絲）都是潛在的行銷對象，企業利用更新自己的微型博客向網友傳播企業信息、產品信息，樹立良好的企業形象和產品形象。通過每天更新內容就可以跟大家交流互動，或者發布大家感興趣的話題，以此達到行銷的目的。

微博行銷注重價值的傳遞、內容的互動、系統的佈局、準確的定位，微博的發展也使得其行銷效果尤為顯著。微博行銷涉及的範圍包括認證、有效粉絲、朋友、話題、大 V、開放平臺、整體營運等。

主要優點有：操作簡單，信息發布便捷；互動性強，能與粉絲即時溝通，及時獲得用戶反饋；成本低，做微博行銷的成本比做博客行銷或是做論壇行銷的成本低得多；針對性強，關注企業或者產品的粉絲都是本產品的消費者或者是潛在消費者，企業可以進行精準行銷；信息量大，消費者可以對某一產品在購買前通過網友的評論來做購買決策或者查找該產品的有關信息；覆蓋面廣，微博涵蓋了各行各業的業內人士對一些問題的看法，便於網友交流。

缺點有：粉絲數有要求，只有有了足夠的粉絲才能達到傳播的效果和目的；微博裡的新內容更新速度快，因此如果粉絲沒有及時關注到發布的信息，那就很可能被埋沒在海量的信息中；傳播力有限，信息僅限於在信息所在的平臺傳播，很難被大量轉載；可靠性受質疑；文筆要求過高。

5. 線上+線下行銷

2012 年，褚橙創造了銷售 200 噸的奇跡後，褚時健授權電商平臺「本來生活網」，把 2013 年的褚橙銷往全國。2013 年 10 月，擁有深厚媒體背景的「本來生活網」一方面協同新京報傳媒拍攝「80 後致敬 80 後」系列專題，邀請蔣方舟、趙蕊蕊等「80 後」

名人講述自己的勵志故事致敬褚時健；一方面推出個性化定制版的褚橙「幽默問候箱」贈送給社交媒體上的大 V 及各領域達人，包括韓寒等名人。比如給韓寒只送了一個褚橙，引起微博 300 多萬人次閱讀，轉發評論近 5,000 次。以上兩條傳播線索同時在傳統媒體、視頻門戶、社交媒體等全媒體上交叉傳播，最終在消費群體中完成「勵志故事+橙子」的捆綁行銷，引得柳傳志和潘石屹分別推出「柳桃」「潘蘋果」。

褚橙創造的銷售奇跡並非偶然，它把一個傳統行業的農產品通過使用互聯網新媒體行銷的方式讓銷量達到了一個新的高度。越來越多的名人、明星通過互聯網新媒體行銷自己並推廣理念，通過一輪又一輪的線上新媒體傳播與線下活動互動，達到了傳統媒體很難企及的高度。

第四節　網絡行銷經理的關鍵成功因素

行銷人員往往必須預見和管理變化，而技術一直是其管理變化的主要工具。今天的網絡行銷經理必須具備所有離線行銷專業的技能，還需重視新經濟中的行銷技能。這些關鍵的新技能包括以客戶至上、整合、權衡思維、承擔風險和不確定性的意願。

一、客戶主張與見解

對客戶和市場的好奇心是當今行銷從業人員必須具備的素質。這種內在的好奇心刺激了個人將大堆客戶數據轉變為有意義且可操作的行為，這又為進一步提出主張奠定了基礎。由於網絡促成了與客戶更高程度的交互，圍繞客戶需求，設計和提倡這些交流，並逐漸經此獲得深刻見解，是創造正面的客戶體驗的關鍵環節。一個真正以客戶為優先的經理人將會為每一客戶提供顯而易見的增值，以便為有意義的客戶關係打下基礎。由於客戶行為和實施技術同時都在演進之中，深入理解客戶需求應該成為推動行銷決策的路標。行銷從業人員將需要從許多迥異的來源收集信息，創建有深刻見解的客戶模式，並將其有效地轉變為行銷戰略和戰術。

二、整合

網絡既是一個新的銷售渠道，又是一個新的傳播媒體。網絡經濟中的行銷從業人員對客戶和企業需要有一個整合的或整體的觀點，以便創造具有獨特優勢的戰略計劃。在今天的多渠道環境中，必須在所有客戶的接觸點上釋放一致的信號和體驗，以便樹立一致的品牌形象。除了戰略之外，行銷經理必須從根本上理解如何將這些新的工具整合進整體行銷組合之中。能夠以高度整合的方式設計行銷計劃的經理，最有可能實現行銷要素之間的協同（Synergy），並發揮更好的效果。

三、權衡思維

網絡行銷從業人員需要具有高度的分析能力和創造性。從無窮盡的數據中提煉出具體客戶的見解，對於網絡經濟中的行銷經理來說是至關重要的。它需要理解一對一

行銷和大眾行銷之間的動態張力，並能處理二者之間的戰略權衡。它也要求明確、恰當的客戶數據需求。網絡行銷從業人員也必須對技術有一定的悟性。理解網絡的戰略和戰術意義，利用網絡所創造的快速學習環境和加速的決策過程，然後創造性地應用從分析中獲得的見解，對於所有網絡行銷從業人員來說，都是關鍵的成功因素。

四、熱情和企業家精神

雖然很難客觀地評估，熱情是區分網絡經濟中的領導者和追隨者的重要因素。試圖改變現狀從來都不是簡單的事，只有具有堅定信念和熱情的人蓋過老愛唱反調者的喧囂才能得到認可。成功的行銷經理利用這股熱情激發其企業家的直覺，拓寬其視野，在他們領導其團隊邁向成功的過程中創造出「血刃」工具。

五、承擔風險和不確定性的意願

在網絡經濟中，網絡行銷從業人員需要對自己及其公司進行重新裝備，進入以客戶為中心的行銷新時代。網絡使得客戶比從前獲得更多的信息和更多的選擇，所以促使力量的均衡移向客戶，並創造了對全新的「拉式（pull）」行銷工具的需要。成功的行銷從業人員需依賴在其動態環境下可用的行銷工具。嘗試新事物的勇氣是網絡行銷進行突破的關鍵。在這種未知領域中，管理的風險和不確定性都是相當高的。最成功的網絡行銷人員將積極地在前端進行競爭。

目前的在線行銷從業人員必須具備離線行銷專業的基本技能。但是，他們也須反應更快，並管理更多的信息和渠道，以便領先競爭對手一步。技能的內容沒有巨大的變化，但是工具必須更加有力，而且有時必須以更快的速度加以應用。成功的網絡行銷人員將圍繞對客戶需求（而不是產品）更深入的理解來構建其商務模式，並運用價值動議。全球數字化世界行銷的新規則如圖13.3所示。

---

1. 以只有一人的市場細分為目標，並創造虛擬社區。
2. 旨在由客戶引導進行定位。
3. 在全球範圍內擴大品牌的作用。
4. 通過個人化使消費者成為生產夥伴。
5. 在 Priceline.com 世界中使用創造性定價。
6. 創造無時無地不在的分銷鏈並整合供應鏈。
7. 重新將廣告設計成交互式的，整合的行銷、溝通、教育和娛樂。
8. 徹底改造行銷調研和建模，以促進知識創新和擴散。
9. 使用適應性試驗。
10. 重新設計戰略過程及相應的組織體系結構。

圖13.3　全球數字化世界行銷的新規則

課後練習題

1. 什麼是網絡行銷？和傳統行銷有什麼區別？
2. 網絡行銷、互聯網+、職能行銷和電子商務之間有什麼聯繫？

3. 微博行銷對市場行銷的發展有何影響?

國家圖書館出版品預行編目（CIP）資料

市場行銷學 / 王朝一, 于代松 主編. -- 第一版.
-- 臺北市：崧博出版：崧燁文化發行, 2019.05
　　面；　公分
POD版

ISBN 978-957-735-838-7(平裝)

1.行銷學

496　　　　　　　　　　　108006396

書　　名：市場行銷學
作　　者：王朝一、于代松 主編
發 行 人：黃振庭
出 版 者：崧博出版事業有限公司
發 行 者：崧燁文化事業有限公司
E - m a i l：sonbookservice@gmail.com
粉 絲 頁：　　　　　網　址：
地　　址：台北市中正區重慶南路一段六十一號八樓 815 室
8F.-815, No.61, Sec. 1, Chongqing S. Rd., Zhongzheng Dist., Taipei City 100, Taiwan (R.O.C.)
電　　話：(02)2370-3310　傳　真：(02) 2370-3210
總 經 銷：紅螞蟻圖書有限公司
地　　址：台北市內湖區舊宗路二段 121 巷 19 號
電　　話：02-2795-3656 傳真：02-2795-4100　網址：
印　　刷：京峯彩色印刷有限公司（京峰數位）

　　本書版權為西南財經大學出版社所有授權崧博出版事業股份有限公司獨家發行電子書及繁體書繁體字版。若有其他相關權利及授權需求請與本公司聯繫。

定　　價：380 元
發行日期：2019 年 05 月第一版
◎ 本書以 POD 印製發行